JN429614

친환경자동차 1

저자 약력

김인옥 국제대학교

남상도 동일공업고등학교

이석재 동일공업고등학교

이종욱 국제대학교

조성철 국제대학교

한성철 국제대학교

친환경자동차 1

초판 인쇄 | 2024년 9월 01일
초판 발행 | 2024년 9월 10일

저　　자 | 김인옥 · 남상도 · 이석재 · 이종욱 · 조성철 · 한성철
발 행 인 | 조규백
발 행 처 | 도서출판 **구민사**
(07293) 서울특별시 영등포구 문래북로 116, 604호(문래동 3가 46, 트리플렉스)
전　　화 | (02) 701-7421
팩　　스 | (02) 3273-9642
홈페이지 | www.kuhminsa.co.kr

신고번호 | 제2012-000055호 (1980년 2월 4일)
I S B N | 979-11-6875-416-4(93550)

값 | 25,000원

Preface

인류는 산업화로 인해 풍요로운 삶을 누리게 되었다. 하지만 그 대가로 환경오염이라는 재앙을 안게 되었다. 산업화의 핵심인 공업화로 인해 땅과 물이 오염되고 공기는 찌들어 건강을 위협하는 지경에 이르렀다.

친환경자동차는 화석연료를 사용하지 않아 배출가스, CO_2 등이 발생하지 않는 무공해 동력 시스템의 활용 및 장착하거나, 이에 준하는 개선으로 기존 내연기관 대비 연비가 높고 배출가스나 이산화탄소(CO_2) 배출량도 적은 차량을 말한다.

앞으로 친환경자동차는 우리 주위에서 더 많은 수송수단이 될 것이기 때문에 친환경자동차에 대하여 지금부터라도 관련지식을 쌓아나가야 한다. 이를 위해 저자들은 친환경자동차에 대하여 저술하게 되었다.

이 책의 내용은 다음과 같다.

1장에서는 전기기초에 대해서 간단히 설명하였다.
2장에서는 친환경자동차에 대해서 설명하였다.
3장에서는 자동차 네트워크 통신에 대해서 설명하였다.

본 교재는 동일공업고등학교 미래자동차과 재구조화 성공을 위하여 동일공업고등학교의 지원으로 국제대학교 자동차학과와 공동으로 집필하였다.

저자 일동은 최선을 다하여 본 교재를 집필하였으나 내용 중에 오류가 있으면 독자 여러분이 지적해 주시기 바란다. 친환경자동차에 대하여 많은 지식이 충만하길 바라며, 이 책의 출판을 위해 도움을 주신 도서출판 구민사 조규백 대표님과 직원 여러분에게 고마움과 항상 건강하시길 기원한다.

저자 일동

Contents

01 전기 기초

1 전기 기초

1. 전기 3요소 2
2. 정전기 5
3. 동전기 7
4. 직류, 교류 13
5. 기전력과 전력량 21

2 자기

1. 자석 25
2. 자계와 자력선 27
3. 전기와 자기 31
4. 전자유도작용 35
5. 자기유도와 상호유도 39

3 전기기초 법칙

1. 옴의 법칙 43
2. 키르히호프의 법칙 44
3. 앙페르의 법칙 45
4. 쿨롱의 법칙 48
5. 줄의 법칙 49
6. 패러데이의 법칙 51
7. 렌츠의 법칙 52
8. 플레밍의 법칙 54

4 전동기와 발전기

1. 전동기 58
2. 발전기 71

5 축전지(배터리)

1. 개요 86
2. 축전지의 종류 86

Contents

친환경자동차 02

1 친환경자동차의 정의 102

2 자동차의 역사 108

3 친환경자동차 등장 114

1. 석유자원의 고갈 117
2. 환경 규제 119

4 친환경자동차 분류 122

5 친환경자동차 시장의 전망 125

자동차 네트워크 통신 03

1 CAN 통신의 개요

1. CAN의 장점 및 특징 130
2. CAN 데이터 전송의 개요 131
3. CAN 메시지 구조 134
4. 고속 CAN의 표준 135

2 CAN 시스템

1. 차동증폭기 137
2. 반사계수와 종단처리 149
3. 비트 동기화 160

3 메시지 프레임의 구조

1. 프레임 구조 162
2. 중재방법 167
3. 스터핑 규칙 169
4. 순환중복검사 170
5. 에러 검출과 버스 상태 173

4 CAN 라인의 점검

1. 종단저항의 점검 181
2. 전압과 전류파형 184
3. 전기적 고장 유형별 파형분석 196

1

전기 기초

1 전기 기초

1 전기 3요소

01 물질의 구성

모든 물질은 분자로 구성되며, 분자는 원자들의 결합으로 되어 있다. 원자는 중심에 원자핵이 있고, 원자핵의 주위에는 전자가 움직이고 있다. 원자핵에는 전자의 수와 같은 수의 양성자와 중성자가 있으며, 양성자는 '+' 전위를, 전자는 '-' 전위를 가지나 일반적인 상태에서는 양성자의 수와 전자의 수가 같으므로 전기적 특성을 나타내지 않는 중성상태를 유지한다.

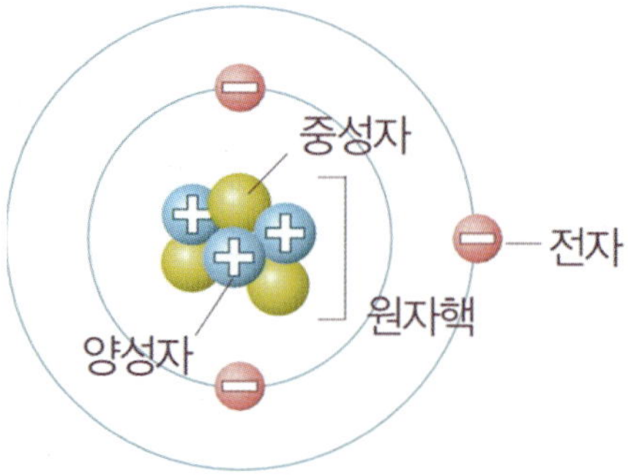

그림 1 | 원자 구조

전자는 그림 1과 같이 원자핵의 주위를 일정한 궤도를 형성하며 전자의 수에 따라 가장 안쪽의 궤도에서부터 K, L, M, N … 이라 부르며, 각 궤도에는 전자의 수는 $2n^2$에 해당하는 전자가 존재한다.

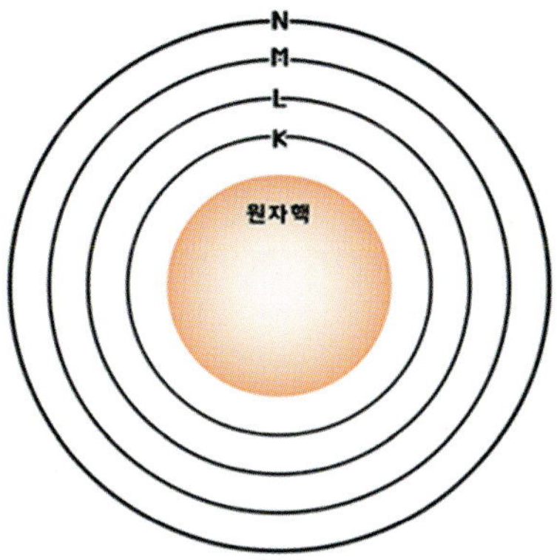

그림 2 | 원자 궤도

일반적으로 그림 2와 같이 N은 궤도의 수로서 가장 안쪽의 첫 번째 궤도인 K궤도는 1번째이므로 N=1로 대입하면 전자가 2개가 되며, 두 번째인 L궤도에는 n=2가 되어 8개의 전자가, 세 번째인 M궤도에는 N=3이 되어 18개, 네 번째인 N궤도에는 N=4가 되어 32개의 전자가 들어가게 된다.

원자는 가장 바깥쪽 궤도에는 8개의 전자가 있을 때는 가장 안정된 상태로 전기적 성질을 갖지 않는 특성이 있다. 팔우설(Octet Theory)은 원자의 최외곽 궤도의 전자 수가 8개가 되지 않으면 근처의 원자와 결합하여 8개를 맞추려는 성질이 있다는 법칙이다.

원자 궤도의 가장 바깥쪽 궤도에 있는 전자를 가전자라고 하며, 가전자의 수를 전자가라 하여 물질의 전기적 특성을 나타낸다. 전자가는 8가 밖에 없다는 것을 알 수 있다.

원자의 최외곽 궤도에 있는 전자의 수가 2개이면 전자가는 2가 되고, 전자의 수가 7개이면 전자가는 7이 된다. 여기서 가전자가 2개인 것이나 7개인 것이나 모두 8개가 안되므로 근처의 전자를 받아오거나 전자를 내주어 안정하려는 성질이 있다.

안정하기 위하여 전자를 내주었을 때는 전자의 수가 양자의 수보다 적어지게 되므로 물질은 '+' 전위를 갖게 되고, 전자를 받아들였을 때는 양자의 수보다 전자의 수가 많게 되므로 '-' 전위를 갖게 된다. 여기서 전자를 주고 받을 수 있는 전자는 가장 바깥쪽 궤도에 있는 전자로, 이 바깥쪽 궤도의 전자는 원자핵으로부터 인력이 약하게 작용하므로 쉽게 궤도를 이탈하여 자유롭게 돌아다닐 수 있다. 원자궤도로부터 이탈하는 전자를 자유전자라고 하며, 물질의 전기적 성질을 결정하고 자유전자의 이동이 전기의 이동이 된다. 그러나 원자핵으로부터 인력이 강하게 작용하여 궤도를 이탈하지 못하는 전자를 구속전자라고 한다.

가장 바깥쪽 궤도에 있던 전자가 이탈하여 전자가 빠져나간 자리는 홀(Hole)이라 하며, 근처를 이동하는 다른 자유전자를 끌어당겨 채우려는 성질을 가지며, 홀은 전자가 이탈하였기 때문에 '+' 전위를 갖는다.

하나의 홀에 의해 전자를 빼앗긴 부분은 다시 홀이 되어 다른 전자를 끌어당기면, 전자를 빼앗긴 부분은 다시 홀이 되는 것을 반복하게 되어 전자의 이동이 생기고, 이에 따라 홀이 이동하는 것 같은 현상이 나타나는데, 이때 전기가 흐른다고 한다.

홀은 그림 3과 같이 '-'전위 방향으로 이동을 하게 되고, 전자는 '+'전위 방향으로 이동하게 된다. 결국 전기는 홀의 이동 방향인 '+'에서 '-'로 이동한다고 하고, 전자는 '-'에서 '+'로 이동한다고 정하였다.

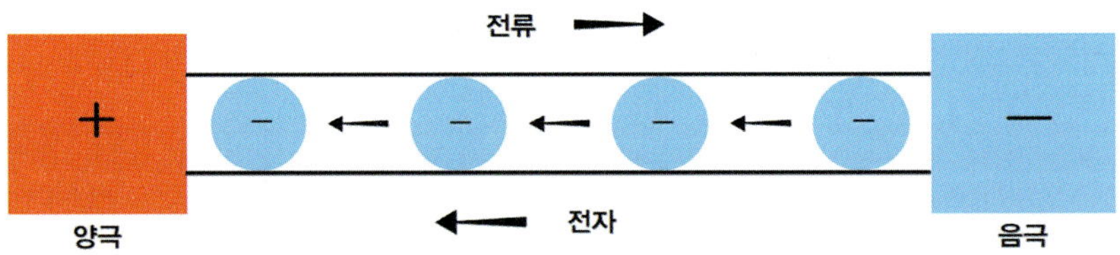

그림 3 | 전기의 흐름

02 도체, 부도체, 반도체

팔우설(Octet Theory)에 의하면 원자는 바깥쪽 궤도의 전자가가 8가일 때가 가장 안정된 상태가 되므로 전자를 주거나 받을 필요가 없게 되어 전자의 이동이 없어 전기적으로 중성상태를 유지한다. 이러한 물질을 부도체 또는 절연체(Insulator)라고 한다. 그러나 바깥쪽 궤도의 전자가가 1가, 2가 또는 6가, 7가의 경우 쉽게 전자를 빌려주거나 받아 8가를 맞추는 과정에서 근처의 전자와 결합을 위하여 전자 이동이 발생하여 자유전자의 생성이 활발해지고 전기적으로 잘 통하는 도체(Conductor)가 된다.

실리콘이나 게르마늄 등과 같이 원자의 바깥쪽 궤도의 전자가가 3가, 4가, 5가의 경우는 전자를 빌려주거나 받기가 쉽지 않아 주어진 조건이나 온도에 따라 도체와 부도체의 중간 성질을 나타내며, 이를 반도체(Semiconductor)라고 한다.

1 H																	2 He
3 Li	4 Be											5 B	6 C	7 N	8 O	9 F	10 Ne
11 Na	12 Mg											13 Al	14 Si	15 P	16 S	17 Cl	18 Ar
19 K	20 Ca	21 Sc	22 Ti	23 V	24 Cr	25 Mn	26 Fe	27 Co	28 Ni	29 Cu	30 Zn	31 Ga	32 Zn	33 Ge	34 As	35 Br	36 Kr
37 Rb	38 Sr	39 Y	40 Zr	41 Nb	42 Mo	43 Tc	44 Ru	45 Rh	46 Pd	47 Ag	48 Cd	49 In	50 Sn	51 Sb	52 Te	53 I	54 Xe
55 Cs	56 Ba	71 Lu	72 Hf	73 Ta	74 W	75 Re	76 Os	77 Ir	78 Pt	79 Au	80 Hg	81 Tl	82 Pb	83 Bi	84 Po	85 At	86 Rn
87 Fr	88 Ra	103 Lr	104 Rf	105 Db	106 Sg	107 Bh	108 Hs	109 Mt	110 Ds	111 Rg	112 Cn	113 Nh	114 Fl	115 Mc	116 Lv	117 Ts	118 Og
		57 La	58 Ce	59 Pr	60 Nd	61 Pm	62 Sm	63 Eu	64 Gd	65 Tb	66 Dy	67 Ho	68 Er	69 Tm	70 Yb		
		89 Ac	90 Th	91 Pa	92 U	93 Np	94 Pu	95 Am	96 Cm	97 Bk	98 Cf	99 Es	100 Fm	101 Md	102 No		

그림 4 | 원소 주기율표

2 정전기

물질에 전기적 성질은 있으나 정지되어 있으므로 유용하게 이용할 수 없는 전기를 정전기라 하며, 마찰전기가 대표적인 예이다.

마찰전기란 어떤 물질 두 개를 서로 비비면 마찰에 의해서 핵의 바깥쪽 궤도에 있던 전자가 자유전자가 되어 이동을 하게 되므로, 두 물질은 서로 다른 전기적 성질을 갖게 된다. 이와 같이 마찰 등에 의해 전기가 발생된 것을 대전되었다 하고, 대전된 물체를 대전체라 하며, 대전한 물체가 가지는 전기를 전하라고 한다.

예를 들어, 그림 5와 같이 건조한 유리막대를 비단으로 마찰하면 유리막대의 전자가 비단으로 이동하게 되어 비단은 전자의 수가 많아지므로 '-'전하를 갖게 되고, 유리막대는 전자의 수가 부족해져 '+'전하를 갖게 된다. 이러한 현상을 정전기가 발생하였다고 하며, 모든 물체는 정전기가 발생한다.

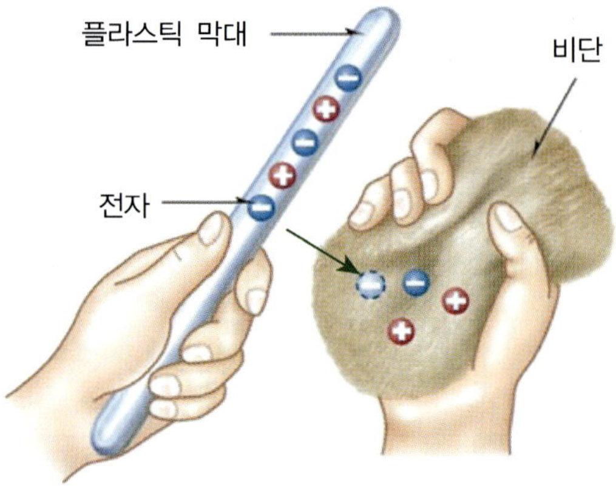

그림 5 | 정전기 발생

물질의 마찰로 발생한 '+'전하와 '-'전하는 서로 흡인하거나 반발하는 성질이 있다. 같은 종류의 전하는 서로 반발하며(동종 반발), 다른 종류의 전하는 서로 잡아당긴다(이종 흡인). 이와 같이 대전체의 전기장에 반발하여 도체에 전하가 유도되는 현상을 정전유도라고 한다.

01 정전유도(Electrostatic Induction)

정전유도는 대전체를 접근시키는 것에 의해 생기는 정전력에 발생하는 현상이다. 대전체의 전하를 주는 것이 아니므로 대전체인 유리구슬(B)을 제거하면 유리막대(A)의 양단에 나타났던 전하는 중화되어 없어지고 만다.

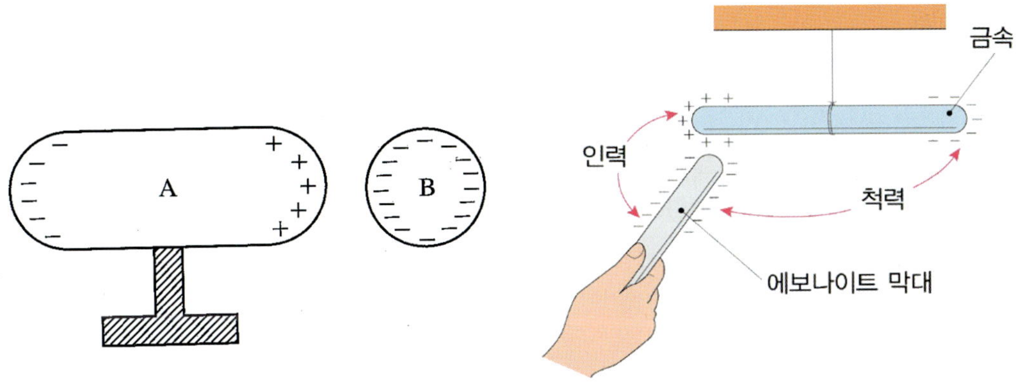

그림 6 | 정전유도

그림 6과 같이 정전유도가 일어나고 있을 때 유리막대(A)에 손을 댄 다음 대전체인 유리구슬(B)을 제거하면, 유리막대(A)는 양전하를 지니게 된다. 이것은 대전체인 유리구슬(B)에 가까운 쪽의 양전하가 대전체인 유리구슬(B)의 (-)전하의 흡인력에 속박되어 자유로이 움직일 수 없기 때문이며, 이러한 전하를 구속 전하라고 한다. 그리고 유리막대(A)의 먼 쪽에 생긴 음전하는 대전체인 유리구슬(B)의 속박을 받는 일이 없고, 오히려 반발력을 받고 있으므로 손을 대면 인체를 통하여 대지로 움직인다. 이때의 전하는 자유로 유리될 수 있는 전하이므로 자유 전하라고 한다.

3 동전기

정전기는 마찰전기와 같이 물체에 정지된 전하로 방전할 경우 순간적으로 전류가 소모되므로 에너지원으로서는 사용할 수가 없다.

동전기는 어떤 조건이 주어지면 끊임없이 도체를 흘러 유용한 일을 하는 전기로, 동전기가 도체에 흐르기 위해서는 전류, 전압, 저항의 3요소가 필요하다.

01 전류

전류는 자유전자의 이동으로 그림 7과 같이 양전하를 가진 물체(A)와 음전하를 가진 물체(B)를 도체(C)로 접속하면 음전하는 도체를 통하여 양전하 쪽으로 이동하여 양전하와 결합하므로 중화된다. 자유전자가 도선을 통하여 흐르는 것을 전류라 하며, 전자의 이동은 물체(A)에 있는 양전하가 모두 중성이 될 때까지 계속하여 일어난다.

전류는 시간당 전기회로를 지나간 전하의 양으로, 회로로 흐르는 전류의 크기를 알면 전기적 힘을 알 수 있다.

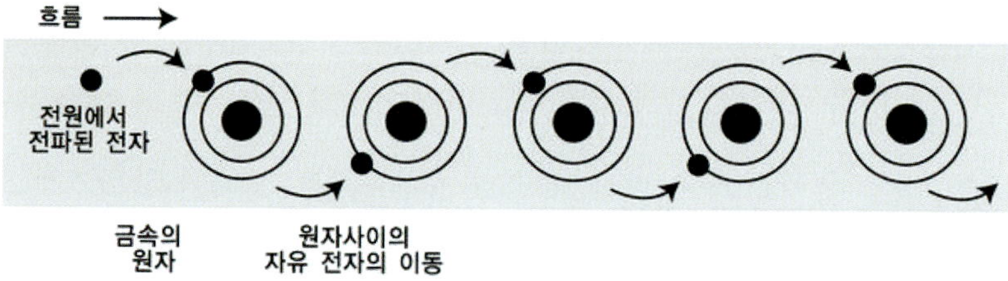

그림 7 | 전하의 이동(전류)

전류는 도체에 전하가 흐를 때 1초 동안에 도체의 한 점을 통과하는 전하의 양으로 크기를 나타낸다. 전류의 단위는 암페어(Ampere; 기호 A)를 사용하며 1A는 도체 내의 임의의 한 점을 1쿨롱(Coulomb)의 전하가 통과할 때 1A의 전류가 흘렀다고 한다.

$$\text{전류}(I)[A] = \frac{\text{전기량}(Q)}{\text{시간}(t)}$$

1A = 1,000mA, 1mA = 1,000μA, 1C = 6.2 × 10^{18}개의 전자이다

전류가 도체 내를 이동할 때는 발열, 화학, 자기작용이 발생한다. 이를 전류의 3대 작용이라고 한다.

발열작용은 도체에 전류가 흐르면 도체는 저항에 의해 열이 발생한다. 전구, 시가 라이터, 전열기 등의 작동원리가 된다.

화학작용은 전해액에 전류가 흐르면 화학작용이 발생한다. 전기도금, 전기분해, 배터리

등의 작동원리가 된다.

자기작용은 전선이나 코일에 전류가 흐르면 그 주변 공간에는 자기 현상이 발생하며 모터, 발전기, 경음기, 변압기 등의 작동원리가 된다.

02 전압

전하는 자유전자의 이동이고 자유전자의 이동이 전류이다. 전자를 이동시키는 힘이 있어야 전류가 흐를 수 있으며 이 힘을 전압이라 한다.

일반적으로 전기작용에 대한 설명은 물에 비유하는 경우가 많다. 전기로 모터를 회전시키는 것과 같이 물이 물레방아를 작동시키는 것을 비유하여 설명한다. 여기서 물레방아를 회전시키는 실질적인 물은 모터를 회전시키는 전류와 같다. 물이 물레방아보다 동일하거나 낮은 곳에서 떨어진다면 물레방아를 회전시킬 수가 없다. 물레방아를 회전시키기 위해서는 물은 물레방아보다 높은 곳에서 떨어져야 한다. 즉, 물은 물레방아보다 높은 곳에서 낙차가 있어야 떨어지는 힘으로 물레방아를 돌리게 된다. 이때 물의 낙차는 전기에서는 바로 전압이 된다.

전기가 모터를 회전시키기 위해서는 전류가 필요하지만, 그 전류를 흐를 수 있게 하는 전압이 반드시 있어야 한다. 그림 8과 같이 양쪽 물통의 물의 높이가 같다면 물은 흐르지 않는다. 이것은 전자만으로는 전류가 흐르지 않는 것과 같다.

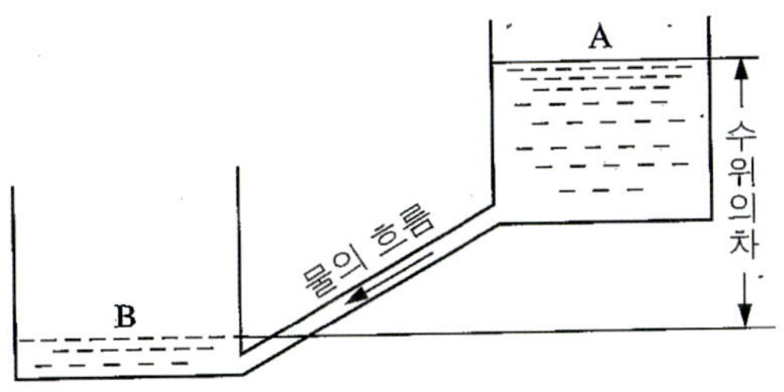

그림 8 | 수위차(전위차)

그림 8과 같이 양쪽 물통의 높이에 차이를 두거나 양 물통에 있는 물의 양에 차이를 두면 물은 높은 곳에서 낮은 곳으로 흐른다. 이 높이 차이를 수압 또는 수위차라고 하며,

수압에 의해 물이 흐르게 되는 것과 같이 자유전자의 이동도 전위차가 있어야 가능하다. 수위차(수압)가 클수록 물이 많이 흐르듯이 전위차(전압)가 클수록 자유전자의 흐름이 많아진다.

전류는 높은 전압에서 낮은 전압으로 흐르며, (+)에서 (-)로 흐른다. 여기서 (+)와 (-)의 개념은 홀의 (+)와 전자의 (-)가 아닌 전위차가 높은 곳을 (+)라 하고, 전위차가 낮은 곳은 (-)라 한다.

전압의 크기는 1[Ω]의 도체에 1[A]의 전류를 흐르게 하는 전위차를 1[V]라고 하며, 기호로는 E로, 단위는 [V](볼트 :Volt)로 나타낸다.

03 저항

저항이란 도체에 전류가 흐를 때 이 흐름을 방해하는 요소로 전자가 이동할 때 도체 내의 원자와 충돌하여 발생한다.

저항은 물질이 가지고 있는 자유전자의 수나 원자핵의 구조, 물질의 형상 또는 온도에 따라 변화한다.

물질에 전류가 흐르는 것을 방해하는 정도를 나타내는 것을 전기저항이라고 하며, 이 저항이 클수록 전류의 흐름이 나빠진다. 따라서 전류의 흐름을 좋게 하려면 저항이 없어야 하나 회로의 특성상 저항을 두기도 한다.

저항의 크기는 1[V]의 전압을 가했을 때 1[A]의 전류가 흐르도록 하는 저항을 1[Ω]이라 하며, 기호로는 R로 표시한다. 저항이 극히 작을 때는 [μΩ]으로 표시하며, 절연체와 같이 저항이 클 때는 [MΩ]으로 나타낸다.

$$1[M\Omega] = 10^{6}[\Omega], \quad 1[k\Omega] = 10^{3}[\Omega], \quad 1[\mu\Omega] = 10^{-6}[\Omega]$$

(1) 고유저항

물질의 저항은 재질, 형상, 온도에 따라 변화하는데 형상 및 온도를 일정하게 하면 재질에 따라 저항이 다르다. 형상과 온도(20℃)를 일정하게 하였을 때 물질의 저항을 고유저항이라고 한다.

표 1 | 물질의 고유저항

종류	고유저항[$\mu\Omega$-cm], 20℃	종류	고유저항[$\mu\Omega$-cm], 20℃
은	1.62	황동	5.7
구리	1.69	철	10.0
금	2.40	강	20.6
알루미늄	2.62	주철	57~114
니켈	6.9	니크롬	100~110

고유저항의 단위로는 Ωcm(μΩcm)를 사용한다. 물질의 고유저항을 알면 임의의 길이 및 단면적을 가진 물질의 저항을 알 수 있다.

(2) 도체의 형상에 의한 저항

물체 속에서 전자가 이동하는 경우 전류가 흐르는 방향에 수직한 단면적을 증가시키면 전자는 넓은 통로를 쉽게 통할 수 있으므로 저항이 적어지고, 전류가 흐르는 거리를 증가시키면 그만큼 도중의 원자 사이를 뚫고 나아가 흐르지 않으면 안 되므로 저항은 증가한다.

도체의 저항은 그 길이에 비례하고 단면적에 반비례한다. 여기서 단면 고유저항 ρ[Ω cm], 단면적 A[cm^2], 길이 l[cm]의 저항을 R[Ω]이라고 하면,

$$R[\Omega] = \rho \times \frac{l}{A}$$

의 관계가 되며, 도체와 그 형상이 정해지면 저항을 계산할 수 있다.

고유저항이 큰 물질을 절연체라고 하며, 절연체의 전기저항은 도체의 저항에 비하여 매우 큰 값이므로 실용 단위는 [MΩ]을 사용하고 절연저항이라고 한다. 절연저항의 측정법은 그림 9와 같이 절연물에 높은 전압을 가하면, 절연물의 절연저항의 정도에 따라 아주 미량이긴 하나 화살표 발향으로 전류가 흐르므로, 이 전류를 전류계로 측정하여 다음 식에 따라 절연저항을 산출한다.

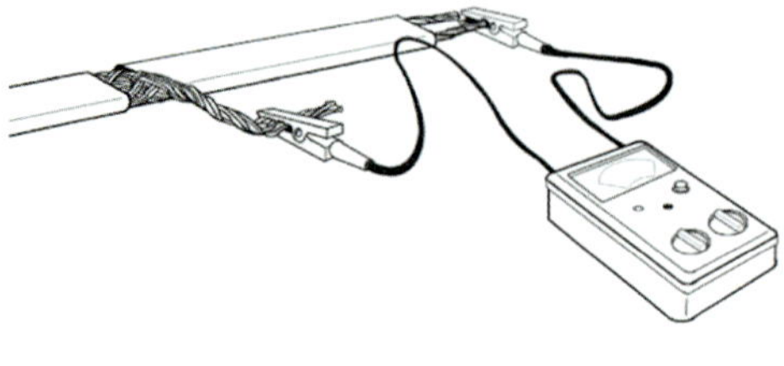

그림 9 | 절연저항 측정

$$R[M\Omega] = \frac{\text{가한 전압}[V]}{\text{측정전류}[I]} \times \frac{1}{1000000}$$

이때 흐르는 전류를, 누설 전류(Leakage Current)라고 한다.

(3) 온도와 저항과의 관계

저항은 재질과 형상이 정해져도 온도가 변하면 저항의 크기도 변한다. 그 변화는 물질의 종류에 따라 달라서 온도가 상승하면 저항이 증가하는 것과 감소하는 것이 있다. 온도에 따라 저항이 변화하는 것을 서미스터(Thermistor)라 한다.

일반적인 금속은 온도가 상승하면 저항은 증가하며, 이를 정특성 서미스터(PTC: Positive Temperature Coefficient)라 하고, 탄소, 반도체, 절연물 등과 같이 온도를 상승시키면 저항이 감소하는 것을 부특성 서미스터(NTC: Negative Temperature Coefficient)라 한다.

물질의 저항은 물질의 온도를 고려할 필요가 있다. 저항이 온도와 함께 변화하는 것을 이용하여 온도 변화로부터 저항을 알 수가 있고 저항 변화로부터 상승한 온도를 알 수도 있다.

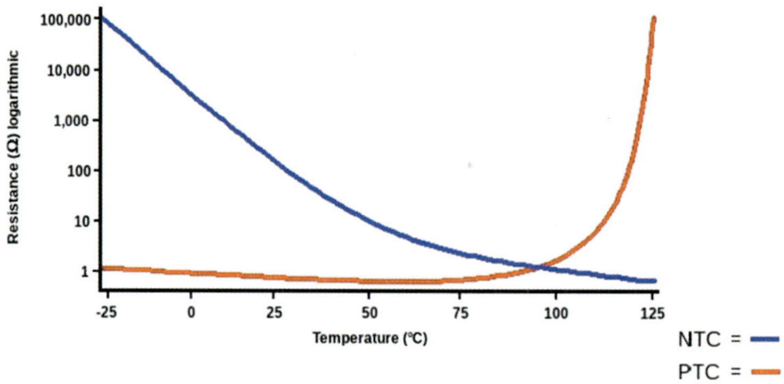

그림 10 | 온도와 저항 관계

(4) 접촉 저항

도체와 도체를 연결하면 외견상은 접속이 된 것 같이 보이나 그 접촉면 사이에는 반드시 저항이 있어 전류의 흐름을 방해한다. 접속부에 생기는 저항을 접촉 저항이라 하며, 접촉 저항이 있는 부분에 전류를 통하면 열이 발생하고 산화되어 접촉면이 거칠어지고 전류의 흐름도 나쁘게 된다.

접촉 저항은 접촉 면적 및 압력의 증가와 함께 감소된다. 그러므로 접촉 부분은 납땜을 하거나 단자의 죔부에 와셔를 이용하여 가능한 강하게 조이는 것이 좋으며, 단자의 도금, 전기 접점의 청소 등은 모두 접촉 저항을 감소시키는 방법이다. 접촉 저항이 커지면 전압이 낮아지는 전압 강하 현상이 발생된다.

4 직류, 교류

직류(DC: Direct Current)는 시간의 경과에 대해 전압 또는 전류가 일정한 값을 유지하고, 그림 11과 같이 방향이 일정한 것을 말한다.

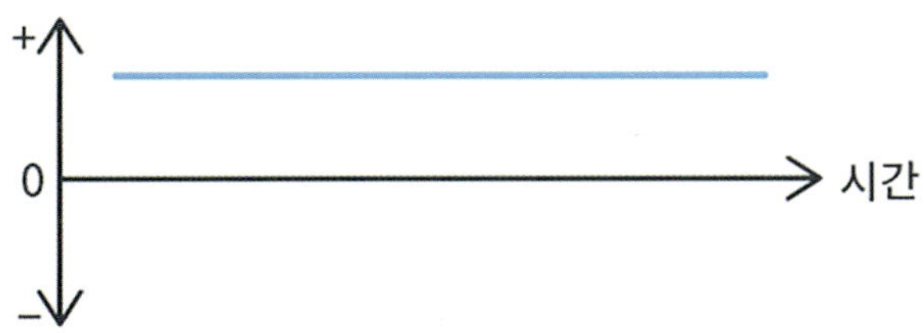

그림 11 | 직류

교류(AC: Alternating Current)는 시간의 경과에 대해 전압 또는 전류가 주기적으로 변화하며, 그림 12와 같이 방향이 정방향과 역방향을 교대로 반복하는 것을 말한다. 1초 사이에 전류의 극성이 변하는 횟수를 주파수라고 하며, 단위는 Hz로 표시한다.

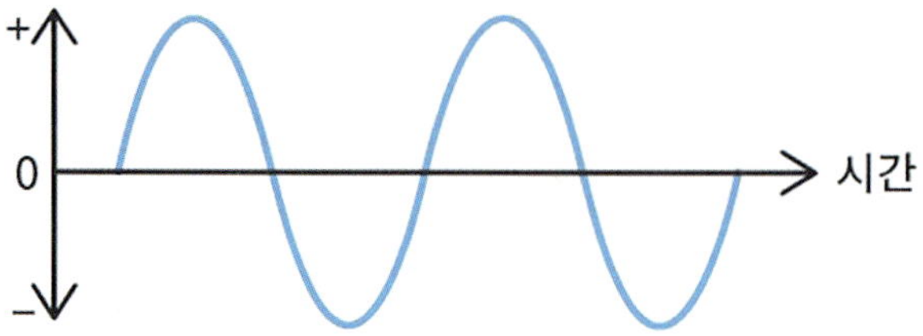

그림 12 | 교류

맥류(Ripple Current)는 시간의 경과에 대해 흐르는 극성이 변하지 않지만, 크기는 변하는 전류이다.

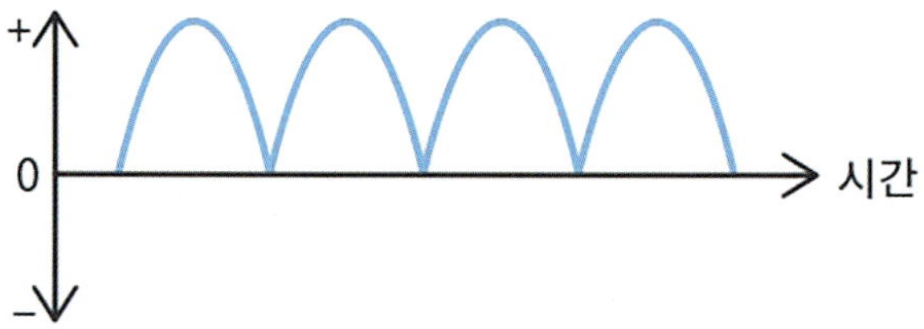

그림 13 | 맥류

01 교류

교류는 시간에 따라 크기와 방향이 규칙적으로 변화하는 전류, 전압을 말하며, 단상교류와 3상 교류가 주로 사용된다.

그림 12와 같이 자극 N, S 사이에 도체 aa'와 bb'를 코일변으로 하는 코일을 xx'를 축으로 하여 일정 속도로 회전시키면, 도체 aa' 및 bb'는 자속을 끊게 되어 플레밍의 오른손 법칙에 따라 화살표 방향으로 기전력이 유도된다. 이 유도 기전력의 크기는 자력선을 유효하게 끊는 비율에 비례하고, 방향은 반회전마다 규칙적으로 바뀌므로 부하에는 정현파(Sine Wave)의 교류가 흐르게 된다.

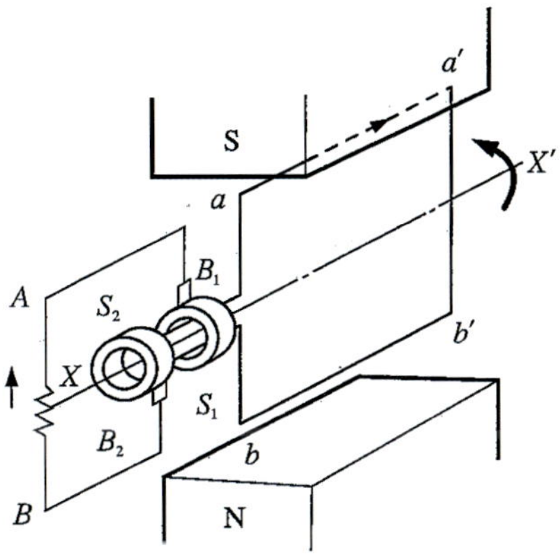

그림 14 | 교류 발생 원리

02 교류의 표시법

(1) 크기

그림 15(a)와 같이 자속 밀도가 B[Wb/m^2]인 균일한 자장 내에서 코일 변의 길이가 l[m]인 코일을 v[m/s]의 일정한 속도로 반시계방향으로 회전시키면 기전력 유도에 유효한 속도 v'는 자속의 방향과 직각 성분인 $v' = vsin\theta$가 되므로 각 순간에 2개의 코일 변에서 유기되는 기전력 e[V]는

$$e = e_a + e_b = 2e_a = 2Blvsin\theta$$

$$e = e_m \sin\theta$$

로 나타낼 수 있다. 여기서 $e_m = 2Blv$이며, 수시 기전력의 최대값이 된다.

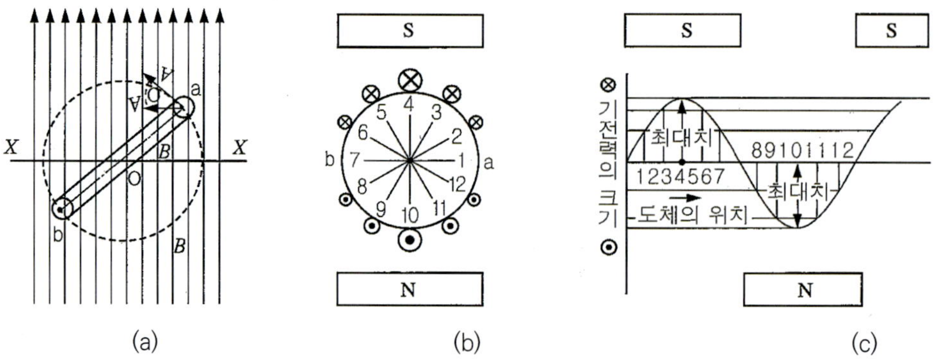

그림 15 | 교류 기전의 크기

(2) 교류의 주파수와 주기

그림 15(c)에서 코일의 위치 1로부터 다음의 1까지 파형이 그리는 변화를 1사이클(Cycle)이라 하며, 1사이클 동안에 걸리는 시간을 주기(Period)라 하고, 1초 동안의 사이클 수를 주파수(Frequency)라 한다.

주파수의 단위는 보통 헤르츠(Hertz, 기호[Hz])로 표시한다. 주기 T[s]와 주파수 f([Hz] 또는 cycle/s) 사이에는 다음의 관계식이 성립한다.

$$T[s] = \frac{1}{f}$$

그림 15에서는 자극의 수가 2개였으나 자극의 수가 4로 되면 반회전마다 같은 변화가 반복되므로 1회전에 대하여 2사이클의 변화를 하게 된다. 즉, 자극 수에 비례하여 주파수가 증가된다. 그러므로 자극의 수를 P, 매분 회전수를 n[rpm]이라고 하면, 주파수 f[Hz}는 다음과 같다.

$$f[Hz] = \frac{\frac{P}{2} \times n}{60}$$

03 단상 교류

(1) 단상 교류의 발생

자장 내에서 도체를 회전시키면 교류 기전력이 발생한다. 이것을 반대로 도체 안에 자석을 설치한 후 자석을 회전시켜도 마찬가지의 교류가 발생한다.

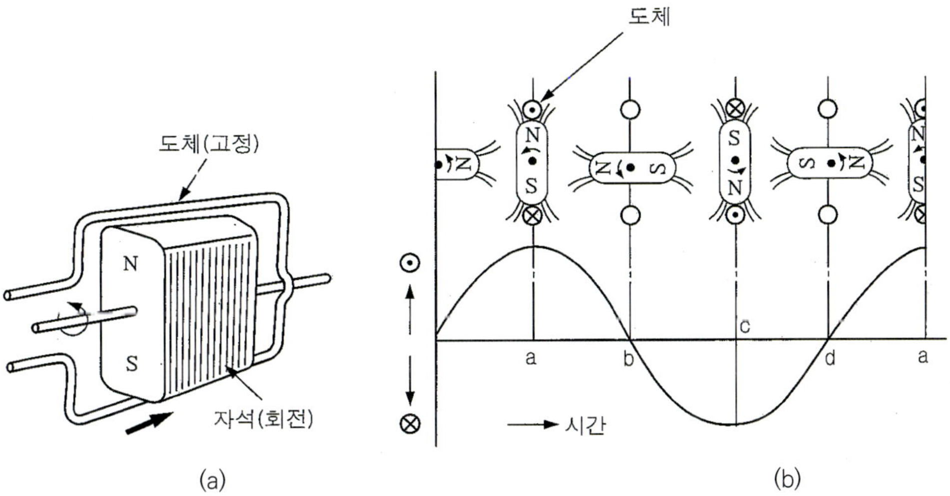

그림 16 | 단상 교류의 발생과 기전력

그림 16(b)는 자석이 1회전하였을 때 도체에 발행되는 기전력의 크기 및 방향을 나타내고 있다. 이와 같이 기전력을 발생하는 도체가 1조의 코일로 되어 있는 것을 단상 교류라고 하며, 이러한 형식의 발전기를 단상 교류 발전기라고 한다.

(2) 단상 발전기의 회전과 주파수의 관계

그림 16(b)에서 a로부터 a'까지의 기전력 변화를 1사이클이라 하고, 이 변화를 1초 동안에 반복하는 횟수를 주파수라 한다. 만일 그림 16(a)에서 자석이 1초 동안에 1회전한다고 하면 발생되는 주파수는 1사이클이 된다.

그림 16(b)에서는 자석이 2극인 것에 대한 경우이고, 4극의 자석의 경우에는 반회전마다 마찬가지의 변화를 반복하므로, 자석 1회전에 대해 2사이클의 변화를 하게 된다. 따라서 자석의 자극 수를 증가시킬수록 또 회전 속도를 크게 할수록 발생되는 주파수가

증가하는 것을 알 수 있다. 이것을 관계식으로 표시하면 다음과 같다.

[주파수]∝[자극 수]×[회전 속도]

지금 주파수를 f[Hz], 자극 수를 P, 매분 회전 속도를 N[rpm]으로 하면

$$f[Hz]=\frac{\frac{p}{2}\times n}{60}=\frac{n\times p}{120}$$

$$n[rpm]=\frac{120f}{p}$$

단상 교류의 전력(P)은 전압(E)과 전류(I)의 실효값과 전압과 전류의 위상차(θ)는

$$P=EI\cos\theta$$

로 된다. 여기서 전압과 전류의 실효값의 곱 EI를 피상 전력이며, 피상 전력 (EI)에 대한 유효 전력 (P)의 비인 역률(cosθ)은 부하의 저항과 인덕턴스 용량의 값에 의해 변화된다.

백열 전등이나 전열기의 역률은 100%에 가까우나 유도 전동기의 역률은 50~90% 정도밖에 되지 않는다.

04 3상 교류

3상 교류는 단상 교류 3개를 조합한 것으로 단상 교류에 비하여 고능률이고 경제성이 우수하며, 자동차용 발전기는 3상 교류발전기를 사용하고 있다. 이는 저속 회전에서도 발생 전압이 높아서 축전지의 충전능력을 향상시키고, 고속 회전에서도 안정된 성능을 발휘한다.

(1) 3상 교류의 발생

3상 교류는 단상 교류를 3개 조합한 것으로 그림 17(a)와 같이 감긴 수가 같은 3개의

코일 aa' bb' cc'를 120° 간격으로 스테이터에 배치하고, 자석 N, S를 로터로 하여 일정 속도로 회전시키면, 각 코일에 유기되는 기전력은 그림 17(b)와 같은 3상 교류가 발생된다.

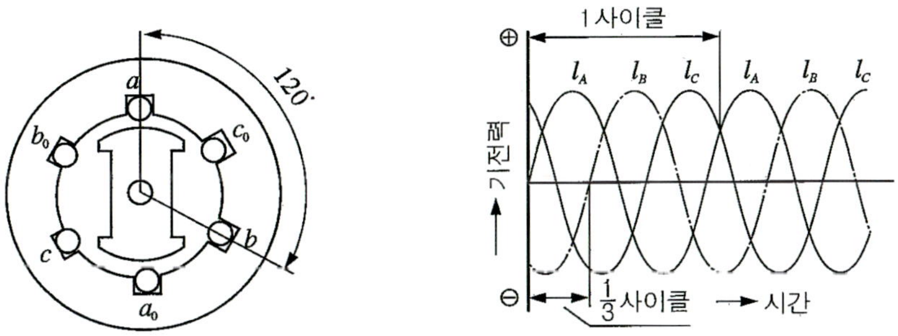

(a) 3상 교류 발전기의 단면 (b) 3상 교류 기전력

그림 17 | 3상 교류 발전기와 기전력

3상 교류 발전기의 3개 코일에서 3개의 도선을 끌어내는 방법은 그림 18(a)와 같이 각 코일의 한쪽 끝을 공통으로 연결한 중심점 O에 접속하고, 다른 끝을 끌어낸 성형 결선 또는 Y결선법과 그림 18(b)와 같이 각 코일의 끝을 순차적으로 접속하여 환상으로 하고, 각 코일의 접속점에서 하나씩 단자를 끌어낸 삼각 결선 또는 △결선법이 있다.

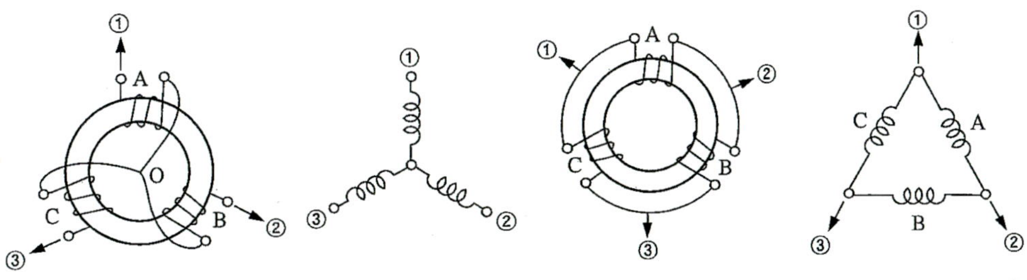

(a) Y결선(스타결선) (b) ⊿결선

그림 18 | 3상 결선법

(2) 3상 교류의 선간 전압 및 전류

그림 19(a)와 같은 △결선에서의 선간 전압 V는 각 상전압 E_A, E_B, E_C와 같으나 단자 AC 사이에 부하가 연결되었을 때 흐르는 선간 전류는 상 전류의 $\sqrt{3}$배가 된다.

또 그림 19(b)와 같이 결선된 Y결선의 선간 전압을 보면 상전압 E_A, E_B, E_C의 크기가 같을 경우에는 상전압의 $\sqrt{3}$배가 되고, 선간 전류는 상전류와 크기는 같으나 위상만이 다르다.

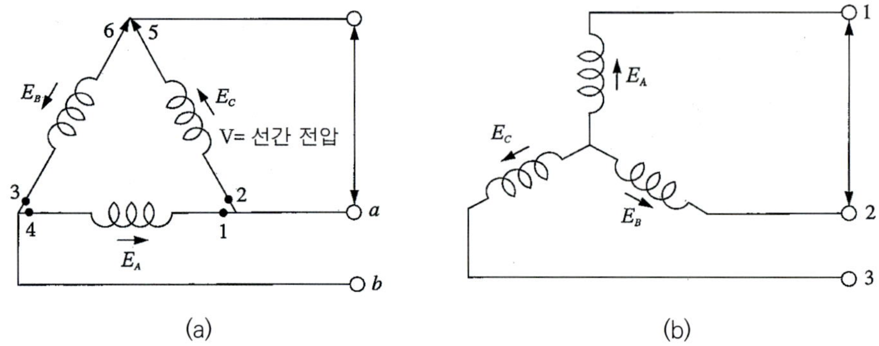

그림 19 | 선간 전압과 전류

그러므로 교류 발전기의 상전압이 같을 때에는 Y결선 시의 선간 전압이 △결선 시의 선간 전압보다 높게 되기 때문에 자동차용 교류 발전기에 Y결선이 사용되고 있다.

(3) 3상 전력

단상 교류의 전력은 전압과 전류 및 역률의 곱으로 표시되지만, 3상 회로에는 3개의 단상 회로가 동시에 존재하므로 각 상의 전력을 합하여 3상 전력을 구할 수 있다. 3상 회로에서 각 상의 상전압 및 상전류를 E_A, E_B, E_C 및 I_A, I_B, I_C라 하고, 상전압과 상전류의 위상차를 각각 θ_A, θ_B, θ_C라 하면 3상 전력 P는 다음과 같이 각 상의 전력 P_A, P_B, P_C의 합으로 된다.

$$P = P_a + P_B + P_c = E_A I_A \cos\theta_A + E_B I_B \cos\theta_B + E_C I_C \cos\theta_C$$

평형 3상 회로에 있어서는 각 상전압과 상전류의 크기 및 위상차가 같으므로, 이들을 E_P, I_P 및 θ라 하면, 평형 3상회로의 전력 P는 다음과 같이 표시된다.

$$P = P_a + P_B + P_c = E_A I_A \cos\theta_A + E_B I_B \cos\theta_B + E_C I_C \cos\theta_C$$

$$P[W] = E_p I_p \cos\theta = \sqrt{3}\, VI\cos\theta$$

앞의 식에서 표시되는 전력 P는 유효 전력이고, $\sqrt{3}$VI는 피상 전력이라 한다. 또한 교류 회로에서 전혀 일을 할 수 없는 전력 $P_a = \sqrt{3}\, VI\sin\theta$[VAR]를 무효 전력이라고 한다.

5 기전력과 전력량

01 전원과 기전력

양전하를 가진 물질 A와 같은 양의 음전하를 가진 물질 B를 전선 C로 연결하면, 그림 18과 같이 A의 전위는 B의 전위보다 높으므로 C에 전류가 흘러서 양전하의 중화가 이루어진다. 즉, A의 전위는 저하되고, 반대로 B의 전위는 상승되어 마침내 전하가 모두 중화되면 A와 B는 같은 전위로 되어 전류는 흐르지 않게 된다.

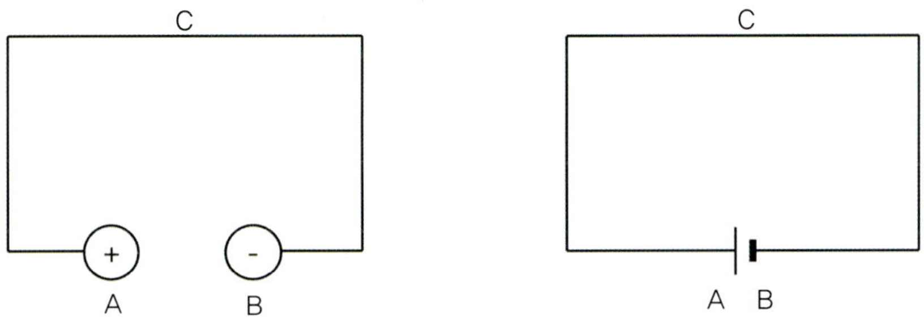

그림 20 | 기전력

그러나 이 경우 그림 20과 같이 A, B 사이에 배터리를 연결하면 C에 연속하여 전류를 흐르게 할 수 있다. 이것은 배터리의 작용으로 C를 통하여 중화 감소된 만큼의 전하가 계속해서 A와 B에 공급되어 A, B 사이의 전위차는 일정하게 유지되기 때문이다. 이와 같이 전하를 이동시켜 끊임없이 전위차를 발생시키는 힘을 기전력이라 하고, 기전력을 발행하여 전류의 근원이 되는 것을 전원이라고 한다. 기전력은 일반적으로 기호 E로 나타내고, 단위는 전압의 단위와 같은 [V]로 표시한다.

02 전력과 전력량

전구나 모터에 전압을 가하여 전류가 흐르게 하면 빛이나 열을 발생하고 또 기계적 일을 한다. 이와 같이 전기가 하는 일의 크기를 전력이라 하고, 전류가 어떤 시간 동안에 한 일의 총량을 전력량이라고 한다.

(1) 전력

전력은 전압과 전류의 곱으로 나타낸다. 따라서 E[V]의 전압을 가하여 I[A]의 전류가 흐를 때의 전력은 다음과 같이 표시한다.

$$\text{전력}[P] = \text{전압}[E] \times \text{전류}[I]$$

만일 I[A]의 전류가 R[Ω]의 저항을 흐르고 있다면 $E = IR$의 관계가 있으므로 저항에서 소비되는 전력은

$$P[W] = I^2R \text{ 또는 } P[W] = \frac{E^2}{R}$$

이다.

전력의 단위는 와트(Watt, 기호[W])로 나타내고, 1[W]의 1,000배를 1[kW]라 한다. 또 모터의 힘을 나타내는 것으로서 마력이라는 단위를 사용하는데, 1마력은 다음과 같은 와트 수에 상당한다.

1영마력 = 1HP = 550[lb-ft/s] = 746[W], 1불마력 = 1[PS]
= 75[kg-m/s] = 736[W]

(2) 전력량

전력량은 전력이 어떤 시간 동안에 한 일의 총량을 말하며, P[W]의 전력을 t초 동안

사용하였을 때의 전력량은

$$Wh[J] = Pt$$

로 표시된다. 만일 I[A]의 전류가 R[Ω]의 저항 속을 t초 동안 흐르는 경우에는

$$Wh[J] = I^2R$$

의 전력량이 모두 열로 소비되므로 이때 발생하는 열량을 H[cal]라 하면

$$H[cal] = 0.24I^2Rt$$

의 관계가 성립된다. 이 식은 저항에 의해 발생되는 열량은 전류의 제곱과 저항 및 시간에 비례하는 것을 나타내고 있으며, 이것을 주울(Joule)의 법칙이라고 한다.

이와 같이 저항 중에 전류가 흘러서 발생하는 열을 주울 열이라 하며, 전기 히터, 시가 라이터, 예열 플러그 등에 널리 이용되고 있다. 또 스위치 등이 가지고 있는 접촉 저항에서도 이 주울 열에 의하여 발열되고, 접촉면을 산화시키므로 접촉 저항이 증가하게 된다.

03 전선의 허용 전류와 퓨즈

전선에 전류가 흐르면 전류의 제곱에 비례하여 주울 열이 발생되며, 이 열이 절연 피복을 변질시키게 되면 화재 발생의 원인이 된다. 그러므로 전선에는 안전한 상태로 사용할 수 있는 전류의 한계값이 정해져 있다. 이것을 허용 전류라고 하며, 모든 전기회로에 사용되는 전선은 허용전류의 범위 내에서 사용해야 한다.

만일 그림 21과 같이 전압이 가해진 전선의 절연 피복이 손상되어 내부 전선이 노출되고, 이것이 근처의 다른 전선에 접촉하게 되면 전선의 길이가 짧아진 것과 같은 현상이 되므로 전선의 고유 저항이 낮아지게 되어 많은 전류가 흐르게 되며, 노출된 전선이 프레임에 접촉되면 부하(저항)를 거치지 않고 전원에 연결되는 것이므로 과도한 전류가 흐르게 된다.

노출된 전선이 다른 전선과 접촉하는 것을 단락(Short)이라 하고(그림 21(a)), 프레임

에 접촉하는 것을 접지(Earth)라고 한다(그림 21(b)). 단락이나 접지에 의해 허용 전류보다 많은 전류가 흐르게 되면 전선에 화재가 발생하거나 전기 기기를 손상시키므로 회로 중에 직렬로 융해점이 낮은 퓨즈를 삽입하면 과도한 전류에 의해 전선의 온도가 상승되기 이전에 퓨즈가 녹아 끊어지게 하여 회로를 차단하는 역할을 하도록 하고 있다.

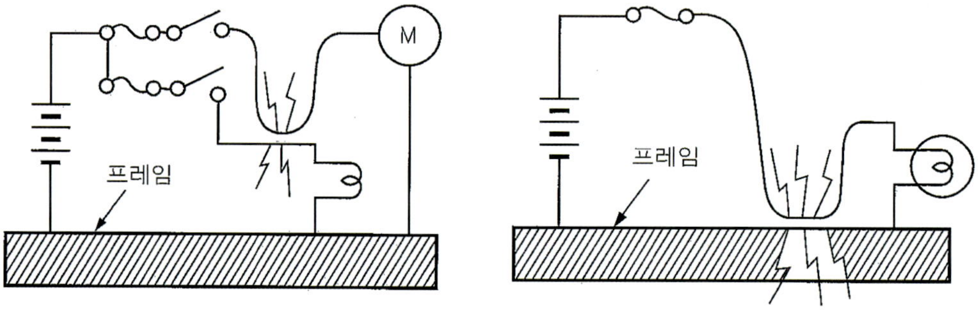

(a) 단락회로　　(b) 접지회로

그림 21 | 단락과 접지

퓨즈는 납과 안티몬을 이용하여 만들며, 퓨즈의 온도가 68[℃] 이상이 되면 산화되어 끊어지게 되어 회로를 보호한다. 그런데 어떤 등화 회로에 5A의 전류가 흐른다고 가정하자. 이 회로에 5[A]의 퓨즈를 설치하였다고 하면, 램프가 점등되기도 전에 퓨즈가 절단되어 전류의 흐름이 차단되므로 등화장치의 작동이 되지 않는다. 따라서 퓨즈는 회로에 필요로 하는 전류보다 1.5~1.7배 높은 전류를 허용할 수 있도록 하고 있다. 예를 들어, 전기회로의 필요 전류가 10[A]일 때 퓨즈의 허용 전류는 15~17[A]가 되도록 한다.

2 자기

1 자석

자기를 가지고 있는 물체를 자석(Magnet)이라 한다. 자석에는 천연으로 얻어지는 자철광 이외에 철, 니켈, 코발트 등의 금속에 인공적으로 자기를 가지게 한 인공 자석이 있다. 물질에는 자기작용으로 자석이 될 수 있는 자성체와 자기작용이 있어도 자석이 되지 않는 비자성체가 있다. 자석에 철분을 가까이 하면 흡입하는 작용이 있으며, 흡인하는 작용은 자석 전체에 있는 것이 아니고 양 끝부분에 집중되어 있는 부분을 자극(Magnetic)이라고 한다.

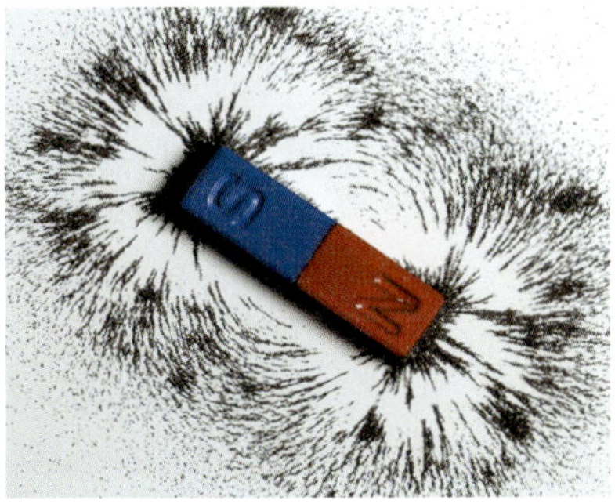

그림 22 | 막대자석

막대자석의 중앙을 실로 매달면 한쪽 끝은 북쪽을 가리키고, 다른 한쪽 끝은 남쪽을 가리키게 된다. 여기에서 북쪽을 가리키는 쪽을 북극 또는 N극이라 하고, 남쪽을 가리키는 쪽을 남극 또는 S극으로 양 자극을 구분한다. 또 N극은 적색으로, S극은 청색으로 칠을 하여 구분하기도 한다.

한 개의 막대자석의 N극을 다른 막대자석의 N극과 가까이 하면 밀어내는 힘이 생기고, S극을 가까이 하면 끌어당기는 힘이 생긴다. 즉, 같은 종류의 극성은 반발하여 밀어내고 (동종반발), 다른 종류의 극성을 잡아당겨 흡인한다(이종흡인).

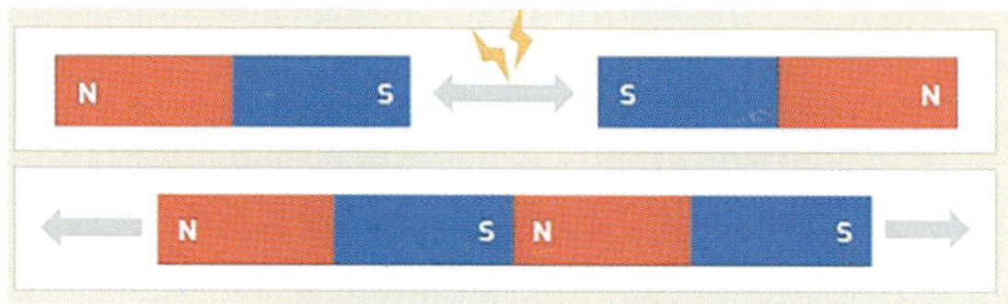

그림 23 | 자석의 성질

자석에서 자극 부분의 세기는 그 부근에 다른 자석을 놓았을 때, 양 자극 사이에 작용하는 당기는 힘이나 반발하는 힘의 대소로 나타낸다. 즉, 두 자석 자극의 세기를 각각 m_1, m_2라 하고, 자극의 거리를 r로 하면, 양 자극 사이에 작용하는 힘 F는

$$F[N] \propto \frac{m_1 m_2}{r^2}$$

표시된다.

위 식에서 알 수 있는 것과 같이 당기는 힘 또는 반발하는 힘 F는 두 자극 사이의 거리의 제곱에 반비례하고, 자극의 세기의 곱에 정비례한다. 이를 쿨롱의 법칙이라고 한다.

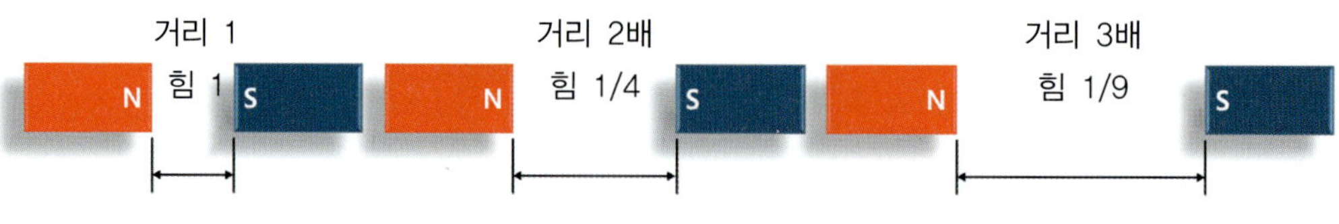

그림 24 | 자극의 세기

2 자계와 자력선

자석 위에 종이나 유리판을 놓고 그 위에 쇳가루를 뿌린 다음 가볍게 두드리면 그림 22와 같이 쇳가루가 서로 연결되어 곡선의 모양이 만들어진다. 쇳가루가 그린 곡선의 여러 곳의 밀도를 보면 자극에 가까운 곳은 밀도가 크고, 자극으로부터 먼 곳은 밀도가 작게 되어 있으며, 쇳가루의 방향은 모두 극을 향하고 있다. 이때 쇳가루가 그린 곡선과 마찬가지의 곡선을 가상하고 이 선이 양 자극 사이에 어떤 힘을 가지고 존재하는 것으로 생각하여 자극의 상태를 연구하는데 사용되는데, 이 선을 자력선이라 한다.

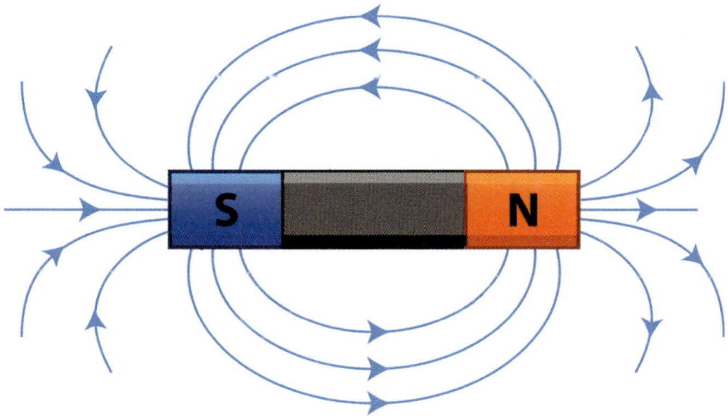

그림 25 | 자석의 자력선

자력선이 존재하는 곳에서는 자기 작용이 있으며, 이와 같은 장소를 자계라고 한다. 자력선은 그림 25와 같이 보통 N극으로부터 S극으로 향하는 방향으로 화살표를 넣어 표시한다.

패러데이의 가설에 의하면 자력선은 당겨진 고무줄과 같이 줄어들려고 하고, 인접한 자력선 사이에는 반발력이 작용하여 서로 멀어지려고 한다. 패러데이의 가설은 발전기와 모터 등의 작동원리가 된다.

자력선의 다발을 자속이라 하며, 단위로는 웨버[Wb]를 사용하고, 단위 면적을 통과하는 자속을 자속 밀도라 하며, 단위로는 [Wb/m^2]를 사용한다. 자장 내에 자기를 가지는 물체를 놓으면 이 물체에 힘이 작용하는데 단위 자기량을 가지는 물체에 작용하는 자기력의 크기를 자계 강도라고 하며, 단위로는 암페어 퍼 미터[A/m]를 사용한다. 자속 밀도(B)와 자계 강도(H)는

$$B[Wb/m^2] = \mu H$$

관계가 된다.

여기서 μ은 자속이 통과하는 매질의 투자율로 자속이 통과하기 쉬운 정도를 나타낸다. 자계 강도는 자화력이라고 한다.

자석에 그림 26과 같이 강철 조각을 가까이 하면 자석의 N극에 가까운 쪽의 강철 조각은 S극이 되고, 반대쪽은 N극으로 자화되어 자석이 된다. 이와 같이 자석이 아닌 물체가 자계 내에서 자기력의 영향을 받아 자기를 띠는 현상을 자기 유도라고 하며, 자기 유도에 의하여 자화되는 물체를 자성체라고 한다. 자성체는 상자성체와 반자성체로 구분한다. 상자성체는 자기 유도에 의하여 그림 26과 같이 가까운 쪽에는 다른 종류의 극이 생기고, 먼 쪽에는 같은 종류의 극이 생기는 자성체를 말하며, 철, 니켈, 알루미늄, 백금 등이 이에 속한다. 상자성체 중에서도 철과 같이 쉽게 자화되는 것을 강자성체라고 하며, 니켈, 코발트, 망간 및 이들의 합금 등이 강자성체에 속한다.

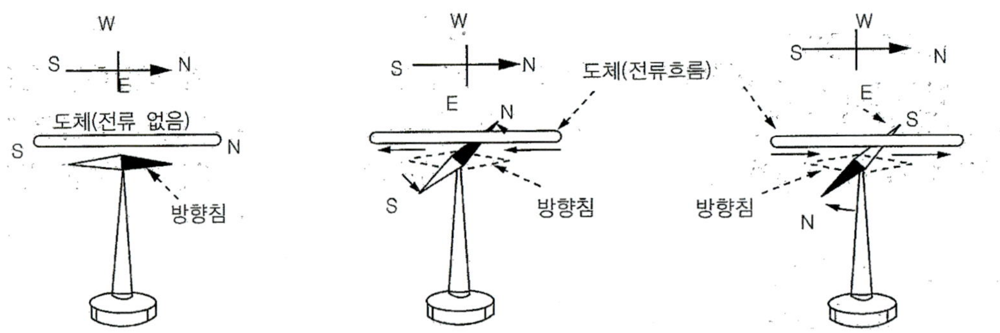

그림 26 | 자기 유도

반자성체는 자석에 가까운 곳에는 같은 종류의 극이, 먼 곳에는 다른 종류의 극이 생기는 자성체로서 구리, 납, 아연, 탄소 등이 이에 속한다.

자기 유도현상은 분자 자석설로, 철 등의 강자성체는 자화되어 있지 않은 경우에도 그림 27에 나타낸 것과 같이 매우 작은 자극을 가진 분자 자석으로 되어 있다고 생각되고 있으며, 자화되는 힘이 주어지지 않았을 때 분자자석은 불규칙하게 여러 방향으로 향하고 있기 때문에 각 분자의 자력은 상쇄되어 자석의 성질을 나타내지 않는다.

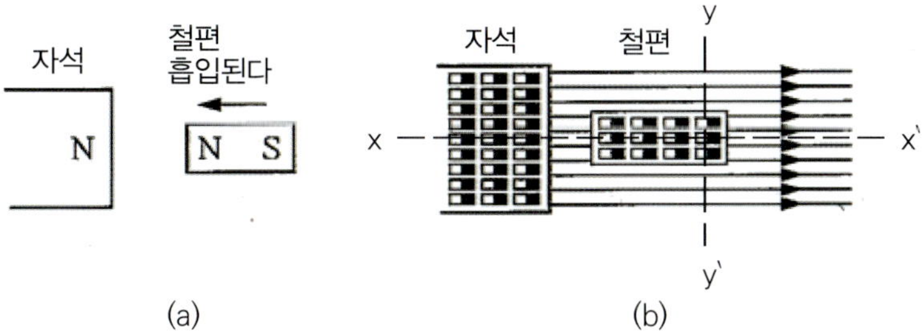

그림 27 | 분자 자석

그러나 자석을 자계에 넣으면 그림 27(b)와 같이 분자 자석이 자력선의 방향을 향해 규칙적으로 배열되고, 한가운데에서는 N극과 S극이 서로 힘을 상쇄하여 철의 양 끝에서 N극과 S극을 나타내는 자석이 된다. 만일 자화된 철을 그림 27(b)와 같이 X-X'인 곳에서 절단을 하면 지금까지 중화되어 있던 자력이 나타나서 절단면에 N극과 S극이 나타나 2개의 자석이 되고, 또 Y-Y'에서 절단을 해도 2개의 자석이 된다.

철편의 분자 자석이 배열되면 다시 강한 자석을 접근시켜도 철편의 자기를 강하게 할 수 없다. 이렇게 자화력을 증가시켜도 자기가 증가되지 않는 현상을 자기 포화라고 한다. 또 한 번 자화된 철편에 외부 자화력을 점차 약하게 해 주면 철편의 자기도 점차 감소되는데, 외부 자화력을 모두 없앤 후에도 철편에 남은 자기를 잔류자기라 하고, 잔류자기를 없애려면 다시 반대 방향의 자화력을 가하지 않으면 안 된다. 이와 같이 철이 자화될 때에는 자기적인 이력이 나타나는 현상을 자기 히스테리시스라고 한다.

그림 28은 철의 자화 곡선을 나타낸 것으로 자기 히스테리시스 현상이 있음을 알 수 있다.

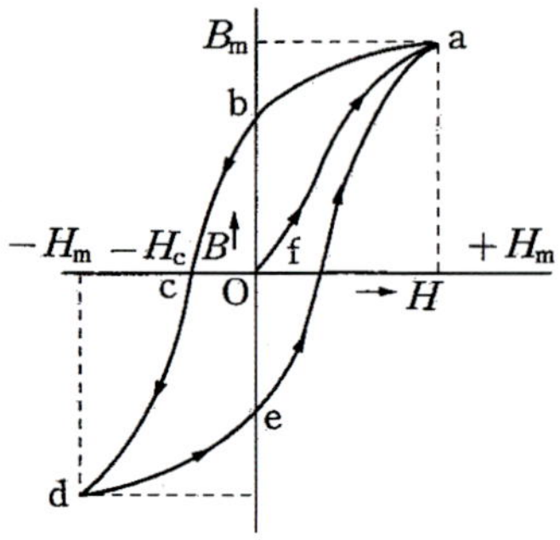

그림 28 | 히스테리시스 곡선

전혀 자화되지 않은 철에 자화력, 즉 자계 강도(H)를 증가시켜 가면 자속 밀도(B)는 Oa의 경로를 따라 증가하여 최대 자화력(H_m)에서 최대 자속 밀도(B_m)가 되는 포화 현상이 나타난다. 여기서 자계 강도(H)를 점차 감소시켜 가면 자속 밀도(B)는 a→b의 경로를 따라 감소하여 외부의 친화력이 전혀 없는 상태에서도 Ob만큼 자속 밀도가 남게 되는데, 이것을 잔류 자속 밀도라고 한다.

자계 강도(H)를 반대 방향으로 점차 증가시켜 가면 자속 밀도(B)는 bcd의 경로를 따라 변하여 d점에서 다시 포화상태가 되는데, 철의 잔류 자속 밀도를 다시 0이 되도록 하는데 필요한 자화력의 크기(H_c)를 보자력이라고 한다.

자계 강도(H)를 다시 -H_m에서 H_m까지 서서히 변화시켜 가면 자속 밀도(B)는 d→e→f→a의 경로를 따라 다시 a점으로 돌아온다. 이와 같이 자계 강도(H)를 H_m에서 -H_m까지 변화시켜 가면 자속 밀도(B)는 a→b→c→d→e→f→a의 곡선을 따라 변화한다. 이 곡선을 히스테리시스 곡선이라 한다.

영구자석을 만드는 재료는 잔류 자기가 큰 물질이어야 하지만, 교류 발전기의 철심은 히스테리시스 곡선 내의 면적에 상당하는 에너지가 자화된 철심 중에서 소비되어 철심의 온도를 상승시키므로 잔류 자기가 작은 것이어야 한다. 따라서 히스테리시스 손실을 작게 하여 규소 강판이 많이 사용되고 있다.

3 전기와 자기

01 전류가 만드는 자계

도체에 전류가 흐를 때 도체 주위에 자장이 형성되며, 자장의 크기는 전류의 세기에 비례하고, 도체로부터의 거리에 반비례한다.

자력선의 방향은 그림 29와 같이 오른나사가 진행하는 방향으로 전류가 흐르면 나사가 회전하는 방향으로 발생하는데, 이를 앙페르의 오른나사 법칙이라고 한다.

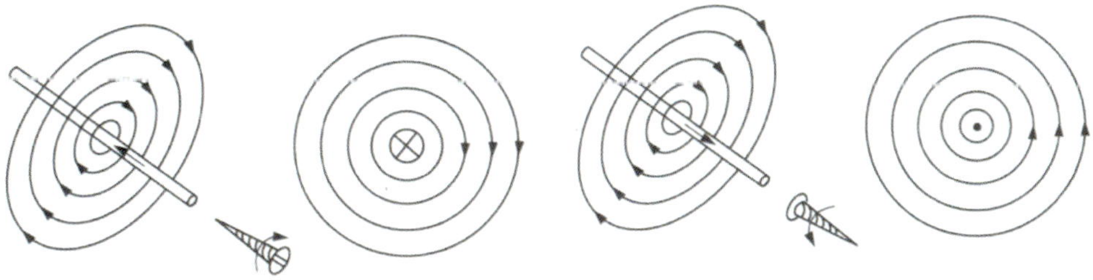

그림 29 | 앙페르의 오른나사 법칙

그림 29에서 ⊗표는 전류가 밖으로 나가는 방향을 나타내며, ⊙표는 안으로 들어오는 방향을 나타낸다.

(1) 코일의 자계

1) 솔레노이드와 오른손 엄지손가락 법칙

그림 30과 같이 전선을 원형으로 구부려서 코일을 만든 다음 전류를 통하게 하면 코일 내부에 그림 30과 같은 방향의 자장이 생긴다. 이와 같은 코일을 그림 30과 같이 여러 번 감고 전류를 흐르게 하면 그림 30과 같은 자장이 같은 축 위에 겹친 것과 같이 발생되어, 코일의 감긴 수에 비례하는 자장이 발생되므로 막대자석과 같은 역할을 할 수 있으며 이를 솔레노이드라고 한다.

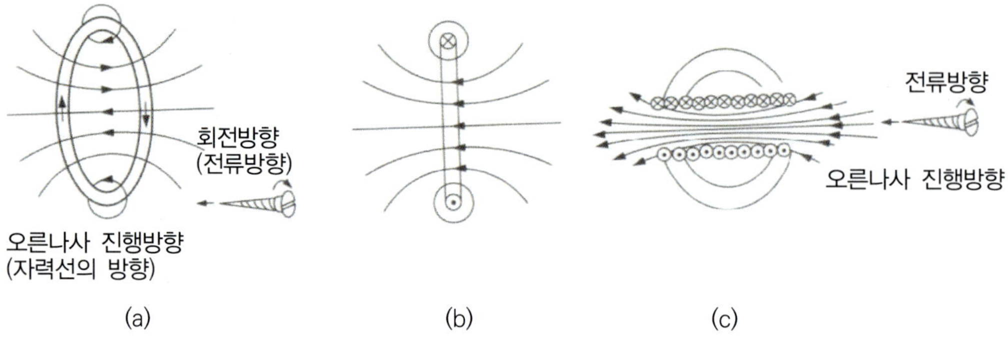

그림 30 | 코일과 솔레노이드가 만드는 자장

그림 30에서와 같이 솔레노이드의 내부에 철심을 넣은 후 솔레노이드 코일에 전류를 흐르게 하면 철심에 생기는 자속은 철심이 포화되지 않는 한 솔레노이드의 감긴 수 N과 코일에 흐르는 전류 I의 곱인 NI에 비례하여 증가한다.

이 NI는 자속을 발행시키는 능력을 표시하는 것으로서 기자력이라고도 하며, 단위로는 암페어·횟수(Ampere Turn, 기호:AT)를 사용한다.

2) 오른손 엄지손가락의 법칙

솔레노이드의 내부에 생기는 자력선의 방향은 그림 31의 오른나사 법칙으로 구할 수 있으나, 그림 31과 같이 오른손 엄지손가락의 법칙에 의해서도 구할 수 있다.

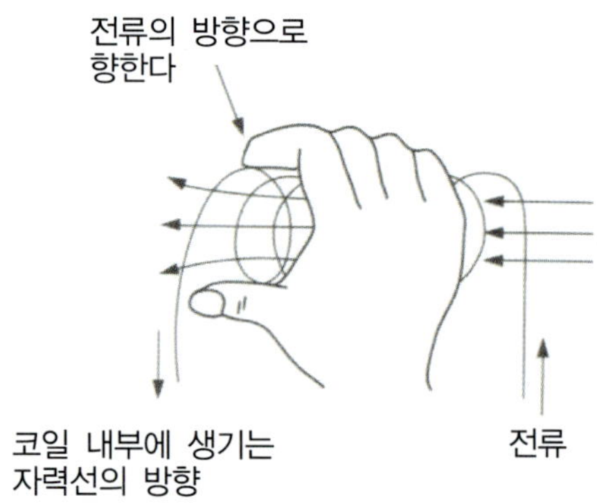

그림 31 | 오른손 엄지손가락 법칙

즉, 오른손 엄지손가락을 다른 네 개의 손가락과 직각이 되도록 한 다음 네 손가락을 전류의 흐름 방향으로 향하게 하면 코일을 잡은 엄지손가락의 방향이 자력선의 방향인 N극의 방향이 된다. 이것을 오른손 엄지손가락의 법칙이라고 하며, 코일이나 전자석의 자장 방향을 구할 때 사용한다.

3) 자장의 합성과 상쇄

그림 32와 같이 하나의 철심에 2개의 코일 L_1, L_2를 감고, 전류를 흐르게 하면 2개의 코일 L_1과 L_2가 만드는 자장의 방향이 반대로 되어 철심에 만들어지는 자력이 약하거나 없게 되며, 그림 32와 같이 코일을 감고 전류를 흐르게 하면 코일 L_1과 L_2가 만드는 자장이 같은 방향이 되어 철심에 생기는 자력은 서로 합성되므로 커지게 된다. 이것을 각각 자장의 합성과 상쇄라고 한다.

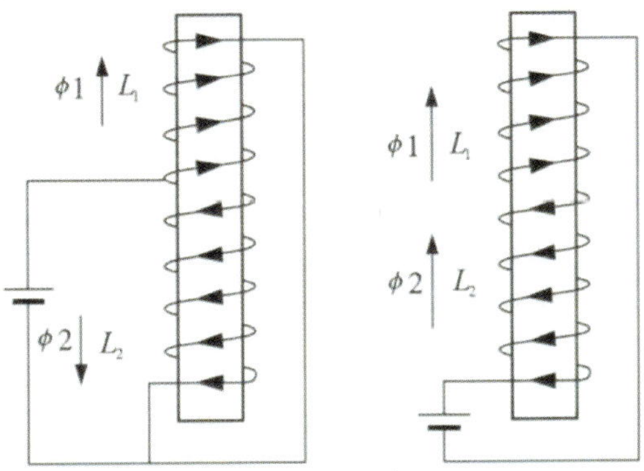

그림 32 | 자장의 합성과 상쇄

02 전류와 자장 사이에 작용하는 힘

전류가 흐르는 도체 주위에 자극을 놓으면 그 자극에 도체에서 발생된 자력이 작용하게 된다.

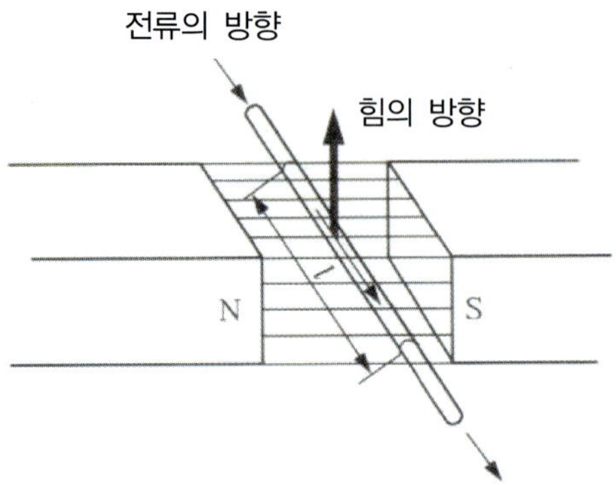

그림 33 | 전류와 자장 사이의 힘

자장 내에 도체를 설치한 후 그림 33과 같이 자극을 고정하고 도체가 자유로이 움직일 수 있게 하면 도체에 힘이 작용하여 도체가 움직이게 된다. 이 힘을 전자력이라 하는데, 그 크기는 자계의 방향과 전류의 방향이 직각으로 될 때 가장 크며, 도체의 길이, 전류의 크기 및 자계의 세기에 비례한다.

자계의 세기를 나타내는 자속 밀도가 B[Wb/m^2]인 자장 안에 직각으로 l[m]의 도체를 놓고, 도체에 전류 I[A]를 흐르게 하면 전자력 F[N]는

$$F[N] = BlI$$

이다.

이 전자력의 방향은 자속의 방향과 전류의 방향을 직각으로 놓았을 때, 그림 28과 같이 직각으로 작용한다.

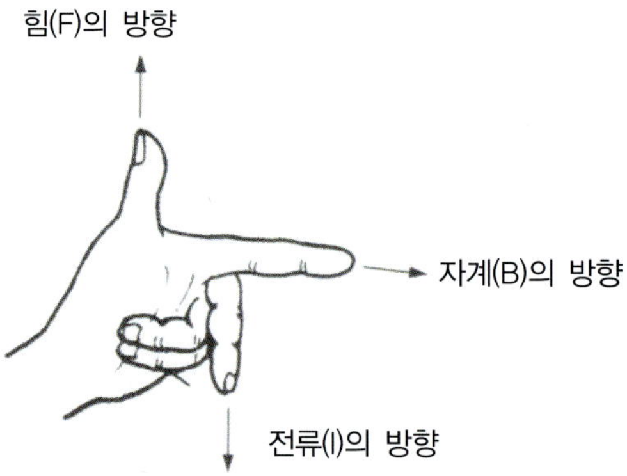

그림 34 | 플레밍의 왼손 법칙

그림 34와 같이 왼손의 엄지와 인지와 중지를 서로 직각이 되도록 한 상태에서 검지를 자력선의 방향으로 하고, 중지를 전류의 흐름 방향으로 하면 엄지 방향은 도체가 움직이는 힘의 방향이 된다. 이것을 플레밍의 왼손 법칙이라 하며, 전기적 에너지를 기계적 에너지로 바꾸어주는 모터나 전류계, 전압계 등의 작동원리가 된다.

그림 35는 모터의 원리를 나타낸 것이다.

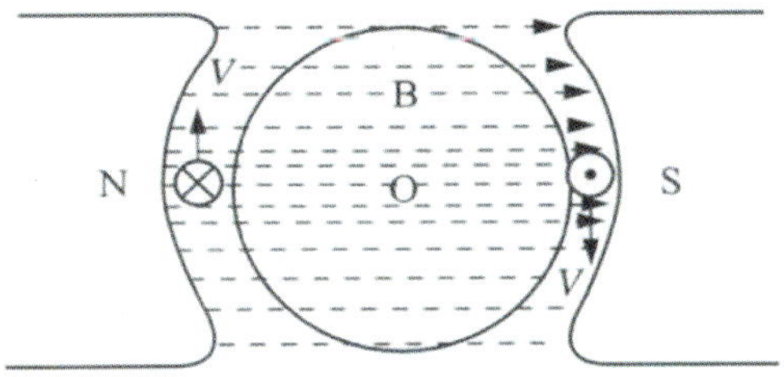

그림 35 | 모터의 원리

N극과 S극에 의해서 발생된 자속 밀도 B[Wb/m^2]인 자장 속에서 한 변의 길이가 L[m]이고, 간격이 D[m]인 코일에 전류 I[A]를 흐르게 하면 플레밍의 왼손 법칙에 의하여 시계 방향으로 회전하려는 회전력 T[N-m]는

$$T[N-m] = F \times D = Bl\,DI$$

이다.

직류모터는 코일이 계속하여 일정한 방향으로 회전하도록 하기 위하여 도체가 1/2회전할 때마다 전류가 흐르는 방향을 기계적으로 바꾸어 항상 N극 가까이에서는 ⊙의 방향으로 전류가 흐르도록 하고, S극 가까이에서는 ⊗의 방향으로 전류가 흐르도록 하고 있다.

4 전자유도작용

도체에 전기가 흐르면 도체 주위에는 자장이 발생한다. 자장 내에 도체를 놓고 도체를 움직이거나 자장을 움직이게 되면 도체에 전류가 발생된다. 이러한 현상을 전자유도작용이라고 한다.

01 전자유도

그림 36과 같이 자장 내에 자력선과 직각으로 도체를 놓고 이 양 끝에 아날로그 전류계를 연결한 다음 도체를 자력선의 직각으로 움직이면, 도체에 전류가 발행하여 전류계의 바늘이 흔들린다.

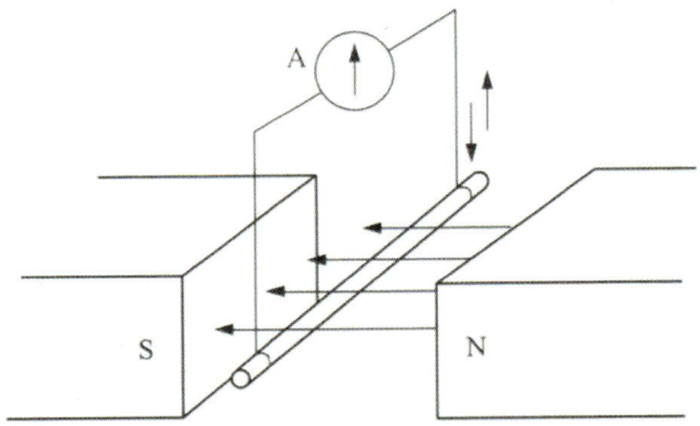

그림 36 | 전자유도작용

이는 도체를 움직이거나 자석을 움직이면 전류계의 바늘은 흔들리며 전류계 바늘의 흔들림은 도체가 움직이는 방향과 반대로 된다. 도체의 움직임이 빠를수록 전류계의 흔들림은 커지며, 도체의 움직임을 정지하면 전류계의 바늘은 흔들리지 않는다.

도체와 자력선을 교차시키면 도체에 기전력이 발생한다. 이러한 현상을 전자유도작용(Electro Magnetic Induction)이라 하고, 이 유도작용에 의해 발생한 기전력을 유도 기전력, 발생된 전류를 유도 전류라고 한다.

그림 37(a)와 같이 코일에 자석을 가까이하거나 멀리 하면 코일과 대립시킨 다른 코일의 전류를 증감시키거나 또는 코일 자신의 전류를 증감하여 그 자속 수를 변화시키면 코일에는 기전력이 발생한다. 이것은 코일 내를 통과하는 자속 수를 변화하면 코일은 변화한 분량에 상당하는 자력선을 자르게 되므로, 그 변화가 계속되는 동안 코일에 기전

력이 발생한다.

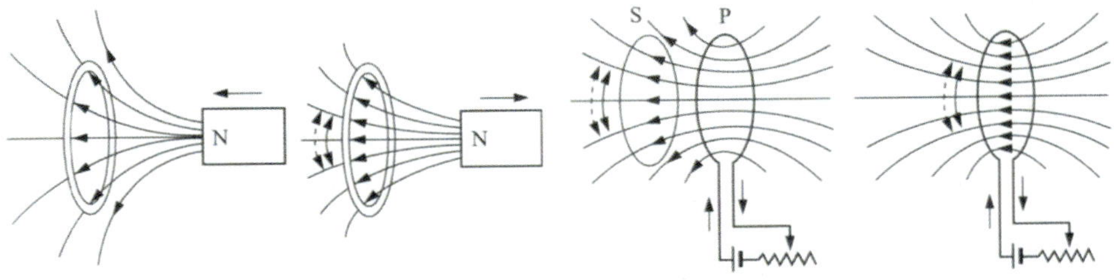

그림 37 | 전자유도

이상과 같이 전자유도를 발생시키는 방법을 크게 도체에 영향을 미치는 자력선을 변화시키는 방법과 도체와 자력선과의 상대 운동에 의하는 방법이 있다.

(1) 도체에 영향을 미치는 자력선을 변화시키는 방법

그림 38에 나타낸 것과 같이 유도 기전력의 방향은 코일 내의 자속의 변화를 방해하는 방향으로 발생한다. 이것을 렌츠의 법칙이라고 한다.

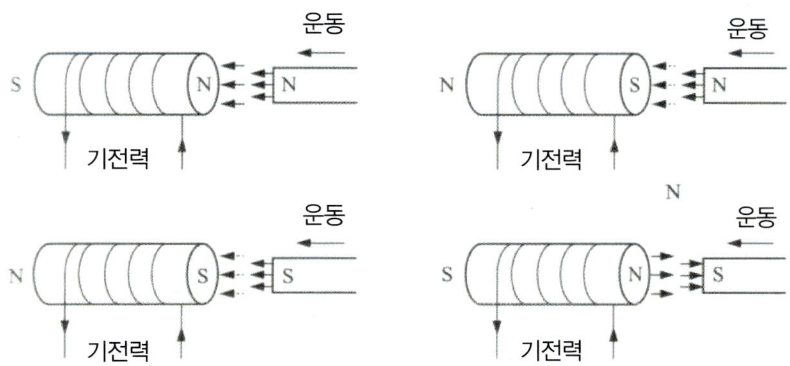

그림 38 | 렌츠의 법칙

자석을 코일에 가깝게 하는 경우에는 자석에 가까운 쪽에 같은 종류의 극이 되도록 코일에 기전력을 발생시켜 자석의 접근을 방해하고, 자석을 코일로부터 멀리 할 경우에는 자석에 가까운 쪽에 다른 종류의 극이 되도록 기전력을 발생하여 자석이 멀어지는 것을 방해한다.

이 경우 유도 기전력의 크기는 최초 도체와 교차하고 있는 자력선 수(φ)가 자력선이 t시간 동안에 변화하여 Φ'가 되었다고 하면

$$E=\frac{\Phi-\Phi'}{t}$$

이다. 만일 도체가 N번 감은 코일이면 유도작용은 중첩되어

$$E=N\times\frac{\Phi-\Phi'}{t}$$

가 된다.

(2) 도체와 자력선과의 상대 운동에 의하는 방법

기전력의 방향은 렌츠의 법칙에 따라 구할 수 있으나 더 간단한 방법으로 플레밍의 오른손 법칙을 이용하여 구할 수도 있다. 그림 39와 같이 오른손의 엄지손가락과 인지 손가락, 중지 손가락을 서로 직각이 되도록 하고, 인지 손가락을 자력선의 방향으로 향하게 하고, 엄지손가락을 도체의 운동 방향에 일치시키면 중지 손가락이 가리키는 방향이 유도 기전력의 방향이 된다.

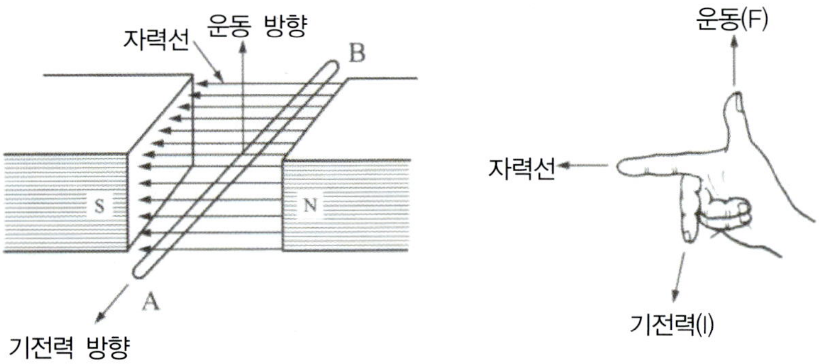

그림 39 | 플레밍의 오른손 법칙

발전기는 전자유도작용을 이용하여 전기를 발생시키는 것인데, 그림 40은 발전기의 원리를 나타낸 것이다. N극과 S극이 이루는 자장 안에서 도체가 자속을 끊으면서 회전할 수 있도록 하면 플레밍의 오른손 법칙에 의하여 N극 쪽에서는 ⊗의 방향으로 기전력이 유기되며, S극 쪽에서는 ⊙의 방향으로 기전력이 유기된다. 이것이 180° 회전하면 두 도체의 위치가 바뀌어 기전력의 방향이 정반대로 되므로 180° 회전할 때마다 전류의 방향이 바뀌는 교류 발전기(Alternator Currant Generator)가 된다. 또 발전기의 코일이 180° 회전할 때마다 전류의 방향을 바꾸어주는 장치인 정류자를 이용하면 일정한 방향으로만 전류가 흐르게 되므로 직류 발전기가 된다.

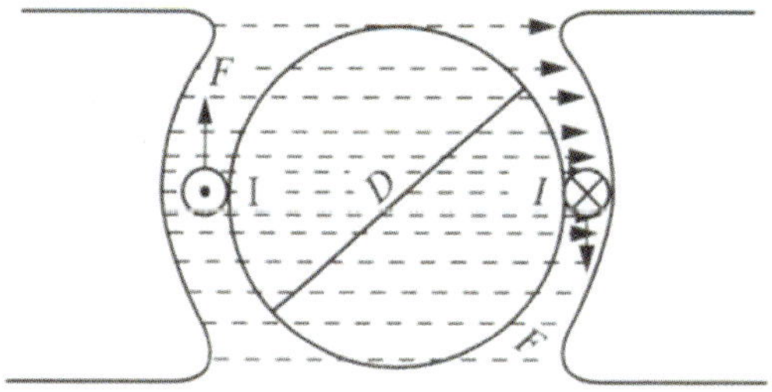

그림 40 | 발전기의 원리

유도 기전력의 크기는 단위 시간에 따른 자력선의 수에 비례하므로 t초 동안에 Φ의 자력선을 잘랐다고 하면 기전력의 크기는

$$E = N\frac{\Delta\Phi}{\Delta t}$$

이다. 상호 운동의 속도가 빠를수록 또는 자력선의 수가 많을수록 기전력은 커진다.

5 자기유도와 상호유도

스위치를 사용하여 코일에 흐르는 전류를 변화시키면 코일과 교차하는 자력선도 변하기 때문에 그림 41과 같이 그 변화를 방해하는 방향으로 기전력이 발생한다. 이와 같은 전자유도작용을 자기유도라 하며, 자기유도작용에 의한 유도 기전력은 코일의 감긴 수와 전류의 변화량에 비례하여 커진다.

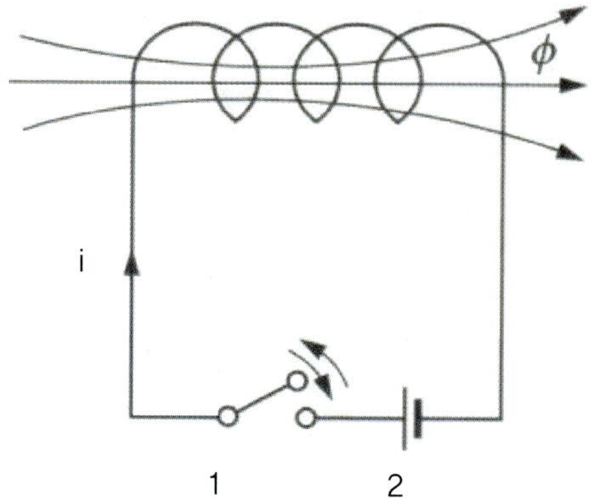

그림 41 | 자기유도작용

코일의 전류가 dt[S] 동안에 di[A]만큼 변화했을 때 자속 변화량은 전류 변화량에 비례하므로 자기유도작용에 의하여 생기는 유도 기전력 e_L는

$$e_L[V] = -L\frac{di}{dt}$$

이다.

여기서 (-) 부호는 코일에 전류를 흐르게 한 공급 기전력과 반대 방향을 나타낸 것이고, L은 코일의 지름과 감은 횟수 모양 및 철심이 있고 없는데 따라 결정되는 비례 상수로서 이것을 자체 유도계수 또는 자체 인덕턴스라 하며, 단위로는 헨리(Henry, 기호 : H)를 사용한다.

그림 42와 같이 2개의 코일, A 코일과 B 코일을 가까이 놓고 A 코일에 전류 I를 흐르게 하면 이때 발생한 자속은 B 코일을 관통한다. 이때 전류를 변화시키면 자속이 변화하므로 B 코일에는 전자유도작용에 의하여 자속의 변화를 방해하려는 방향으로 기전력이 발생되는데, 이와 같은 현상을 상호유도작용이라고 한다.

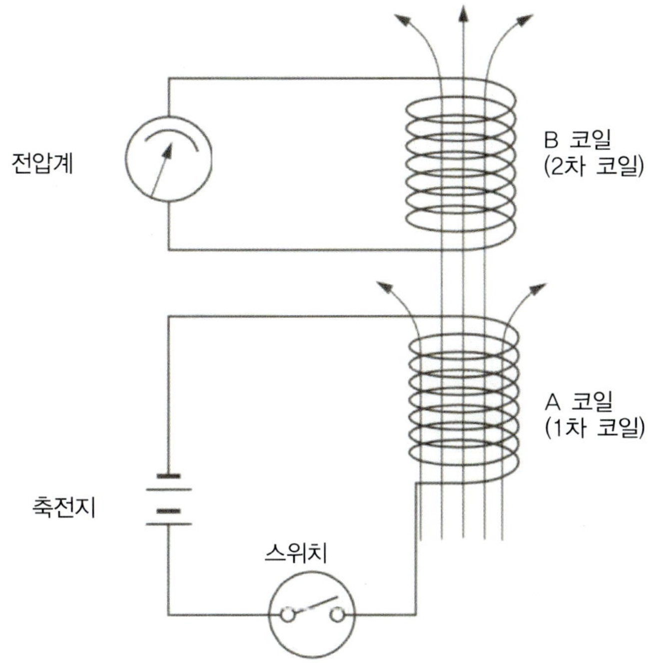

그림 42 | 상호유도작용

A 코일에서 dt[s] 동안에 전류가 di[A]만큼 변화하였다면 B 코일을 관통하는 자속 변화량은 전류의 변화에 비례하므로, B 코일에 유도되는 기전력의 크기는

$$e_L[V] = M\frac{di}{dt}$$

이다.

여기서 M은 상호 유도계수 또는 상호 인덕턴스라 하는데 두 코일의 크기 모양 및 상호간의 위치, 투자율 등에 의해서 결정되는 상수로서 단위로는 자체 유도 계수의 단위와 같은 헨리[H]를 사용한다. 상호유도작용을 이용한 것으로 변압기와 점화코일 등이 있다. 그림 43은 단상 변압기의 변압 원리를 나타낸 것이다.

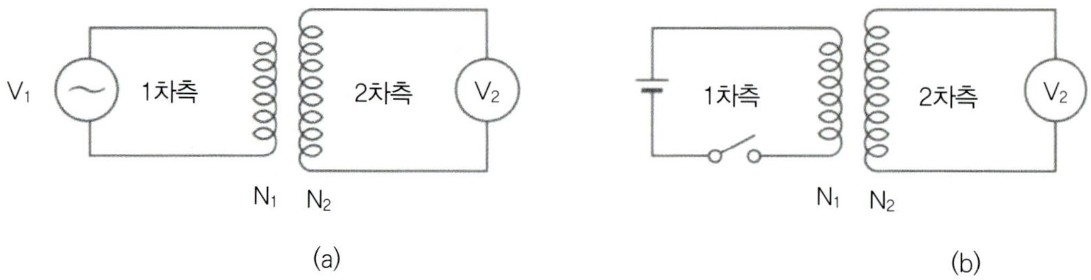

그림 43 | 변압기

변압기의 철심에는 2개의 코일이 감겨져 있는데, 한쪽은 입력측(1차측)이고 다른 쪽은 출력측(2차측)이다. 입력측에 V_1[V]의 교류 전압을 가하면 1차 코일에 흐르는 전류의 변화에 의한 자력선의 변화가 생기므로 2차측 코일 S에는 권수비에 비례하는 교류 전압 V_2[V]가 발생한다.

$$E_2 = E_1 \frac{N_2}{N_1}, \qquad \frac{N_2}{N_1}: \text{권선비}$$

만일 $N_2 > N_1$이면 전압은 높아지고 $N_2 < N_1$이면 전압은 낮아진다. 따라서 권수비를 적당히 선정하면 자유롭게 전압을 변환시킬 수 있다. 그러나 1차측이 그림 43(b)와 같이 직류 회로이면 1차측의 자력선이 변화되지 않으므로 스위치를 넣은 채로는 2차측에 전압이 발생되지 않는다. 따라서 스위치를 단속하여 1차측의 자력선에 변화를 주면 2차측에 전압을 발생시킬 수 있다.

3 전기기초 법칙

1 옴의 법칙

옴의 법칙(Ohm's Law)은 전기의 3요소인 전류, 전압, 저항과의 관계를 정리한 법칙이다. 옴의 법칙은 도선의 2점 사이를 흐르는 전류의 크기는 2점 사이의 전위차에 비례하고, 도선의 2점 사이의 전기저항에 반비례한다.

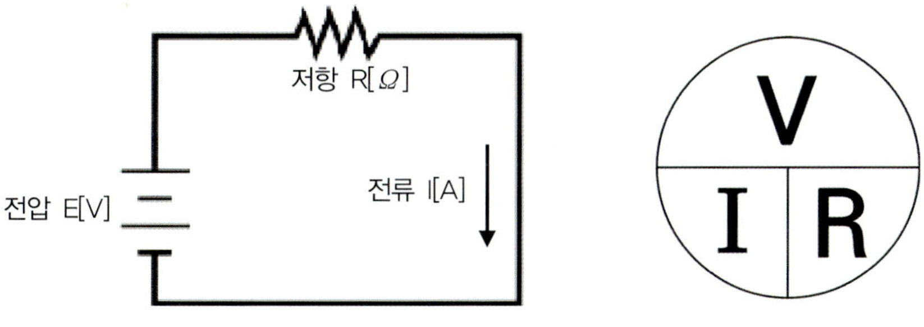

그림 44 | 옴의 법칙

그림 44와 같이 전기저항 R[Ω]인 전기회로에 직류 전압 E[V]를 작용시키면 저항에 흐르는 전류 I[A]는

$$I[A] = \frac{E[V]}{R[\Omega]}$$

이다.

전압(V)이 높을수록 전류(I)는 커지며, 저항(R)이 낮을수록 전류(I)는 커진다.

2 키르히호프의 법칙

키르히호프의 법칙(Kirchhoff's Law) 전기회로에서의 전하량과 에너지 보존에 관련된 법칙으로 제1법칙인 전류의 법칙과 제2법칙인 전압의 법칙이 있다.

01 제1법칙(전류의 법칙)

제1법칙은 키르히호프 지점의 법칙, 키르히호프의 분기점 법칙 또는 노달법 그리고 키르히호프의 첫 번째 법칙이라고도 한다.

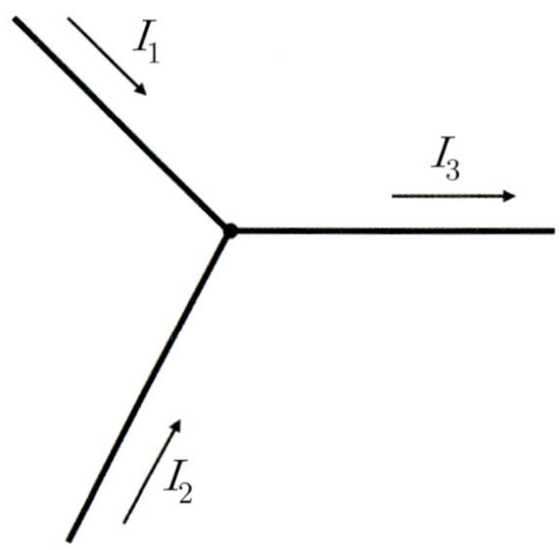

그림 45 | 전류의 법칙

전류가 흐르는, 즉 전기가 통과하는 선의 연결지점인 분기점에서 전류의 합, 즉 들어온 전류의 양과 나간 전류의 양의 합은 같다. 즉, 0이다. 또는 회로 안에서 전류의 대수적 합은 0이다. 단, 들어온 전류의 양을 양수로, 나간 전류의 양을 음수로 가정한다. 또한 도선상의 전류의 손실은 없다고 가정한다.

전류는 분기점으로부터 들어오거나 나아가는 정수(양의 정수, 음의 정수)로서 관계식은

$$I_1 + I_2 + I_3 = 0$$

이다.

02 제2법칙(전압의 법칙)

키르히호프의 제2법칙은 키르히호프의 루프의 법칙이라고도 한다.

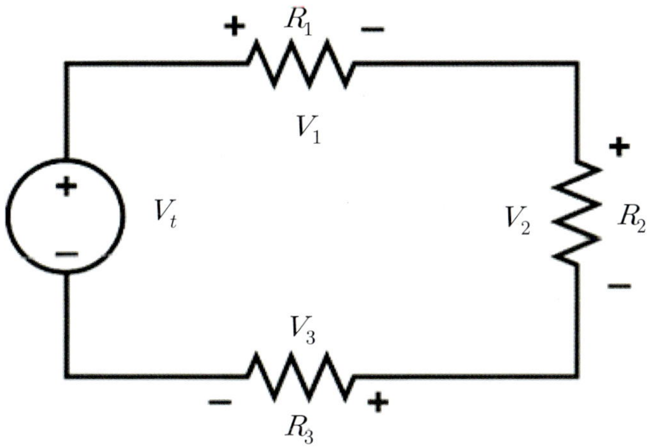

그림 46 | 전압의 법칙

키르히호프 제2법칙인 전압 법칙은 "하나의 폐회로(Closed Circuit)에서 인가전압과 강하전압의 합은 0이다." 전압은 단위 전하가 갖고 있는 에너지, 즉 회로에 전압이 공급된다는 것은 에너지가 가해진 것이다. 에너지는 회로 내에서 강하되는데, 이들의 합이 0이라는 것은 공급전압과 강하전압이 같다. 공급전압(Vt)이 R_1, R_2, R_3를 만나면서 전압강하한 것이다.

$$V_1 + V_2 + V_3 - V_t = 0,\ V_1 + V_2 + V_3 = V_t$$

3 앙페르의 법칙

전류와 자기장과의 관계를 나타내는 기본 법칙으로 도선에 전류가 흐르면 그 도선의 주위에 자장이 생기며, 이 자장은 전류에 수직한 면 안에서 동심원의 모양을 이룬다. 이때 그 자력선의 방향은 그림 47과 같이 오른나사가 진행하는 방향으로 전류가 흐르면 나사가 회전하는 방향으로 발생되는데, 이것을 앙페르의 오른나사 법칙(Ampere's Circuital Law)이라고 한다.

도체에 전류가 흐를 때 도체 주위에 자장이 형성되기 때문이며, 자장의 크기는 전류의 세기에 비례하고, 도체로부터의 거리에 반비례한다.

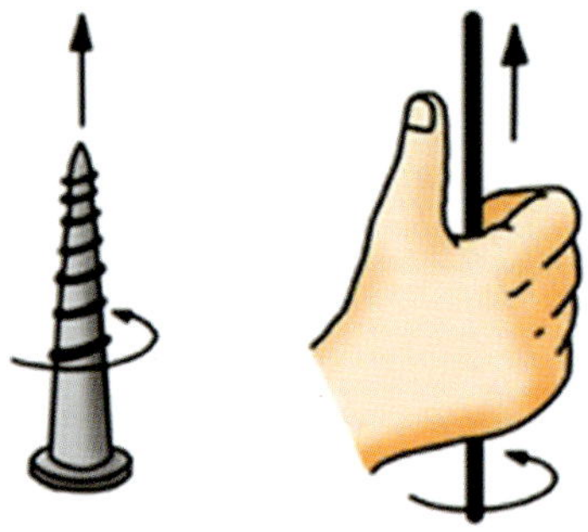

그림 47 | 앙페르의 오른나사 법칙

그림 47에서 ⊗표는 전류가 밖으로 나가는 방향을 나타내며, ⊙표는 안으로 들어오는 방향을 나타낸다.

01 코일의 자계

(1) 솔레노이드와 오른손 엄지손가락 법칙

그림 48과 같이 전선을 원형으로 구부려서 코일을 만든 다음 전류를 통하게 하면 코일 내부에 자장이 생긴다. 이와 같은 코일을 그림 48과 같이 여러 번 감고 전류를 흐르게 하면 자장이 같은 축 위에 겹친 것과 같이 발생되어 코일의 감긴 수에 비례하는 자장이 발생되므로, 막대자석과 같은 구실을 하며 이를 솔레노이드라고 한다.

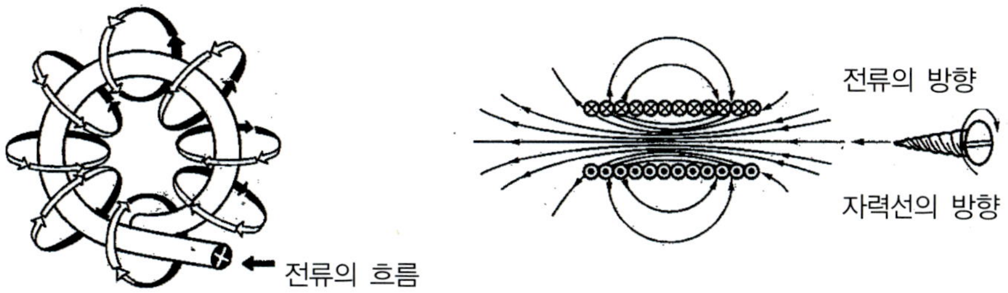

그림 48 | 코일과 솔레노이드가 만드는 자장

그림 48에서와 같이 솔레노이드의 내부에 철심을 넣은 후 솔레노이드 코일에 전류를 흐르게 하면 철심에 생기는 자속은 철심이 포화되지 않는 한 솔레노이드의 감긴 수(N)와 코일에 흐르는 전류(I)의 곱인 NI에 비례하여 증가한다.

이 NI는 자속을 발행시키는 능력을 표시하는 것으로서 기자력이라고도 하며, 단위로는 암페어·횟수(Ampere Turn, 기호: AT)를 사용한다.

(2) 오른손 엄지손가락의 법칙

솔레노이드의 내부에 생기는 자력선의 방향은 그림 49의 오른나사 법칙으로 구할 수 있으나, 오른손 엄지손가락의 법칙에 의해서도 구할 수 있다.

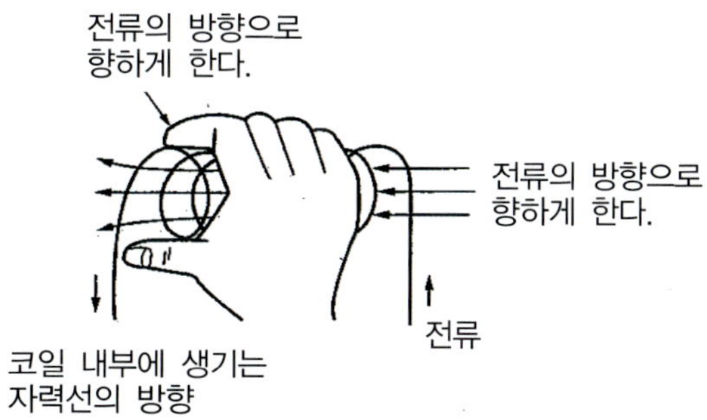

그림 49 | 오른손 엄지손가락 법칙

즉, 오른손 엄지손가락을 다른 네 개의 손가락과 직각이 되도록 한 나음 네 손가락을 전류의 흐름 방향으로 향하게 하면 코일을 잡은 엄지손가락의 방향이 자력선의 방향인

N극의 방향이 된다. 이것을 오른손 엄지손가락의 법칙이라고 하며, 코일이나 전자석의 자장의 방향을 구할 때 사용한다.

(3) 자장의 합성과 상쇄

그림 50과 같이 하나의 철심에 2개의 코일 L_1, L_2를 감고, 전류를 흐르게 하면 2개의 코일 L_1과 L_2가 만드는 자장의 방향이 반대로 되어 철심에 만들어지는 자력이 약하거나 없게 되며, 그림 50과 같이 코일을 감고 전류를 흐르게 하면 코일 L_1과 L_2가 만드는 자장이 같은 방향이 되어 철심에 생기는 자력은 서로 합성되므로 커지게 된다. 이것을 각각 자장의 합성과 상쇄라고 한다.

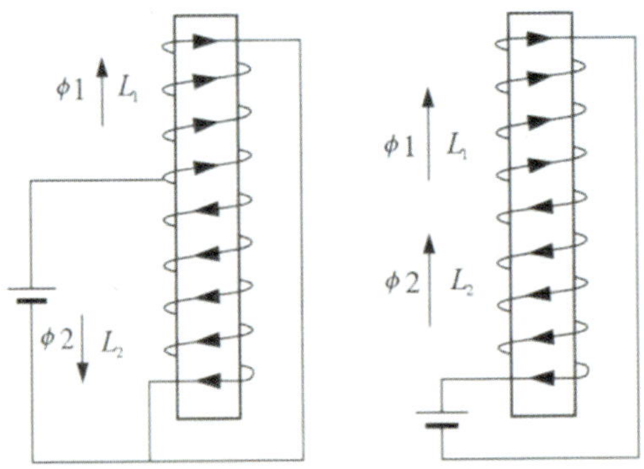

그림 50 | 자장의 합성과 상쇄

4 쿨롱의 법칙

자석에서 자극 부분의 세기는 그 부근에 다른 자석을 놓았을 때, 양 자극 사이에 작용하는 당기는 힘이나 반발하는 힘의 크기로 나타낸다. 즉, 두 자석 자극의 세기를 각각 Q_1, Q_2라 하고, 자극의 거리를 r로 하면, 양 자극 사이에 작용하는 힘 F는 다음의 식으로 표시된다.

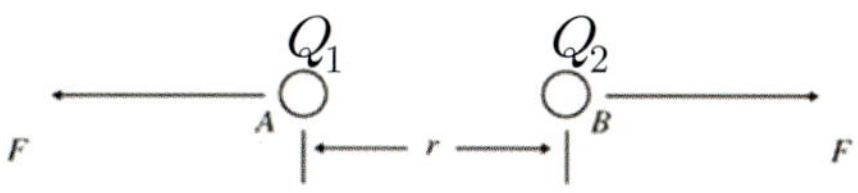

그림 51 | 쿨롱의 법칙

$$F \propto \frac{Q_1 Q_2}{r^2}$$

이다. Q는 전하량, r은 전하 사이의 거리, ke는 쿨롱 상수이다.

위 식에서 알 수 있는 것과 같이 당기는 힘 또는 반발하는 힘(F)은 두 자극 사이의 거리의 제곱에 반비례하고, 자극의 세기의 곱에 정비례한다. 이를 쿨롱의 법칙이라고 한다.

전기력은 거리 제곱에 반비례하고 전기량의 곱에 비례한다. 두 전하의 부호가 같으면 밀어내고, 다르면 끌어당긴다. 만약 Q_1과 Q_2가 쿨롱(C)의 단위로 측정한 전기량을 나타내고, 전하 사이의 거리(r)를 m 단위로 측정한 양이면, 비례상수(k)의 크기는 약 90억(좀 더 정확하게는 8.98×10^9) [$N \cdot m^2/C^2$]이다.

5 줄의 법칙

제임스 프레스콧 줄(James Prescott Joule)은 그림 52와 같은 실험장치 속의 물에 도체 와이어를 넣고 전류를 흘렸을 때 올라간 물의 온도를 측정하는 실험을 통해 전류를 흘려서 열을 발생시킬 수 있다는 것을 입증하여 열이 에너지의 한 형태라는 개념을 확립하였으며, 에너지 보존 법칙의 발견에 기여했다.

줄은 실험에서 전류의 세기와 와이어의 길이를 바꿔가며 실험한 결과, 발생한 열이 흘린 전류값의 제곱과 와이어의 전기적 저항을 곱한 값에 비례한다는 것을 증명하였다.

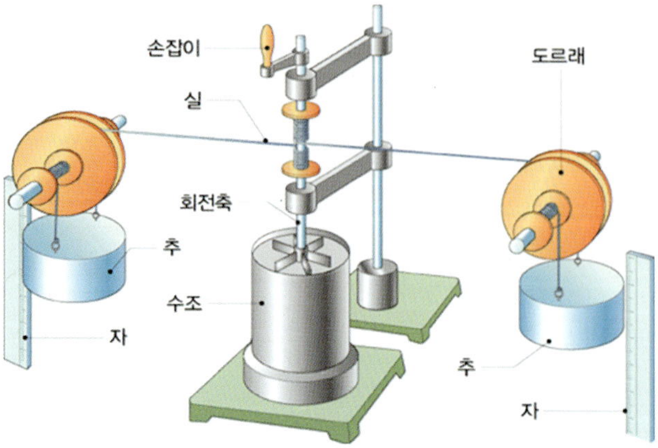

그림 52 | 줄 실험

줄 발열(Joule Heating)은 전류가 도체에 흐를 때 열이 발생하는 과정이다. 옴의 법칙과의 관련성 때문에 줄 발열을 옴 발열(Ohm Heating) 또는 저항 발열(Resistive Heating)이라고도 부른다.

줄의 제 1법칙(Joule's First Law)은 줄 발열에 의해 발생된 열에너지가 도체의 저항과 전류의 제곱을 곱한 값에 비례한다.

$$P = I^2R$$

P는 단위시간당 에너지(줄열), I는 도체에 흐르는 전류, R은 도체의 저항이다.

두 금속의 접합점에서 한쪽은 열을 방출하고 다른 한쪽은 열을 흡수하는 펠티에 효과와는 다르게 줄 발열은 도체의 전반에서 일어나며, 전류가 흐르는 방향과도 관계없다.

제임스 프레스콧 줄은 일정량의 물에 일정 길이의 전선을 담근 후 30분 동안 일정 전류를 흘려보내고, 물의 상승온도를 측정한 결과 발생한 열은 전류의 제곱과 전선의 전기저항의 곱에 비례함을 추론했다. 이를 줄의 제1법칙이라 한다.

줄 발열은 전류를 이루고 있는 전자와 도체를 구성하고 있는 원자 이온 사이의 상호작용에 의해 발생된다. 전자회로 내에서 극성이 부여된 전자들은 전기장에 의해 가속되지만, 이온들과 충돌할 때마다 운동에너지를 잃게 되고 반대로 이온의 에너지는 증가한다. 이러한 과정을 통해 이온의 운동에너지 또는 진동에너지가 증가하게 되면 열이 발생하여 도체의 온도가 높아지는 것이다.

전류에 의해 생기는 열량 Q[J]는

$$Q = 0.24\ I^2Rt$$

전류의 세기 I[A]의 제곱과 도체의 전기저항 R[Ω]과 전류를 통한 시간 t[sec]에 비례한다.

6 패러데이의 법칙(전자유도 법칙)

코일을 통과하는 자속에 변화를 주면 코일에 발생하는 유도 기전력의 방향은 자속의 변화를 방해하려는 방향으로 발생한다. 이것을 유도 기전력에 관한 렌츠의 법칙(Lenz's Law)이라 한다.

코일을 감아주고 전류를 흐르게 하면 코일 내부에 자속 ϕ가 발생한다. 이번에는 반대로 감겨진 코일에 자석의 N극을 가까이 접근시켜 자속 ϕ를 공급하면 가만히 있던 코일에 전류가 흐르게 되는데, 전류가 흐른다는 것은 전압, 즉 유도 기전력이 발생한 것이다. 이처럼 자속에 의해 전압이 생기는 현상을 '전자유도' 또는 '전자유도 현상'이라 한다.

1831년 영국의 물리학자 마이클 패러데이는 자석과 코일을 이용한 실험을 통해 현상을 발견했다. 금속 코일 속으로 자석을 넣거나 빼면 전기가 흐르는 모습이 관찰됐고, 자석을 더 빠르게 움직이거나 코일을 많이 감을수록 전기의 발생량이 증가했다. 이러한 현상을 '전자유도 현상'이라 한다.

패러데이 전자유도 법칙(Faraday, Faraday's Law of Electromagnetic Induction)은 자기선속의 변화가 기전력을 발생한다는 법칙이다.

패러데이 법칙에서 자기선 속의 양자화가 유도되기도 한다. 전자기유도에 의해 회로 내에 유발되는 기전력의 크기는 회로를 관통하는 자기력선속의 시간적 변화율에 비례한다. 기전력의 방향을 정하는 렌츠의 법칙과 함께 전자기유도가 일어나는 방식을 나타낸다.

외부의 자계에 의하여 코일에 발생하는 기전력을 유도 기전력 또는 유기 기전력이라고 한다. 유도 기전력의 발생량은 패러데이의 법칙(Faraday's Law)에 의해 계산할 수 있다.

$$e = \frac{d\phi}{dt} = N\frac{d\phi}{dt}\ [V]$$

e : 유도기전력[V], N: 코일 권선수, $d\phi$: 자속의 변화량[Wb], dt : 시간의 변화량[s]

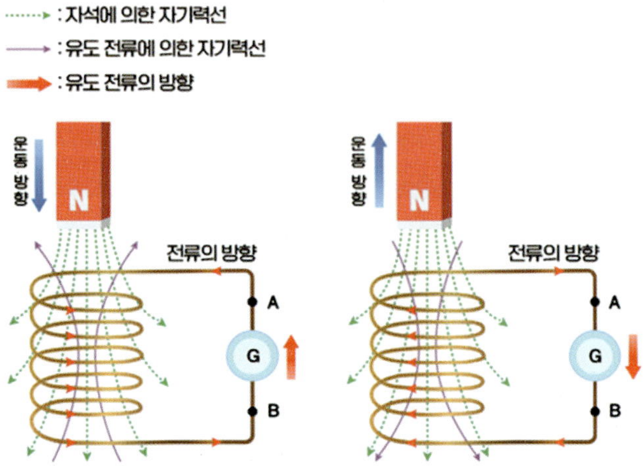

그림 53 | 자속의 변화에 따른 유도 기전력

N은 코일을 감은 권수이고, t는 시간, ϕ는 쇄교 자속을 나타낸다.

쇄교는 코일 사이를 통과하는 의미이다. d는 변화량을 의미하며, dt는 시간의 변화량, dϕ는 자속의 변화량을 의미한다. 따라서 $\frac{d\phi}{dt}$는 쇄교 자속의 시간에 따른 변화량을 의미한다.

코일 내부에 자속이 변화하면 유도 기전력이 생기는데 그 크기를 나타낸 것이 패러데이의 법칙(Faraday's Law)이다. 유도기전력의 크기는 코일을 감은 권수(N)에 비례하고 쇄교자속의 시간에 따른 변화율에 비례한다.

7 렌츠의 법칙

유도 기전력의 방향은 코일 내의 자속의 변화를 방해하는 방향으로 발생한다. 이것을 렌츠의 법칙이라 한다.

유도 전압 또는 유도 전류의 방향에 대한 법칙으로, 전자기 유도에 의해 코일에 흐르는 유도 전류는 자석의 운동을 방해하는 방향 또는 자속의 변화를 방해하는 방향으로 흐른다.

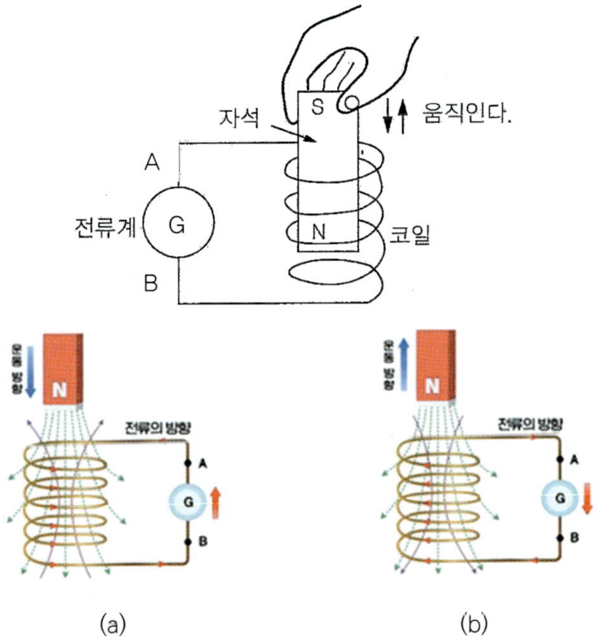

그림 54 | 렌츠의 법칙

N극을 코일에 넣을 때는 코일 속을 지나는 자속이 증가하므로, 자속의 증가를 막는 쪽으로 코일에 그림 54(a)와 같이 B→G→A 방향으로 유도 기전력이 발생하여 유도 전류가 흐른다. 따라서 코일의 위쪽이 N극이 된다.

N극을 코일에서 뺄 때는 코일 속을 지나는 자속이 감소하므로 자속의 감소를 막는 쪽으로 코일에 그림 54(b)와 같이 유도 기전력이 발생하여 유도 전류가 흐른다. 따라서 코일의 위쪽이 S극이 된다.

자석을 코일에 가깝게 하는 경우에는 자석에 가까운 쪽에 같은 종류의 극이 되도록 코일에 기전력을 발생시켜 자석의 접근을 방해하고, 자석을 코일로부터 멀리 할 경우에는 자석에 가까운 쪽에 다른 종류의 극이 되도록 기전력을 발생하여 자석이 멀어지는 것을 방해한다.

이때 유도 기전력의 크기는 최초 도체와 교차하고 있는 자력선의 수가 ϕ였다면 이

자력선이 dt 시간 동안에 변화하여 dϕ가 되었고, 도체가 N번 감은 코일이면 유도작용은 겹치므로

$$e = -N\frac{d\phi}{dt}$$

가 된다. 이때 폐경로의 코일을 통과하는 외부 자기장을 억제하는 방향으로 만들어지는 유도 기전력(e)이기 때문에 반대 방향이 된다. 그러므로 패러데이가 만든 식에 (-)가 붙게 된다. 렌츠의 법칙이 응용되는 분야는 발전기와 변압기 등이 있다.

발전기는 전동기의 역과정으로 자석 사이에 회전할 수 있는 코일을 넣고 이 코일을 회전시키면 코일을 지나는 자기장에 변화가 생기고, 그 자기장의 변화율에 해당하는 유도 전류가 코일에 발생하게 된다. 이때 발생하는 전류는 교류이다.

변압기는 전자기 유도의 원리를 이용하여 전압을 높이거나 낮추는 데 사용하는 전기 기구이다. 1차 코일과 2차 코일을 'ㅁ'자 모양의 철심의 양쪽에 각각 감고 1차 코일에 교류를 흘려주면 1차 코일에 흐르는 전류의 변화가 자기장을 변화시키게 되고, 이 자기장의 변화는 철심을 통해서 2차 코일에 지나는 자기장을 변화시킨다. 2차 코일에는 1차 코일에 의한 자기장의 변화에 의해 유도 전류가 발생하며, 만일 변압기에서 손실되는 전력이 없다면 변압기 출력 전력은 변압기 입력 전력과 같다.

8 플레밍의 법칙

01 플레밍의 왼손법칙(Fleming's Left-hand Rule)

플레밍의 왼손법칙은 19세기 후반 존 앰브로즈 플레밍에 의해 전기 모터의 운동 방향 또는 발전기의 전류 방향을 알아내는 간단한 방법으로 시작되었다.

플레밍의 왼손법칙은 전동기에서 전자력이 발생하는 원리를 알 수 있는 법칙으로, 그림 55와 같이 왼손의 엄지손가락, 검지손가락, 중지손가락을 모두 직각으로 세웠을 때, 검지손가락은 자계 방향(B), 중지 손가락은 전류(I)의 방향, 엄지손가락은 힘(F)의

방향을 나타낸다.

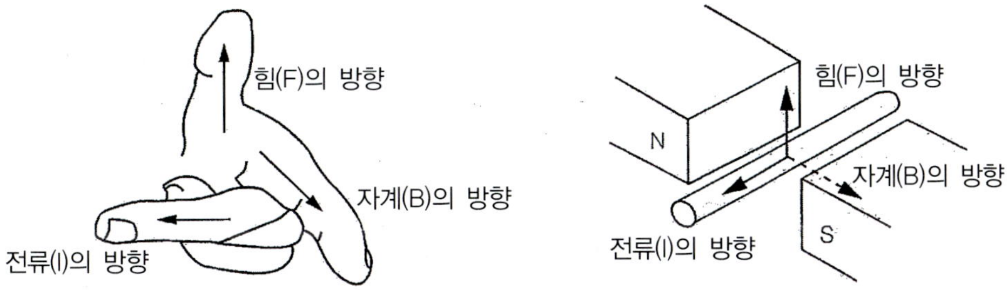

그림 55 | 플레밍의 왼손법칙

전류가 흐르는 도체 주위에 자극을 놓으면 그 자극에 도체에서 발생된 자력이 작용하게 된다.

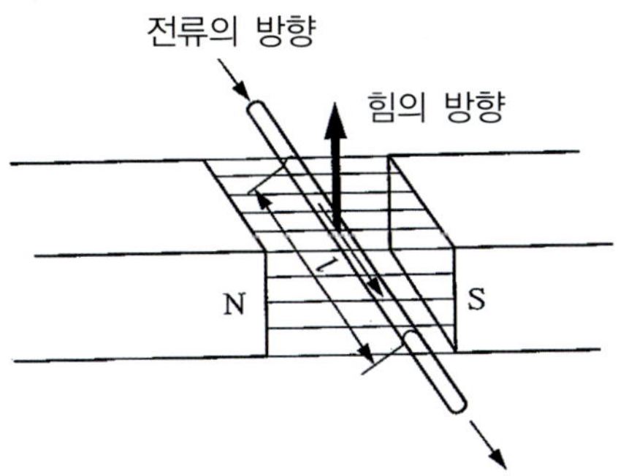

그림 56 | 전류와 자장 사이의 힘

그림 56과 같이 자장 내에 도체를 설치한 후 자극을 고정하고 도체가 자유로이 움직일 수 있게 하면 도체에 힘이 작용하여 도체가 움직이게 된다. 이 힘을 전자력이라 하고, 그 크기는 자계의 방향과 전류의 방향이 직각으로 될 때 가장 크며, 도체의 길이, 전류의 크기 및 자계의 세기에 비례한다.

자계의 세기를 나타내는 자속 밀도가 B[Wb/m^2]인 자장 안에 직각으로 l[m]의 도체를 놓고, 도체에 전류 I[A]를 흐르게 하면 전자력 F[N]는

$$F[N] - Bl\,I$$

이다.

그림 57은 모터의 원리를 나타낸 것이다.

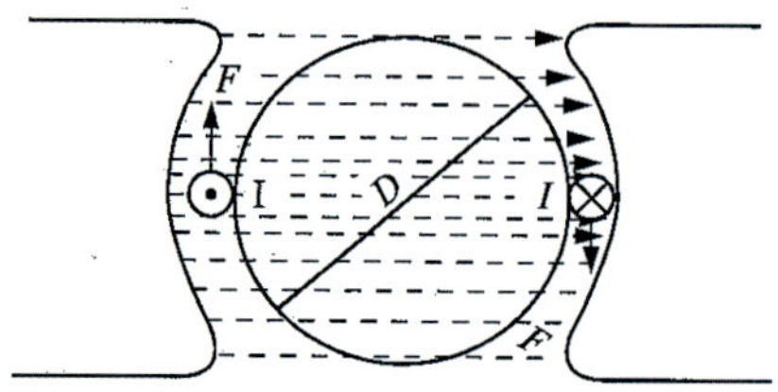

그림 57 | 모터의 원리

N극과 S극에 의해서 발생된 자속 밀도 B[Wb/m^2]인 자장 속에서 한 변의 길이가 L[m]이고, 간격이 D[m]인 코일에 전류 I[A]를 흐르게 하면 플레밍의 왼손법칙에 의하여 시계 방향으로 회전하려는 회전력 T[N-m]는

$$T[N-m] = F \times D = BLDI$$

이다.

02 플레밍의 오른손법칙(Fleming's Right-hand Rule)

플레밍의 오른손법칙은 발전기 동작의 원리를 설명하는 법칙이다. 자기장 내에서 도선에 힘을 가하면 유도 기전력이 발생하게 되는데, 이때 유도 기전력의 방향을 알려준다.

기전력의 방향은 렌츠의 법칙에 따라 구할 수 있으나 더 간단한 방법으로서 플레밍의 오른손법칙을 이용하여 구할 수 있다. 플레밍의 오른손법칙은 그림 58과 같이 오른손의 엄지손가락과 인지손가락, 중지손가락을 서로 직각이 되도록 하고, 인지 손가락을 자력선의 방향으로 향하게 하고, 엄지손가락을 도체의 운동 방향에 일치시키면 중지 손가락이 가리키는 방향이 유도 기전력의 방향이 된다.

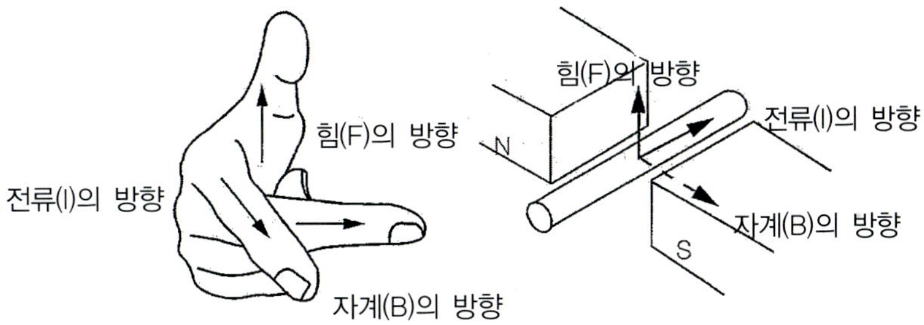

그림 58 | 플레밍의 오른손법칙

발전기는 전자유도작용을 이용하여 전기를 발생시키는 것인데, 그림 59는 발전기의 원리를 나타낸 것이다. N극과 S극이 이루는 자장 안에서 도체가 자속을 끊으면서 회전할 수 있도록 하면 플레밍의 오른손법칙에 의하여 N극 쪽에서는 ⊗의 방향으로 기전력이 유기되며, S극 쪽에서는 ⊙의 방향으로 기전력이 유기된다. 이것이 180° 회전하면 두 도체의 위치가 바뀌어 기전력의 방향이 정반대로 되므로 180° 회전할 때마다 전류의 방향이 바뀌는 교류 발전기(Alternator Currant Generator)가 된다. 또 발전기의 코일이 180° 회전할 때마다 전류의 방향을 바꾸어 주는 장치인 정류자를 이용하면 일정한 방향으로만 전류가 흐르게 되므로 직류 발전기가 된다.

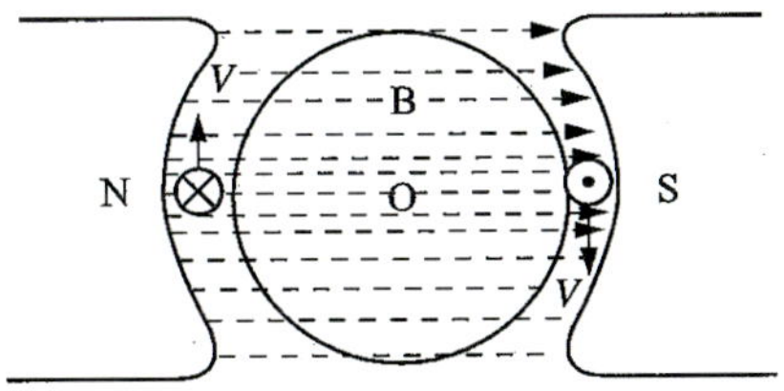

그림 59 | 발전기의 원리

이 경우 유도 기전력의 크기는 단위 시간에 따른 자력선의 수에 비례한다. 즉, t초 동안에 φ의 자력선을 잘랐다고 하면 기전력의 크기는

$$E = N\frac{d\phi}{dt}$$

이다. 상호 운동의 속도가 빠를수록 또는 자력선의 수가 많을수록 기전력은 커진다.

4 전동기와 발전기

1 전동기

전동기는 전기에너지를 받아 역학에너지로 변환하는 장치이다. 자장 내에서 전류를 흐르게 함으로써 받게 되는 힘을 회전 동작으로 변환하는 것이 일반적이지만, 광범위하게는 리니어 동작하는 것도 포함한다.

전동기는 구동 전원의 종류에 따라 분류하면 직류전동기와 교류전동기로 분류된다. 전동기의 회전 원리에 따라 분류할 수 있다.

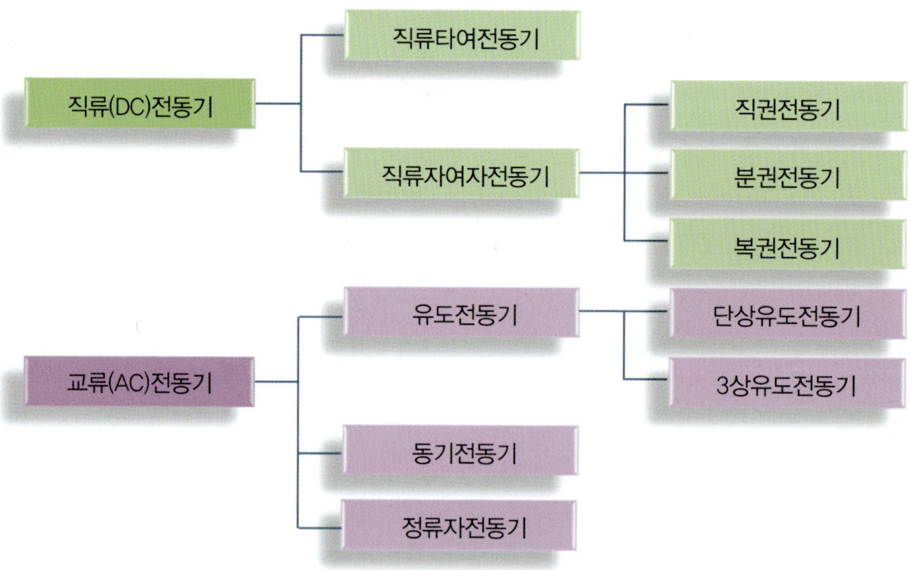

그림 60 | 전동기 분류

01 원리

회전축을 지닌 영구자석의 주변에서 자석을 회전시키면, N극과 S극이 당겨지는 힘이나 같은 극끼리 밀어내는 힘에 의해 회전축을 지닌 자석이 회전한다. 이것이 전동기 회전의 기초 원리이다.

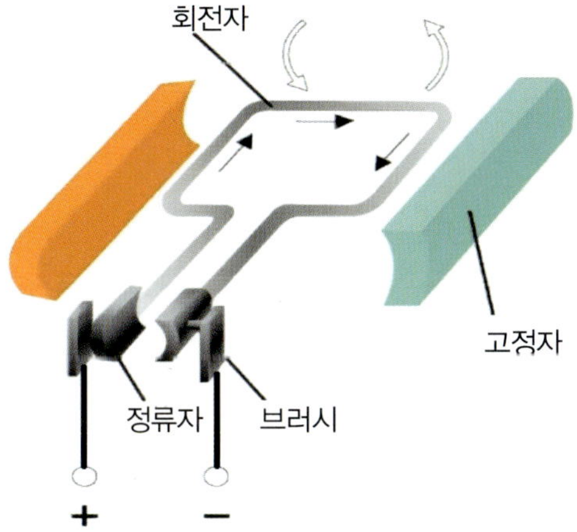

그림 61 | 직류전동기 작동원리

실제로는 도선에 전류가 흐르면 그 주변에 자계를 발생시켜 회전 자계 자력을 만들어 자석이 회전하는 것과 동일한 상태가 된다. 또한 도선을 코일 상태로 말면, 자력의 합성을 통해 큰 자계의 다발이 자속이 되어 N극과 S극이 발생한다. 코일 상태의 도선 속에 철심을 넣음으로써 자력선이 통과하기 쉽게 되어 보다 강한 자력을 발생시킬 수 있다.

02 특징

전동기는 계자 코일과 전기자 코일을 연결하는 방법에 따라 직권전동기, 분권전동기, 복권전동기로 분류된다.

직권전동기는 계자 코일과 전기자 코일을 직렬로 접속하였으며 분권전동기는 계자 코일과 전기자 코일을 병렬로 접속한다. 복권전동기는 직권과 분권 두 계자 코일을 가지는 특징이 있으며, 직권과 분권전동기의 중간적인 특성을 가진다.

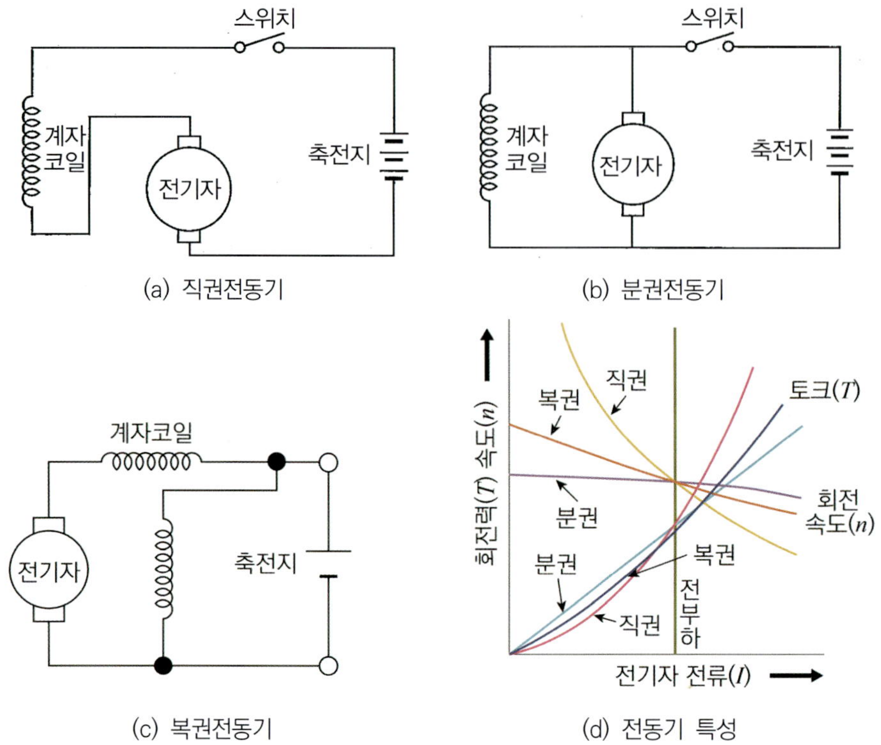

그림 62 | 직류전동기의 종류

직류전동기의 특성을 비교하면 다음과 같다.

표 2 | 전동기 특징

구분	장점	단점
직권전동기	기동회전력이 크다.	회전 속도의 변화가 크다.
분권전동기	회전 속도가 거의 일정하다.	기동회전력이 작다.
복권전동기	기동회전력이 크며, 회전 속도가 거의 일정하다.	구조가 복잡하다.

자동차용 시동전동기로는 짧은 시간 내에 큰 회전력을 발생하여 시동을 용이하게 해야 하므로 직류 직권전동기를 사용하고 있으며, 충전장치인 발전기는 분권식을, 와이퍼 전동기에는 복권식을 사용하고 있다.

03 직류전동기

직류전동기는 직류 전류를 전원으로 사용하는 전동기를 말한다. 직류전동기는 전압을 가하면 브러시와 정류자를 통해 회전자 도선 속에 전류가 흐른다. 이때 흐른 전류가 주변 자석(고정자)과 상호작용하여 플레밍의 왼손법칙에 의해 힘이 생겨난다. 이 힘에 의해 회전자가 계속해서 돌아간다. 인가하는 전압에 회전력이 정비례하고, 전압만 조절하는 것만으로 속도와 회전력을 조절할 수 있다.

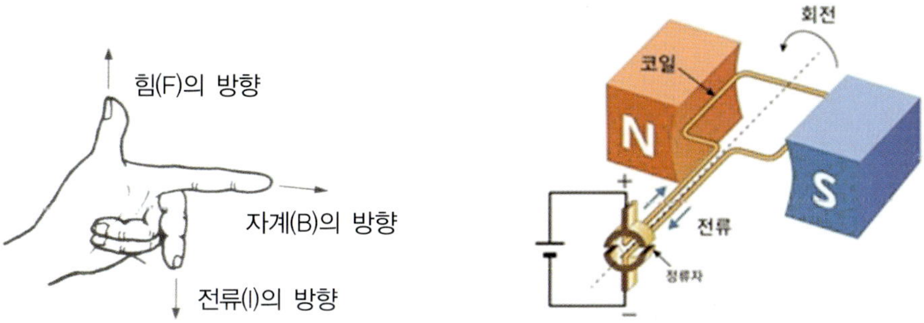

그림 63 | 직류전동기 원리

(1) 구조

전동기에서 고정되는 부분을 고정자(Stator)라 부르고 회전하는 부분을 회전자(Rotor)라 한다. 일반적으로 고정자가 바깥쪽, 회전자가 안쪽에 위치하며 바깥 부분이 회전자고, 안쪽이 고정자가 되는 아우터(Outer) 로터 형태의 전동기도 있다.

직류전동기의 주요 부분으로는 계자, 전기자, 정류자, 브러시 등으로 구성된다.

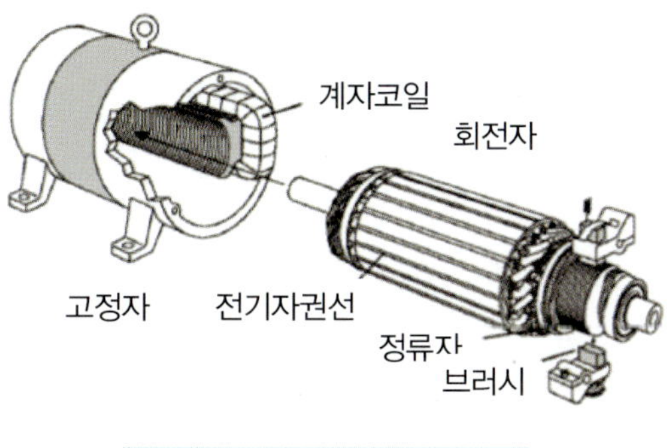

그림 64 | 직류전동기 구조

1) 계자(Field Magnet)

자속의 생성하는 역할을 전기자와 상호작용하여 자기회로를 구성하며, 계자가 만들어 준 자속을 전기자가 받아 회전력을 얻는다. 필요한 자속만 생성해 주기만 하면 되기에 전기자보다는 전류가 비교적 적게 흐르며 자속을 만들기 위해 영구자석을 이용하거나 전자석을 이용한다. 영구자석을 이용하면 별도의 권선이 없이 자속을 만들어 낼 수 있지만, 자속을 제어하지 못하여 속도조절이 힘들 수 있다. 반면 전자석을 이용하면 별도의 여자전원이 필요하지만 전자석으로 흐르는 전류를 조절하여 전동기의 속도제어가 용이해진다는 장점이 있다. 권선형 계자는 세부적으로는 계철, 자극편, 계자 철심 및 계자 권선으로 되어 있다.

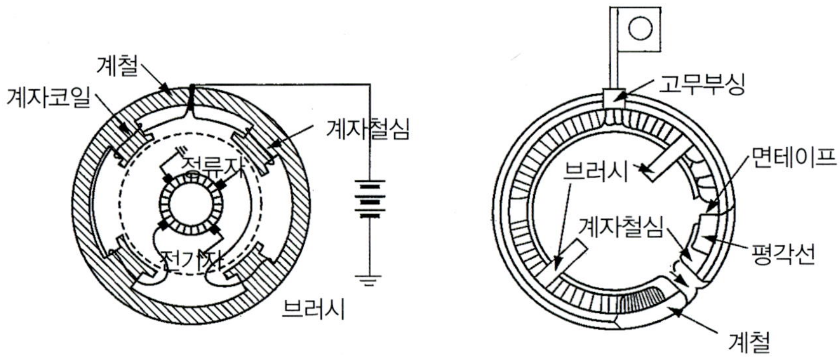

그림 65 | 계자

2) 전기자(Armature)

계자가 만들어낸 자속을 끊어내어 플레밍의 왼손법칙을 통해 토크를 생성한다. 전동기에 전원을 공급해주면 전동기가 회전하는데, 이때 전원의 전류가 흐르는 곳이 바로 전기자이다. 공급하는 전류가 직접 흐르는 곳이기 때문에 계자와 자기장으로 상호작용하는 건 전자석이며, 대용량일수록 선이 굵고 복잡하다.

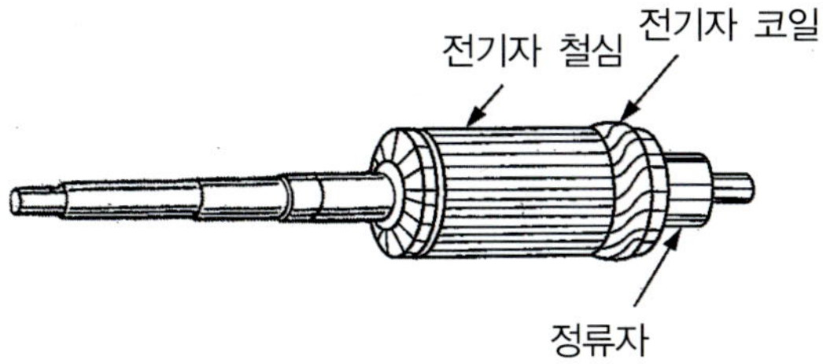

그림 66 | 전기자

3) 정류자(Commutator)

외부로부터 들어오는 교류를 직류로 바꾸어 회전부에 전원을 공급한다. 전기자와 연결되어 있으므로 전기자가 회전하면 같이 회전한다. 회전하는 정류자는 브러시와 접촉하여 브러시와의 마찰과 불꽃으로 인해 고온이 발생하므로 전기적으로나 기계적으로 강도가 필요하다.

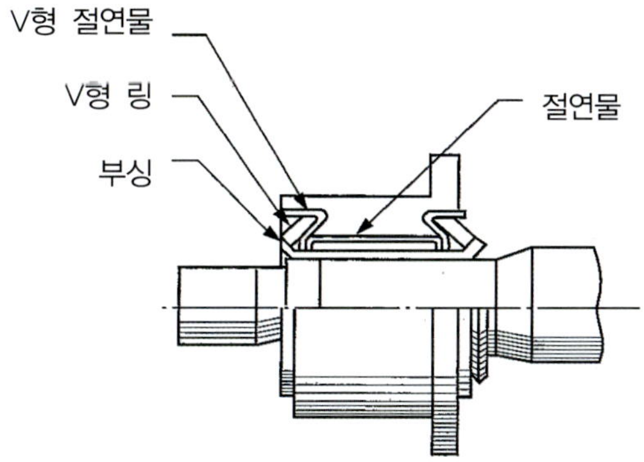

그림 67 | 정류자

4) 브러시(Brush)

정류자와 접촉하여 전동기 내부회로와 외부회로를 연결하는 부분이다. 종류로는 탄소 브러시, 흑연 브러시, 전기 흑연 브러시, 금속 흑연 브러시 등이 있다.

그림 68 | 브러시

(2) 종류

직류전동기는 계자, 전기자의 연결 방식에 따라 종류가 구분된다. 여자 코일에 전류를 통해 자계를 만들어내는 것을 여자(Excitation)라고 한다. 코일을 여자시키는데 전원을 자체 생산한 유도 기전력을 사용하면 자여자 방식이 되는 것이고, 외부로부터 공급을 받으면 타여자 방식이 된다.

타여자 방식은 그림 69(a)와 같이 자계를 외부 전력으로 발생시키므로 회전 방향을 바꿀 수 있다. 자여자 방식은 그림 69(b)와 같이 여자전류를 내부 전기자에서 공급을 받는 방식으로 자계를 자체 전력에서 생산하므로 회전 방향을 바꿀 수 없다.

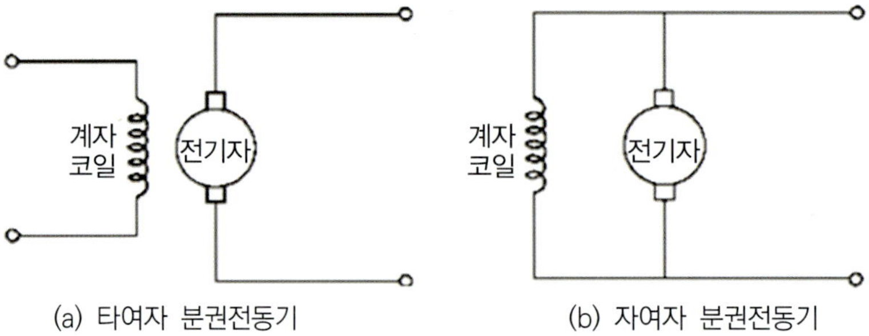

그림 69 | 타여자, 자여자 회로 비교

1) 타여자 전동기

계자코일과 전기자(정류자, 브러시를 포함)가 별도로 분리된 전동기이다.

2) 자여자 전동기

자체 발생된 유도기전력을 계자 자속을 형성시키는 방식으로 계자 코일과 전기자 코일의 연결방법에 따라 직권전동기, 분권전동기, 복권전동기로 분류된다.

직권전동기(Series Motor)는 계자코일과 전기자 코일이 직렬로 연결되어 있으므로 여자전류와 전기자전류가 같다.

직권전동기는 계자코일과 전기자가 직렬로 연결된 전동기로 기동 토크가 크고, 속도제어에 유리하다. 계자코일에 의한 자속이 부하 전류에 비례하여 부하 증감에 따라 회전속도가 변한다. 만일 부하 전류가 작으면 계자 코일에 의한 자속이 적어지므로, 고속회전이 가능하다. 단, 계자 코일에 전류가 안 흐르면 무부하 고속 회전하므로 위험하다.

전동기의 회전력은 전기자 전류와 계자 전류의 세기의 곱에 비례하므로 직권전동기에서는 전기자 전류의 제곱에 비례하게 된다. 그러므로 전류가 증가하면 회전력은 전류의 제곱에 비례하므로 시동 회전력은 매우 크다. 또한 전기자 전류는 속도에 반비례하여 증감하는 특성을 가진다. 이와 같이 직권전동기는 속도가 낮을 때, 즉 부하가 클 때에는 큰 전기자 전류가 흐르므로 큰 회전력을 낼 수 있다. 저속에서 가장 큰 토크를 낼 수 있으며 부하 변동이 큰 변속 전동기가 필요한 전철, 전차, 전기자동차 등에 많이 사용한다.

분권전동기는 계자코일과 전기자가 병렬로 연결된 전동기로 전압이 일정하면 계자 전류는 변하지 않으며, 계자의 세기도 일정하다. 계자의 세기가 변화하지 않으면 전기자 전류에 비례하여 회전력이 증가하기는 하나 직권식보다 그 증가율이 낮다. 전동기의 회전 속도는 전압에 비례하고 계자의 세기에 반비례한다. 그러므로 분권전동기에서는 전압과 계자의 세기가 일정하므로 속도는 거의 일정하게 된다.

분권전동기는 속도 변화의 폭이 적고 일정한 속도를 유지할 수 있어 선풍기, 공작기계, 엘리베이터 등 회전수가 일정한 기기에 사용된다.

복권전동기는 직권전동기와 분권전동기를 합친 형태로 두 계자코일이 다른 하나는 전기자와 직렬, 하나는 전기사와 병렬로 연결된 형태이다. 화동 복권식은 직권 코일과 분권 코일이 동일 방향으로 여자되며, 차동 복권식은 직권 코일과 분권 코일이 반대 방향으로 여자된다.

표 3 | 전동기 특징

구분	타여자전동기	자여자전동기		
		직권전동기	분권전동기	복권전동기
구조	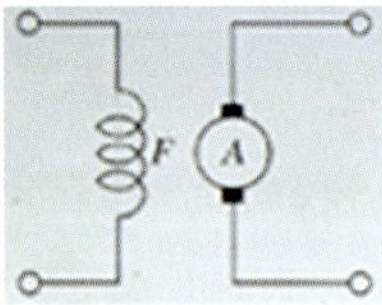	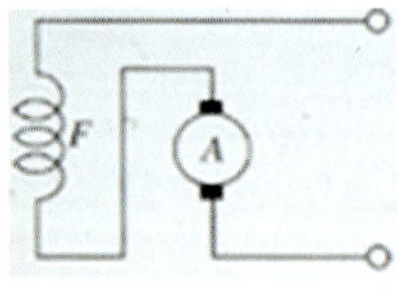	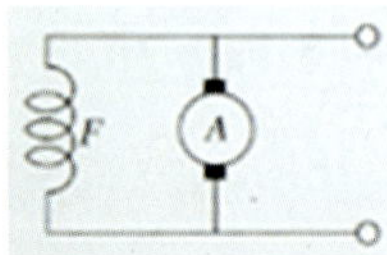	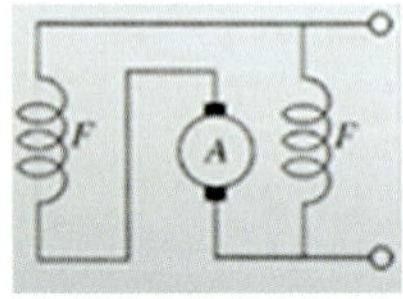
장점	세밀하고 광범위 속도 제어	기동회전력이 크다.	회전 속도가 거의 일정하다. 유도전동기와 특성 유사	기동회전력이 크며, 회전 속도가 거의 일정하다.
단점	전원이 극성을 반대로 하면 회전 방향이 반대	회전 속도의 변화가 크다. 무여자 운전 시 위험속도에 도달하여 원심력에 의하여 기계 파손이 우려	기동회전력이 작다. 무여자 운전 시 위험속도에 도달하여 원심력에 의하여 기계 파손이 우려	구조가 복잡하다.

04 교류전동기

교류전원을 직접 받아 회전하는 전동기로 구조에 따라 유도전동기와 동기전동기로 구분되며, 동기전동기는 다시 영구자석 동기전동기와 비영구자석 동기전동기로 구분된다.

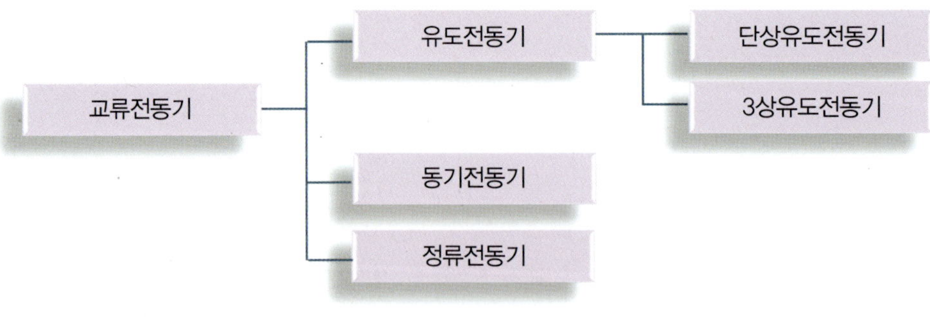

그림 70 | 교류전동기 분류

교류전동기는 회전 자기장을 생성하기 위해 교류가 공급되는 코일이 있는 바깥쪽 고정자와 출력축에 부착된 내부 회전자를 포함하는 2개의 기본 부품으로 구성된 회전 자계이다. 회전자 자기장은 영구자석, 자기 저항 돌출부, 직류 또는 교류 전기권선이 생성할 수 있다.

대부분의 교류전동기는 정류자가 없는 형태로 브러시리스 전동기의 일종이다. 교류전동기가 보통 브러시가 없는 구조를 갖는 이유는 전동기에 인가되는 교류전원을 통해서 정류기능을 대체하거나 구동 원리로 정류자가 불필요한 요소이기 때문이다.

직류전동기와 교류전동기의 구조적 차이가 있다. 직류전동기는 전동기가 연속적으로 회전하기 위해서는 계자와 전기자의 자극각이 서로 수직으로 마주보는 상태를 유지해야 하는데, 직류는 방향이 일정하므로 고정자의 자극을 변경하기가 매우 곤란하여 계자자극의 방향이 기계적으로 고정되는 구조를 갖는다. 즉, 직류전동기는 고정자의 자극을 이동시킬 수가 없기 때문에 반내로 회선사의 자극을 기계적 회전각과 무관하게 일정한 방향으로 유지해 주어야 연속적인 토크를 생성할 수 있다. 그래서 브러시를 사용해 회전자의 자극이 한쪽 방향만 유지하는 구조를 사용할 수밖에 없다.

교류전동기는 교류전원을 사용하여 전지석이 자연스럽게 회진하는 자속이 생성되어 계자자극의 기계적 방향이 일정하지 않고 회전한다. 즉, 고정자에 교류를 투입하는 것만으로도 고정자 자극이 회전하므로 회전자 내에서 자극이 따로 회전할 필요가 없이 회전자 자체의 회전각이 곧 회전자 자극의 방향이 될 수 있다. 그래서 직류전동기와는 달리 전기자가 고정자로 계자가 회전자하는 구조로 되어 있다.

(1) 원리

교류전동기가 정상적인 회전 상태일 때 회전자 및 고정자의 자기장은 회전한다. 회전자와 고정자 전극 사이의 자기력은 정격 속도에서 부하를 구동할 수 있는 평균 토크를 생성한다. 교류전동기는 2개의 회전을 각각 회전자 또는 고정자의 자계와 함께 동작한다.

교류전동기는 유도전동기와 동기전동기로 분류한다. 유도전동기는 항상 회전자권선에서 회전류를 유도하는 자계 회전 고정자와 슬립이라고 하는 회전자 축 속도의 작은 차이에 의존하며, 동기전동기는 정확하게 동기 속도에서 정격 토크를 생성한다.

1) 유도전동기

1824년 프랑스의 물리학자인 프랑수아 아라고에 의해 발견된 아라고의 회전 현상은 그림 71과 같이 철 원판 위에서 자석이 원판 바깥 부분을 따라 돌아주면 아라고 원판도 자석의 움직임을 따라 천천히 회전운동을 하는 현상이다.

아라고 원판이 자석의 움직임에 따라 회전운동을 할 때 전자기력이 작용하는 순서는 먼저 자석이 원판 위를 지나면서 원판에 자기장의 변화를 주게 되고, 이로 인한 전자기유도작용으로 원판에 전기장이 생기면서 맴돌이전류가 발생한다.

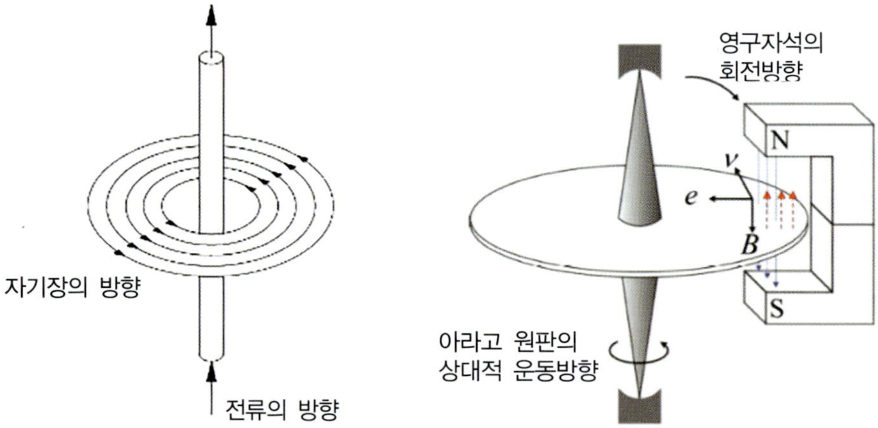

그림 71 | 유도전동기 원리

이 맴돌이전류로 인해 원판이 자화되어 자석이 되는데, 이때 맴돌이전류는 자석의 움직임을 억제하려는 방향으로 발생하게 된다. 예를 들어, 자석이 가까워지는 부분은 맴돌이전류가 시계 방향으로 발생하고, 자석과 동일한 극으로 자화되어 자석을 밀어내려 하며, 자석이 멀어지는 부분은 맴돌이전류가 시계반대 방향으로 발생하고 자석과 반대의 극으로 자화되어 자석을 끌어당기려 하게 된다.

원판이 고정된 게 아니라 매우 쉽게 회전할 수 있기 때문에 원판이 자석의 움직임을 막으려는 작용이 결과적으로 원판을 끌어당기게 되어 원판이 자석에게 끌려가는 형태로 나타나게 된다. 즉, 원판을 회전시키는 토크가 생성되는 것이다. 이 원리를 이용해 회전자를 구동하는 전동기를 유도전동기라고 한다.

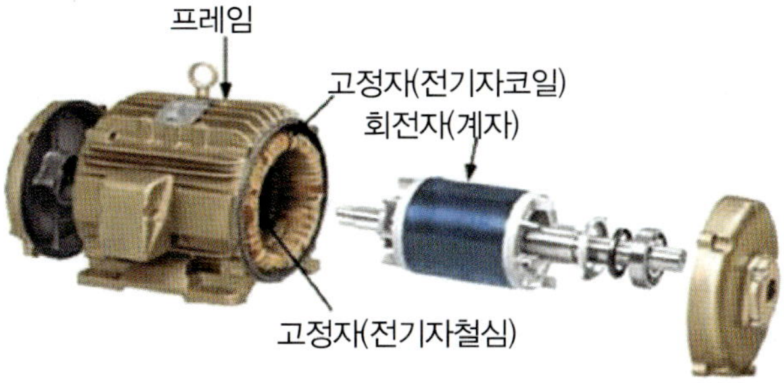

그림 72 | 유도전동기 구조

이 발견 이후 1880년대에 니콜라 테슬라가 이 원리를 참고해 교류를 사용하는 전동기와 발전기를 개발하면서 유도전동기가 개발되었다.

2) 동기전동기

농기전동기는 플레밍의 왼손법칙으로 토크를 발생시키는데 유도전동기와는 달리 동기전동기의 계자는 여자된 코일이나 영구자석을 통해 스스로 자계를 만든다는 큰 차이점이 있다. 회전자에 박혀있는 영구자석이나 전자석을 직접 밀고 당겨서 토크를 발생시키는 원리이다.

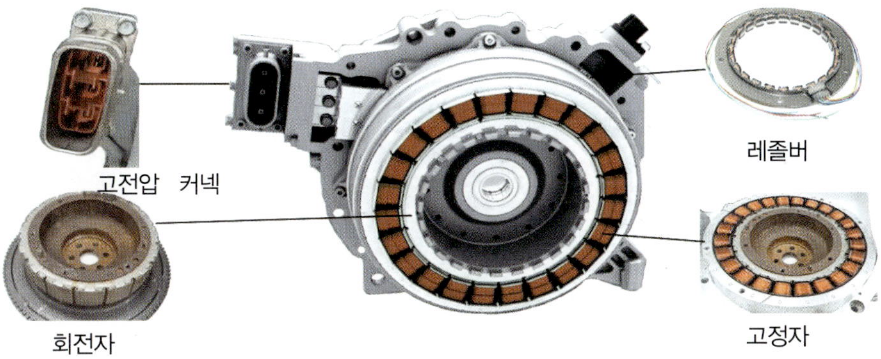

그림 73 | 동기전동기 원리

회전자의 절대위치와 회전수에 맞춰서 교류전원이 투입되어야 제대로 성능을 낼 수 있다. 또한 반대로 고정자 회전자계의 회전속도에 맞춰서 회전자가 돌아가려는 성질을 가지기도 하므로, 부하에 상관없이 정속 회전이 필요한 시스템에 많이 사용되기도 한다.

유도전동기는 슬립의 존재 때문에 외부 요인에 따라 회전수가 쉽게 변동한다.

계자는 영구자석이 많이 사용되는데 영구자석 가격이 상승함에 따라 영구자석을 쓰지 않거나 비중을 줄인 비영구자석 혹은 하이브리드 동기전동기도 많이 쓰이고 있고, 최근에는 거의 쓰이지 않지만 아예 회전자까지 코일로 된 동기전동기도 있다.

3) 브러시리스전동기

일반적으로 직류전동기는 브러시가 존재하지만 브러시가 없는 브러시리스(Brushless) 직류전동기이다. 브러시가 없어 구조적으로 회전자에 전원을 공급할 수 없는 구조이기 때문에 계자에 전원이 필요 없는 페라이트나 네오디뮴 같은 영구자석이 사용되며 이들이 자속을 생성해준다. 때문에 브러시리스 전동기의 경우는 전기자가 고정자로, 계자가 회전자로 강제된다.

브러시리스 전동기는 전기자에 직류 전원을 그냥 투입할 수 없고, 스위치를 이용해 (+), (-)로 밖에서 회전자의 위치에 따라 극을 바꿔 넣어주어야 한다.

교류전동기는 처음부터 사인파의 교류전원을 수용하기 위해 만들어진 것이지만, BLDC전동기는 기본적으로 직류 전원을 쓰되 회전자의 위치에 맞춰서 전원을 끊고 투입하는 동작을 밖에서 해주기 위해 만들어진 것이다. 이는 제어 회로에서는 부드러운 사인파의 전압을 성형해내야 하느냐 단순 ON, OFF로 스위치 동작만 해주면 되느냐의 차이가 있으므로 구동에 있어 차이가 있다.

전용 드라이브를 사용하는 영구자석 동기전동기가 많이 사용되면서 이런 개념이 혼동되는 경우가 많아졌는데, 기술의 발전으로 똑같은 전동기 드라이브를 쓰더라도 출력 파형만 바꿔주면 BLDC든 PMSM(Permanent Magnet Synchronous Motor)이든 구동에 문제가 없기 때문이다. 요즘 말하는 BLDC전동기는 순수한 BLDC전동기라기보다는 비교적 작은 소형 영구자석 동기전동기(PMSM)를 의미하는 경우가 많아졌다.

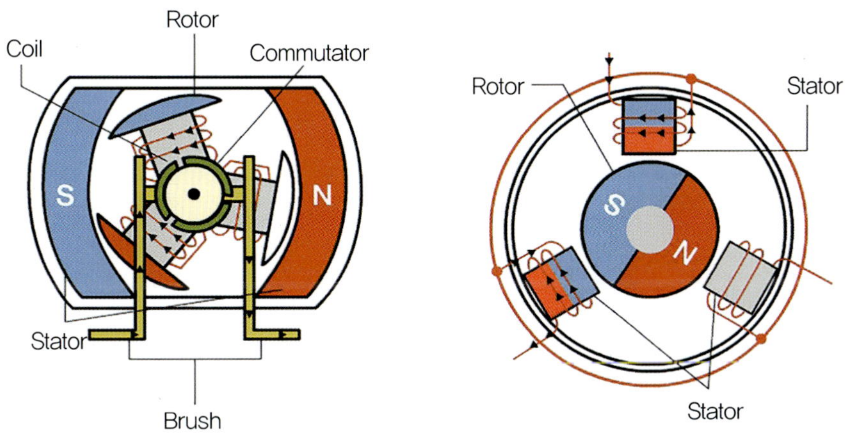

(a) 브러시 모터 (b) 브러시리스 모터

그림 74 | 모터 구조 비교

BLDC 전동기는 전동기의 역기전력 파형이 사다리꼴로 나타난다. 역기전력이 정현파로 순차적으로 변하는게 아니라 사각형에 가깝게 나오기 때문에 전동기 드라이브도 이런 파형 모양에 맞춰서 전압을 출력해줘야 제대로 제어할 수 있다. BLDC 전동기의 제어는 교류를 넣어준다기보다는 직류를 계속 상 순서를 맞춰 극을 바꿔가면서 넣어주는 개념에 가깝기 때문에 전동기 드라이브를 매우 간단하게 만들 수 있어서 소용량 위주의 수요를 가진다.

회전자가 상과 상 사이를 지난 후에는 파형이 직선으로 나가기에 각 상의 위치만 알아내면 되므로 센서리스 구성도 매우 쉽고 회전자 위치도 정밀하게 알 필요가 없다. 대신 BLDC 전동기는 역기전력 상이 급격하게 바뀌므로 이 지점의 전류제어가 불안정해지는 특성이 있어서 이 지점에서의 토크가 크게 발생하고 소음이 크며, 전기 잡음도 많이 만든다. 때문에 대용량 시스템에서는 적합하지 않다.

2 발전기

발전기는 역학적 에너지를 전기에너지로 변환하는 장치로 전자기유도를 이용한다.

발전기의 기본 원리는 전동기의 원리와 같이 앙페르 법칙과 패러데이의 법칙이다.

직류발전기, 동기발전기, 유도발전기 등이 있다. 역학적 에너지의 근원은 터빈엔진, 터빈 또는 수차를 통해 떨어지는 물, 내부 연소 엔진, 바람 터빈, 태양 또는 태양에너지, 압축공기 등이 있다.

01 원리

두 개의 자석 N극과 S극 사이의 자기장이 존재하는 공간에 코일을 넣고 코일을 회전시키면 코일 속의 자기장에 변화가 생기는데, 이때 코일의 양 끝에 유도 기전력이 발생하여 유도전류가 흐르게 된다.

코일을 오른손의 엄지손가락이 가리키는 방향(반시계방향)으로 회전시키면 플레밍 오른손법칙에 의해 가운데 손가락 방향으로 전류가 흐르게 된다. 이렇게 생긴 전류는 세기와 방향이 주기적으로 변화되는 교류이다.

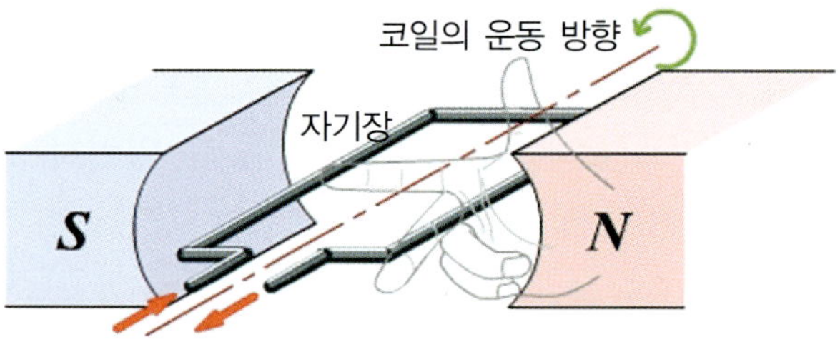

그림 75 | 발전기 원리

02 분류

직류발전기의 자극은 전자석을 사용하는데, 전자석을 만드는 여자 방식에 따라 자여자 발전기와 타여자 발전기로 분류한다.

(1) 자여자 직류발전기

계자코일의 여자전류를 자기 자신의 전기자 유기전압에 의해 공급되는 발전기이다. 계자코일과 전기자코일의 결선 방식에 따라 직권, 분권, 복권발전기로 분류한다.

(2) 타여자 발전기

독립된 직류전원에 의해 계자코일을 여자시키는 발전기이다. 여자전류를 변화시켜 발전전압을 변화시킬 수 있다.

03 교류발전기

(1) 교류발전의 원리

코일의 양 끝에 슬립링을 연결시킨다. 이때 왼쪽의 코일 끝은 안쪽의 링에 연결하고, 오른쪽 코일 끝은 바깥쪽의 링에 연결한다.

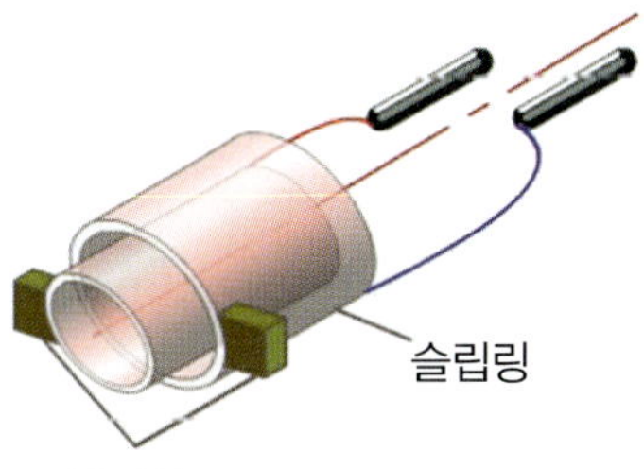

그림 76 | 슬립링

두 링은 서로 접촉하지 않은 상태이고 코일을 회전시키면 두 링은 각기 자기의 중심점을 기준으로 제자리에서 회전한다. 회전하는 두 링에 각각 브러시를 접촉시키면 기전력을 얻을 수 있다.

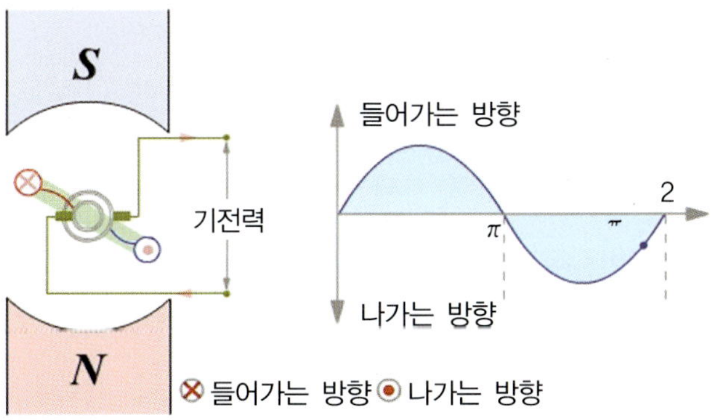

그림 77 | 발전 원리

자기장이 존재하는 공간에서 코일을 회전시키면 전류가 발생하는데, 코일은 회전하면서 자석의 N극과 S극의 자리를 서로 번갈아 지나므로 발생하는 기전력은 교류가 된다. 이때 코일의 위치가 수평일 때는 자기장의 방향과 코일이 움직이는 방향이 나란히 위치해 있으므로 기전력은 발생하지 않는다. 코일이 반시계 방향으로 회전하면 기전력은 점점 증가하고, 90°가 되면 기전력이 가장 크게 된다. 코일이 회전을 계속하여 180°가 되면 기전력은 다시 0이 된다.

코일이 회전하여 270°의 위치가 되었을 때 기전력은 최대가 되지만, 코일의 위치가 N극에서 S극으로 바뀌었으므로 전류의 방향은 바뀌게 된다. 코일이 360°의 위치가 되면 기전력은 다시 0이 되고, 이러한 사이클이 계속 반복되어 정현파 교류가 발생한다.

교류발전기는 회전 계자형 3상 발전기에 정류용 다이오드를 조립하여 직류 출력을 얻는 발전기로서, 저속에서의 충전 성능이 좋아야 하며, 소형 경량이고 출력이 커야 한다. 브러시의 수명이 길고 브러시의 마찰음이 적어야 하며, 속도 변동에 따른 적응 범위가 넓다. 구조상 컷아웃 릴레이나 전류 제한 릴레이 등을 필요로 하지 않으며 정류자가 없어 이에 따른 고장이 없다. 다이오드를 사용하므로 정류 특성이 좋으며, 열이 많이 발생하는 스테이터 코일이 로터 바깥쪽에 설치되어 있기 때문에 방열성이 좋아야 한다.

도체와 교차하는 자속이 변화되면 전자유도작용에 의하여 도체에는 기전력이 유기된다. 발전기는 도체나 자석을 회전시켜서 도체에 연속적으로 전압이 발생하도록 한 것이다. 발전기는 자속의 발생원이 되는 자석을 고정하고 그 안에서 코일을 회전시켜서 코일에 기전력을 유도시키는 회전 전기자형과 코일을 고정하고 그 가운데에서 자석을 회전시키는 회전 계자형의 두 가지가 있다. 교류발전기는 주로 회전 계자형이며, 직류발전기는 회전 전기자형을 사용한다.

(2) 구조와 작동

교류발전기는 앞뒤의 브래킷으로 지지된 전기자(스테이터)의 안쪽에서 회전 자계인 로터가 회전하게 되어 있다. 로터는 크랭크 풀리에 연결된 V 벨트에 의하여 구동되고 회전 중인 로터 코일에는 브러시와 슬립링을 통하여 계자전류가 흐른다. 스테이터 코일에는 6개의 다이오드를 접속하여 코일에 유기된 3상 교류를 직류로 정류한 다음 외부 단자로 출력 전류를 내보낸다.

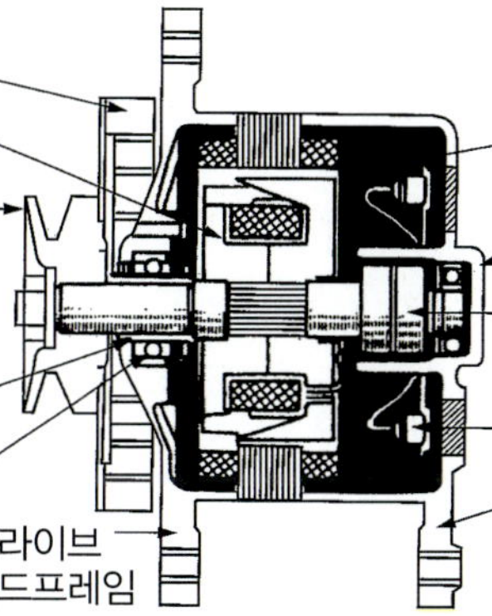

그림 78 | 교류발전기 구조

1) 교류발전기의 구조

① 전기자(스테이터)

전기자는 코일과 철심으로 구성되어 있다. 철심은 얇은 철판을 여러 장 겹쳐서 고정하고, 그 안쪽에는 코일이 들어가는 홈이 24개 또는 36개가 있다. 작동 중에는 로터의 자극에서 나온 자속의 통로가 된다.

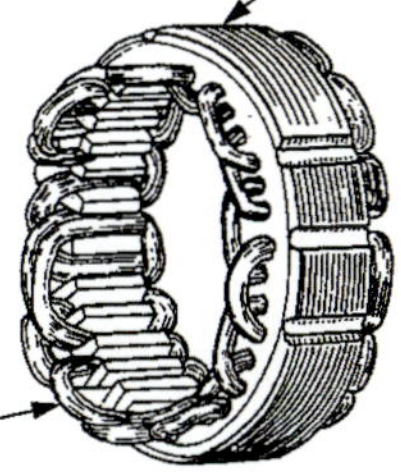

그림 79 | 전기자 철심과 전기자 코일

전기자 코일을 절연재로 피복된 구리선을 철심의 홈에 끼워 넣은 것으로 코일의 피치는 극 간격(Pole Pitch)과 같게 하고 있다. 이와 같은 코일을 120° 간격으로 3쌍을 감은 다음 Y결선 또는 △ 결선 방식으로 접속하여 결선한다. 그리고 코일을 감는 방법에는 파권과 중권이 있는데, 일반적으로 파권 방법이 널리 쓰인다.

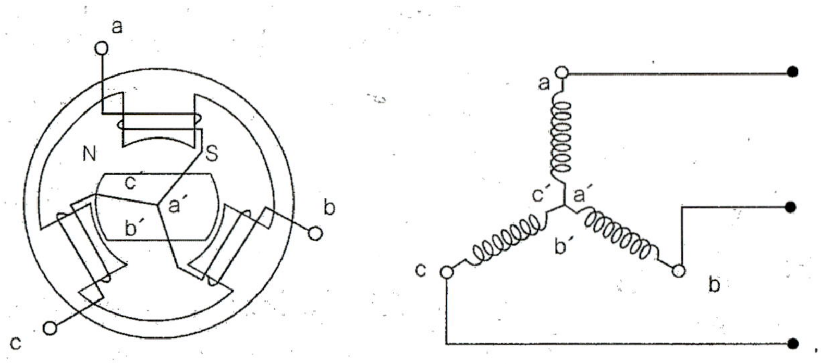

(a) Y결선

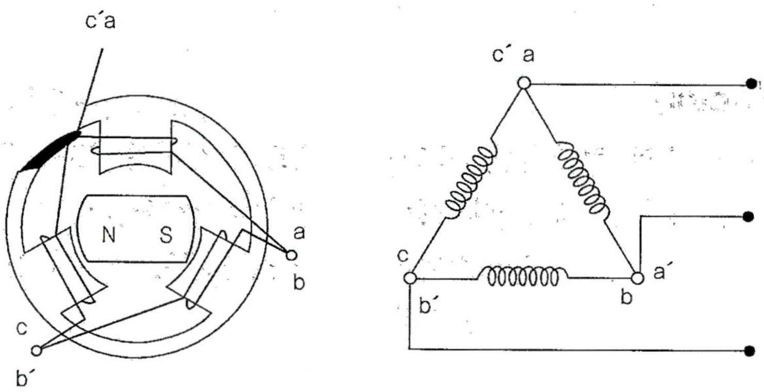

(b) ⊿ 결선

그림 80 | 전기자 코일의 권선도

② 계자(로터)

계자는 자극이 되는 계자 철심과 여자전류가 흐르는 계자 코일, 계자축 및 슬립링으로 구성되며, 크랭크 풀리와 V 벨트로 연결되어 회전하는 부분이다.

계자 철심은 4개 또는 6개의 자극을 서로 맞대어 설치한 것으로 8개 또는 12개의 극을 랜들 구성으로 형성하고 있다. 계자 코일은 로터축 위에 원통형으로 감고 양쪽 끝은 슬립링에 접속되어 있다. 작동 시에는 슬립링에 접촉된 브러시를 통하여 여자전류가 흘러서 한쪽 철심은 N극, 다른 한쪽 철심은 S극으로 자화된다.

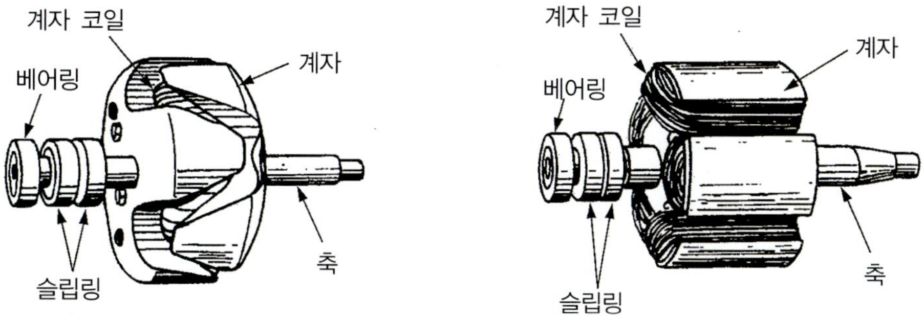

그림 81 | 계자 구조

③ 브러시

2개의 브러시는 브래킷에 고정된 브러시 홀더에 끼운 다음 브러시 스프링으로 눌러 슬립링에 접촉시킨다. 한쪽 브러시는 여자전류가 흘러 들어오는 단자에 연결되고, 다른 한쪽 브러시는 접지시켜서 계자회로를 구성한다.

브러시는 로터가 회전할 때 슬립링과 미끄럼 접촉을 하면서 계자 코일에 여자전류를 공급하기 때문에 접촉 저항이 적고 내마멸성이 좋은 금속 흑연을 사용한다.

④ 다이오드

전기자 코일에서 발생한 3상 교류를 전파 정류하기 위하여 방열판에 붙인 (+)측과 (-)측에 각각 극성이 반대인 6개의 다이오드가 뒤쪽 프레임에 조립된다. 다이오드는 전류가 흘러 열이 발생하면 쉽게 파손될 수 있을 정도로 열에 약하기 때문에 방열판(Heat Sink)에 접촉시켜 열을 발산시킨다.

2) 작동

점화 스위치를 닫으면 배터리에서 발전기 조정기를 통하여 계자 코일에 2~3A의 계자 전류가 흐른다. 계자 코일에 전류가 흐르면 철심이 자화되어 자속이 발생되며, 처음에는 외부의 배터리에서 여자전류를 공급하는 타여자식으로 작동한다. 기관이 시동되어 계자가 회전하면 로터의 자속이 전기자 코일을 끊기 때문에 전기자 코일에는 교류 전압이 발생한다. 발생된 교류는 6개의 다이오드에 의하여 직류로 정류된 다음 B단자에서 외부로 출력된다. 계자가 1,000rpm 정도로 회전하면 B단자 전압은 배터리 전압보다 높게 되어 발전기의 출력 전류는 B단자에서 각종 전기 장치와 배터리로 전류가 흐르게 된다.

이때 계자 코일에 흐르는 계자 전류는 발전기 자신이 공급하게 되어 발전기는 자여자식으로 작동한다.

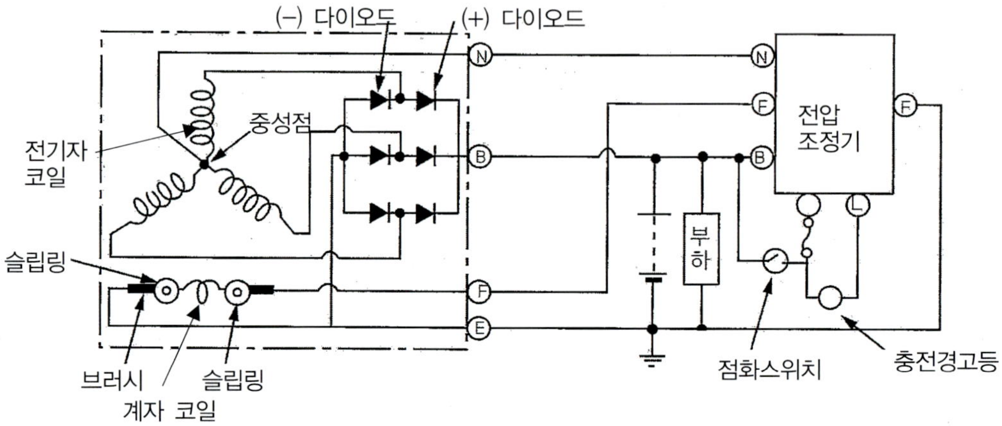

그림 82 | 교류발전기의 작동

3) 발전기 조정기

발전기는 기관에 의하여 구동되기 때문에 회전 속도가 빨라지면 발생 전압은 정격 전압 이상으로 상승하여 자동차 전기장치가 소손되거나 배터리가 과충전이 되기도 한다.

직류발전기의 경우는 저속에서 발생 전압이 낮아지면 배터리 쪽에서 발전기로 전류가 역류하게 되고, 고속 과부하 상태에서는 출력전류가 정격값을 넘어서 발전기가 소손되기 쉽다. 그러므로 충전장치에는 과전압과 과전류를 방지하여 발전기나 각종 전기장치를 보호하고 발전기를 안정된 상태에서 작동하도록 각종 보호회로를 구비한 조정기가 있어야 한다.

발전기 조정기는 발전기의 발생 전압을 제어하는 전압조정기가 중심이 되어 발전기 출력을 제어하며, 사용 발전기에 따라 직류 발전기용과 교류 발전기용이 있다. 또 제어 방식에 따라 접점식, 카본 파일식, 트랜지스터식 등으로 분류된다. 근래에는 트랜지스터 조정기를 집적시킨 IC조정기를 사용하고 있으며, 이것은 신뢰성도 우수하고 부피도 극소화되어 발전기 내부에 내장되고 있다.

계자전류를 제어하는 방법은 크게 가변 저항을 계자 코일과 직렬로 접속하여 저항을 변화시키는 방법, 고정 저항을 접점과 병렬로 접속하여 계자 코일에 연결하는 방법, 기계적 접점 대신에 트랜지스터의 스위칭 작용을 이용하여 계자전류의 평균값을 변화시키는 방법이 있다.

교류발전기는 실리콘 다이오드를 사용하기 때문에 배터리로부터 발전기로 전류가 역류될 염려가 없고, 발전기 자체의 인덕턴스에 의해 발생 전류를 제한하기 때문에 출력 전류도 과대하게 흐르지 않는다. 따라서 교류발전기 조정기는 직류 조정기와 같은 컷아웃 릴레이와 전류 제한기가 필요 없어 교류발전기 조정기는 기본적으로 전압 조정기만 있으면 되나, 기관 정지 시 불필요한 방전을 방지하는 계자 릴레이, 출력 전압 변동을 방지하는 전압 코일 릴레이, 충전 경고 등을 작동시키기 위한 충전 경고등 릴레이 등을 전압조정기와 조합으로 사용한다. 교류발전기 조정기는 집적회로인 IC 조정기를 사용한다.

4) IC 조정기 충전 회로

IC 조정기 충전 회로는 반도체 회로에 의해 전동기 코일의 전류를 단속하여 교류발전기의 발생 전압을 일정하게 하며, 크기가 초소형으로 발전기 속에 내장시킬 수 있으므로 외부 배선이 필요 없다. 그러므로 충전회로를 간단하게 만들 수 있으며, 로터 코일 전류에 의한 출력의 향상, 접점을 가지지 않기 때문에 조정 전압의 난맥이 없고 내진성, 내구성이 크며, 접점 불꽃에 의한 무선 장애가 없는 장점이 있다.

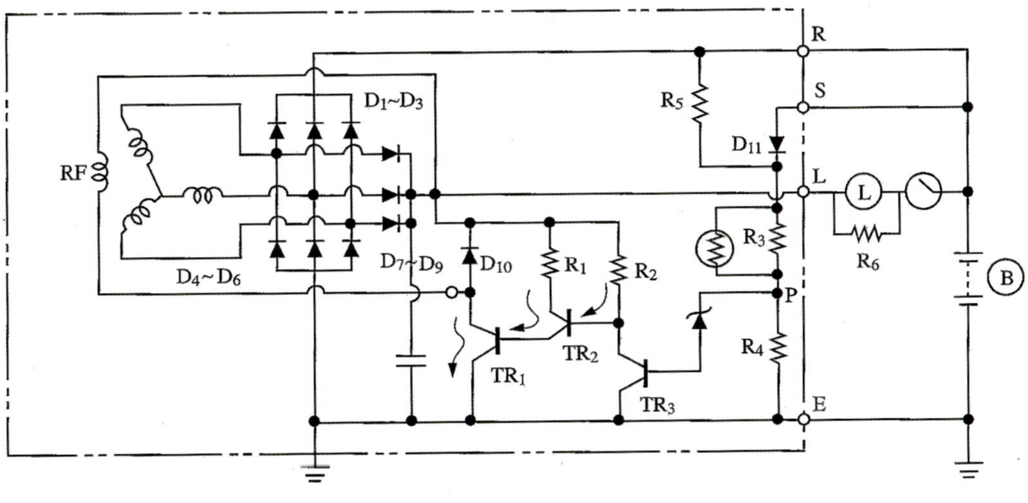

그림 83 | IC 조정기

① 점화스위치가 ON 상태로 기관이 정지되어 있을 때

점화스위치가 ON 상태가 되면 배터리로부터의 전류가 발전기의 점화스위치의 IG 단자 및 충전 경고등 릴레이의 IG 단자와 A 단자를 거쳐 발전기의 IG 단자로 흐르고, 이 전류의 일부가 IC 조정기의 L단자로부터 트랜지스터 TR_2의 베이스 단자로 흐르므로 TR_2가 ON 상태로 된다.

TR_2가 ON되면 발전기 L단자 및 IG 단자를 거쳐 로터 코일로부터 TR_2에 전류가 흐르게 되어 계자가 자화된다. 이때 충전 경고등 릴레이의 코일에 발생하는 자력에 의해 접점이 닫혀 충전 경고등이 점등된다. 또 초기 자화저항은 점화스위치를 여는 것을 잊었을 때 계자 코일전류를 제한하여 배터리의 필요 없는 방전을 방지하는 역할을 한다.

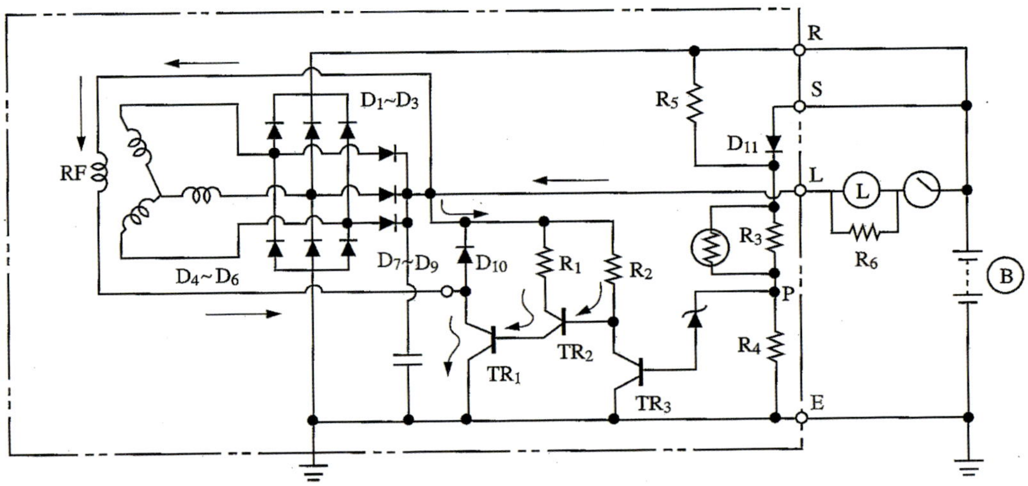

그림 84 | 점화스위치가 ON, 기관이 정지되었을 때

② 기관이 시동 후 발전기가 발전을 개시하였을 때

기관이 시동되어 발전기의 발생 전압이 배터리 단자 전압 이상이 되면 B단자로부터 배터리로의 충전을 개시한다. 그림 85와 같이 발전기 L단자의 전압도 상승하며, 이로 인하여 충전 경고등 릴레이의 IG단자 사이에 전압 차이가 없어지므로 릴레이 내의 코일에 전류가 흐르지 않게 되어 스위치가 열려 충전 경고등은 소등된다. 또 전기자 코일의 전압에 의해 여자 다이오드를 통한 전류는 역류 방지용 다이오드의 작동에 의해 배터리나 부하에는 흐르지 않고, 계자 코일과 조정기의 L단자에 흐른다.

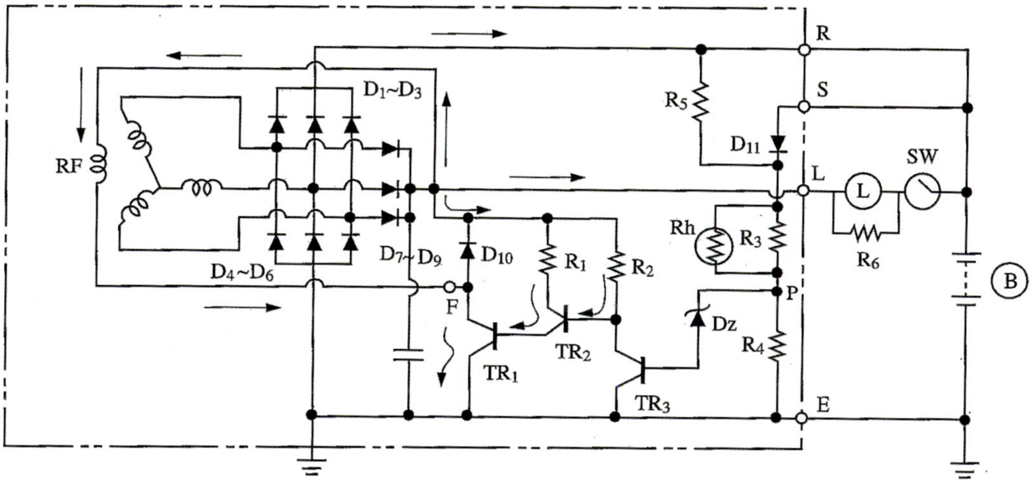

그림 85 | 발전기가 발전을 개시하였을 때

③ 발전기의 발생전압이 조정전압에 이르렀을 때

발전기의 발생전압이 점차로 상승하여 조정전압에 이르면 그림 86과 같이 조정기의 S단자로부터 R, DZ(제너다이오드)를 거쳐 TR_1의 베이스에 전류가 흘러 트랜지스터 TR_1이 ON 상태로 된다. 이렇게 되면 0점의 전위는 지금까지는 TR_2의 베이스전류가 흐르기 때문에 전위를 유지하고 있었으나, TR_1이 ON 상태로 되었으므로 전위차가 급격히 저하되어 TR_2의 베이스 전류가 흐르지 않게 되어 TR_2는 OFF 상태로 되고, 로터 코일에 흐르는 전류가 차단되어 발전기의 발생 전압은 저하된다.

발전기의 발생 전압이 조정 전압보다 낮아지면 DZ에 전류가 흐르지 않게 되므로 TR_1은 OFF 상태가 되고, TR_2는 ON 상태가 되어 위 그림의 상황으로 되돌아간다. 이와 같이 제너다이오드 DZ의 작동에 의해 트랜지스터 TR_1 및 TR_2를 차례로 ON/OFF시켜 로터 코일에 흐르는 전류를 단속하는 것으로 발생 전압을 일정하게 유지하고 있다.

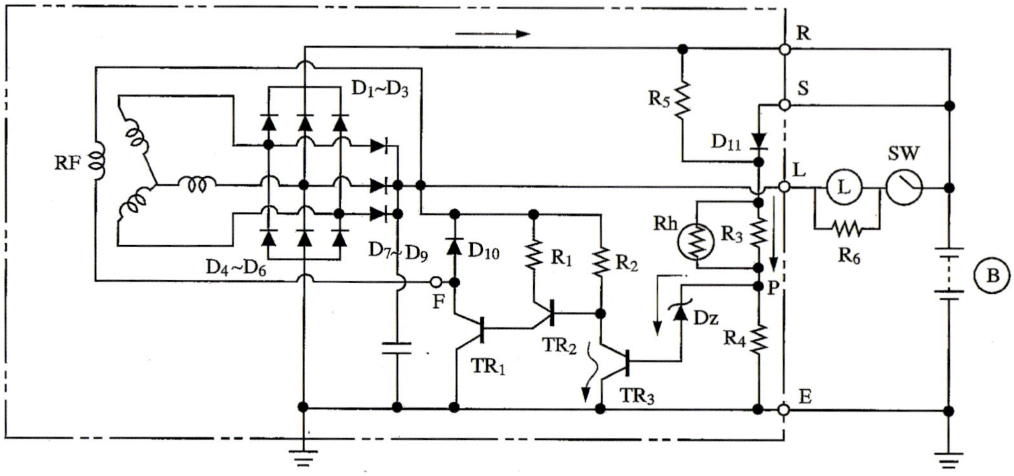

그림 86 | 조정전압 이상이 되었을 때

04 직류발전기

직류발전기는 직류전원을 사용하여 동력을 얻거나 반대로 외부동력에서 동력을 받아 발전하기 위한 기기로서, 기계적 에너지를 전기적 에너지로 변환한다.

직류발전기는 자극이 만든 자장 내에 전기자를 회전시켜 자속을 끊으면(쇄교) 코일에 전압이 유도된다. 이때 자속과 직각으로 쇄교하는 정도가 가장 큰 곳에서 높은 전압이 유도된다.

직류발전기는 기계적으로 튼튼해야 하며, 적당한 접촉저항이 있어야 하며, 내열성이 크고 전기저항이 작아야 하는 구비조건을 갖추어야 한다.

발전기는 플레밍의 오른손 법칙이 작동원리이며, 계자, 전기자, 정류자 등으로 구성된다.

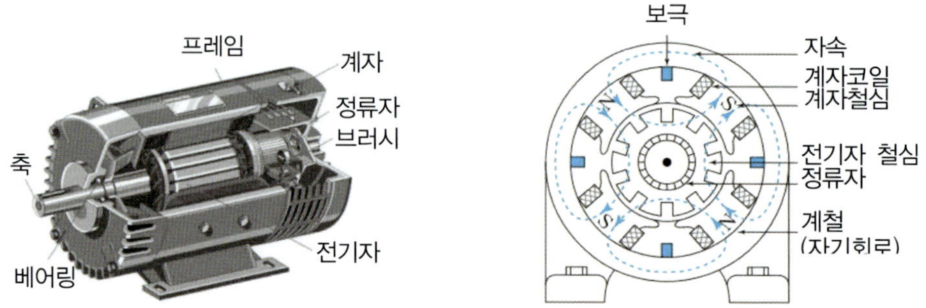

그림 87 | 직류발전기 구조

(1) 직류발전 원리

코일의 양끝을 각각 정류자편에 한쪽씩 연결하고 양쪽에 브러시를 접촉시켜 직류전류를 얻는다.

직사각형의 코일이 자기장 내에서 회전을 할 때 발생하는 전류는 교류지만 슬립링 대신 2조각으로 된 정류자편을 사용하면 코일이 회전하여 자리를 서로 바꾸어도 브러시는 항상 고정된 위치에서 정해진 코일과 접촉하므로 얻어지는 전류는 방향이 바뀌지 않는 직류가 된다.

(2) 구조

1) 계자와 전기자

① 계지

계자는 자속을 발생시키는 부분으로 계자 코일에는 전기저항이 작아 큰 전류를 흘려 강 자속을 발생할 수 있는 도체인 초전도 도체를 사용하며, 하우징에 고정되어 있으며 전기자와 함께 자기회로를 형성한다.

② 전기자

전기자는 전기자철심과 권선으로 이루어진 부분으로 도체가 회전하여 자속을 끊어서 기전력을 발생하는 부분이다. 전기자가 회전함에 따라 전기자 철심 내부에서 자속의 방향이 변화하므로 히스테리시스손과 와류손에 의한 철손이 발생한다.

전기자 철심은 철손을 감소시키기 위해 규소 강판을 성층한 철심을 사용하며, 전기자권선은 전기자 철심에 슬롯을 내서 코일을 감은 구조로서 소형에는 원형동선을 사용하고 대형에는 평각동선을 사용한다.

전기자 코일은 자속(Φ)을 끊어 기전력을 발생시키는 부분으로 아마추어라고도 한다. 전기자 철심은 히스테리시스손 감소를 위해 0.35~0.5[mm] 규소강판을 와류손을 감소하기 위해 성층으로 설치한다.

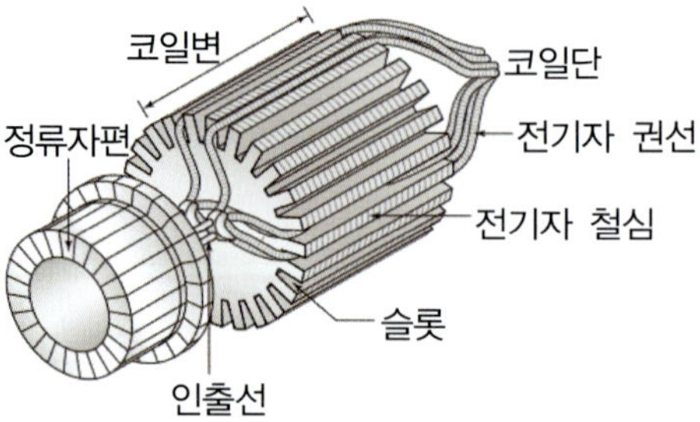

그림 88 | 전기자 구조

③ 정류자

전기자에서 교류 기전력을 직류로 변화시키는 부분이다. 직류를 사용하기 위해서는 정류기를 통해 교류를 직류로 바꿔준다. 운전 중에는 항상 브러시와 마찰되므로 튼튼하게 제작되어야 하며 정류자편 사이에는 마이카(운모) 등의 부도체를 사용하여 절연한다.

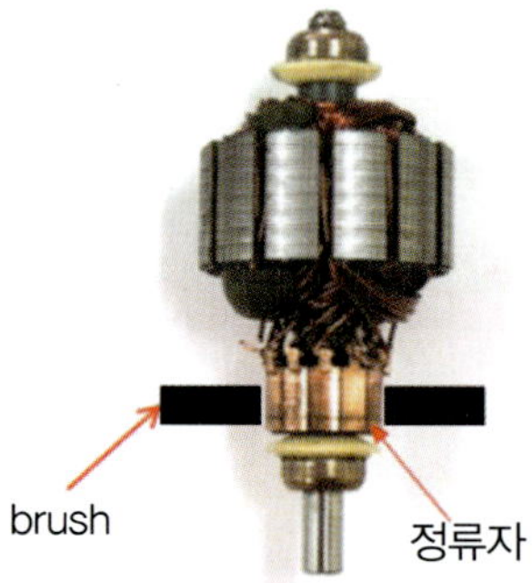

그림 89 | 정류자

④ 브러시

정류자에서 직류 기전력을 외부로 보내는 부분이다. 정류자에서 두 선이 인출되어 있다면 정류자가 돌면서 선이 꼬여버리기 때문에 선이 꼬이지 않도록 스프링 장력을 이용해 정류자와 밀착되도록 만들어졌다.

브러시는 접촉저항이 적당하고 정류자면을 손상시키지 않도록 마모성이 적고, 기계적으로 튼튼해야 한다. 종류로는 전류접촉저항이 큰 저속기에 주로 사용하는 탄소브러시와 대전류와 저촉저항이 작아 고속기에 주로 사용하는 흑연 브러시가 있다.

그림 90 | 브러시

5 축전지(배터리)

1 개요

자동차에 설치되어 있는 많은 전기 및 전자장치를 작동시키는 전원으로는 축전지와 발전기가 있다. 자동차에서 사용하는 축전지는 엔진 기동을 할 때 전기적 부하를 전부 담당하며, 발전기와 부하와의 전기적 평형을 조정한다. 또한 발전기 고장 시 일시적인 주행을 위한 전원이 되며 잉여 전기를 저장하는 역할을 한다.

엔진이 가동 중에는 발전기가 전원으로서 전기에너지를 공급하며, 엔진이 정지되어 있거나 시동 중에는 축전지가 전원으로서 전기에너지를 공급한다.

축전지는 화학적 에너지를 전기적 에너지로 바꾸어 공급하고, 전기적 에너지를 화학적 에너지로 바꾸어 저장하는 작용을 한다.

자동차용 축전지는 소형이며 가능한 가벼워야 하며, 수명이 길고, 심한 진동에 견딜 수 있어야 한다. 또한 취급이 용이해야 하며 용량이 크고 가격이 저렴해야 한다.

2 축전지의 종류

축전지는 화학적 에너지를 전기적 에너지로 변환시키는 것으로 1차 전지와 2차 전지가 있다.

01 1차 전지

1차 전지는 비가역적인 배터리로 방전하였을 경우에는 충전을 할 수 없으므로 재사용이 불가능한 전지를 말한다. 1차 전지는 묽은 황산에 구리판과 아연판을 넣으면 아연이 황산에 녹아 양전하를 갖는 아연 이온(Zn^{2+})이 되므로 아연판은 음전하를 띠게 된다. 또 묽은 황산 속의 수소 이온(H^{+})은 아연 이온에 반발하여 구리판 쪽으로 이동하여 모이게 된다. 따라서 구리판에는 양(+)극성을, 아연판에는 음(-)극성을 띠게 되어 구리판과 아연판 사이에 전위차가 생기게 된다. 이것을 전기회로로 연결하면 전류가 구리판에서 아연판으로 흐르게 된다. 이러한 원리에 의해 화학적 에너지가 전기적 에너지로 변환된다. 1차 전지의 종류에는 다음과 같다.

표 4 | 1차 전지 종류

전지의 종류	양극	용액	음극	감극제	기전력
드클랑셰축전지	C	NH_4Cl	Zn	MnO_2	1.5V
공기축전지	C	NaOH	Zn	공기	1.4V
중크롬산축전지	C	H_2SO_4	Zn	$K_2Cr_2O_7$	2.0V
표준축전지	Hg	$CaSO_4$	Cd	Hg_2SO_4	1.0V

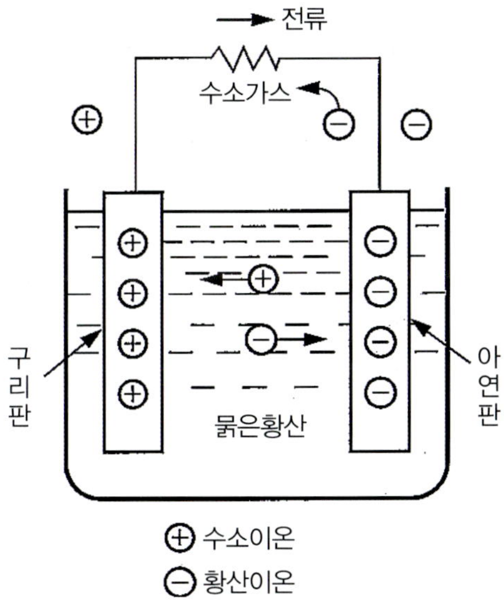

그림 91 | 1차 전지

02 2차 전지

가역적 작용이 가능한 축전지로 방전되었을 경우 충전을 하여 재사용이 가능한 축전지를 2차 전지라고 한다. 자동차에 사용하는 저압, 고압 축전지는 2차 전지에 해당한다. 축전지에는 납산축전지, 알칼리축전지, 리튬이온축전지 등이 있다.

(1) 납산축전지

내연기관 자동차와 친환경자동차의 저압축전기로 납산 축전지가 사용된다. 납산축전지는 플라스틱 케이스 내에 황산을 희석한 묽은 황산(H_2SO_4) 용액을 전해액으로 사용하고, 축전지의 양(+)극판에는 과산화납(PbO_2)을 사용하고, 음극판(-)에는 해면 모양의 순납(Pb)을 사용하여 이온화 경향이 다른 두 금속으로 화학작용이 일어나도록 한 것이다. 이러한 납산축전지는 제작 방식과 보관 방식에 따라 건식 축전지와 습식 축전지로 구분한다.

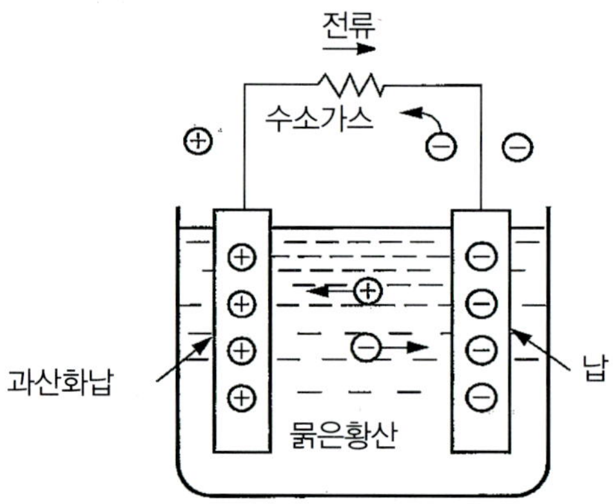

그림 92 | 축전지의 기본 원리

① 구조 및 기능

납산축전지는 극판과 격리판, 전해액, 엘리먼트 레스트, 케이스 셀 커넥터 등으로 구성된다.

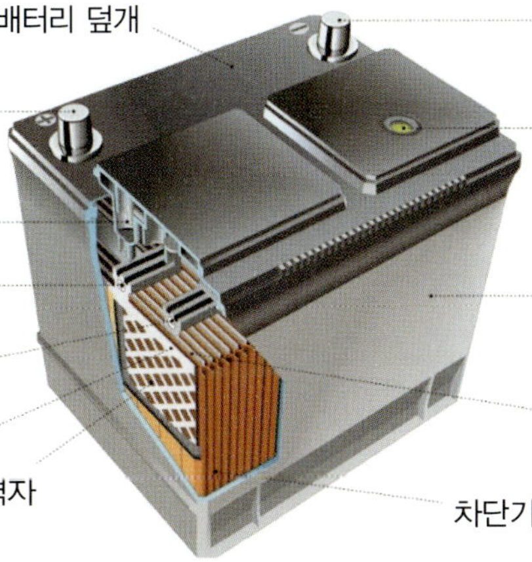

그림 93 | 배터리의 구성

㉠ 극판(Plate)

극판은 뼈대가 되는 합금계 격자(Grid)에 양(+)극판의 작용물질인 과산화납과 음(-)극판의 작용물질인 해면상납의 작용물질을 발라 놓은 것이다.

양(+)극판의 작용물질은 과산화납(PbO_2)으로 다공성이며, 색깔은 암갈색이다. 이 과산화납은 다공성이기 때문에 황산의 침투가 잘되어 화학작용이 활발하나 결합력이 약하여 쉽게 탈락할 수 있으므로 오래 사용하면 격자에서 분리되어 케이스 밑에 가라앉게 되고 양(+)극판과 음(-)극판을 단락시키게 되어 축전지의 성능이 저하되고, 수명이 짧아지게 된다. 탈락된 작용물질로 인한 극판의 단락을 방지하기 위하여 케이스 밑에는 엘리먼트 레스트의 공간을 두어 단락을 방지하고 있다. 이 양(+)극판에서 탈락된 작용물질은 온도의 변화와 화학작용에 의해 전해액 내에서 떠다닐 수 있다. 양(+)극판에서 탈락된 다갈색(또는 암갈색)의 작용물질로 극판은 정상적인 화학작용이 이루어지지 않아 배터리는 성능이 저하된다.

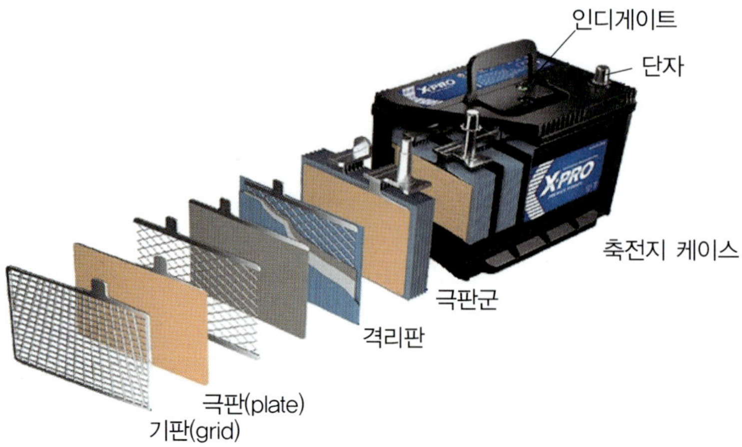

그림 94 | 극판

음(-)극판의 작용물질은 해면상납(Pb)으로 색깔은 회색으로 결합력이 크기 때문에 쉽게 탈락되지 않으나, 다공성이 부족하므로 황산의 침투 확산이 양(+)극판보다 작아 화학작용이 양(+)극판보다 활발하지 못하므로 양(+)극판과의 화학적 평형을 고려하여 양(+)극판보다 1장 더 많게 하고, 음극판이 바깥쪽에서 양(+)극판을 보호하도록 하여 탈락을 가능한 방지하도록 하고 있다.

극판 1장의 두께는 일반적으로 1.5~2.0mm 정도로 양(+)극판과 음(-)극판을 서로 엇갈리게 설치하며, 양(+)극판은 양(+)극판대로, 음(-)극판은 음(-)극판대로 셀 스트랩으로 연결되어 있다. 이렇게 엇갈리게 설치된 한 묶음의 양(+)극판과 음(-)극판을 극판군이라 하며, 한 쌍의 극판군을 셀(Cell) 또는 단 축전지라 한다. 일반적으로 한 개의 셀에는 3~12장의 양(+)극판을 사용한다.

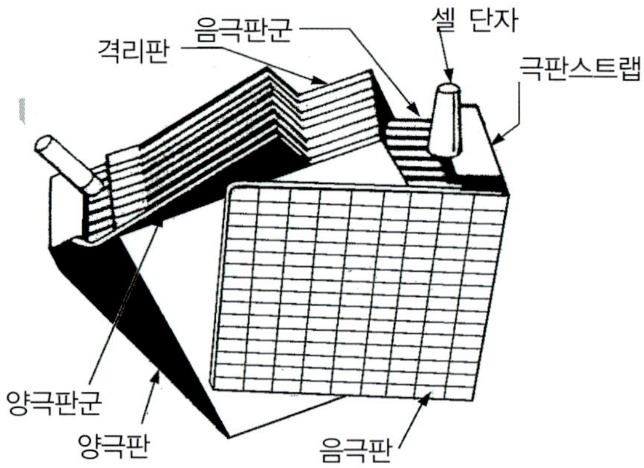

그림 95 | 극판군의 구성

축전지 셀(Ccell: 단축전지)당 전압은 약 2.1~2.3V로 스트랩 포스트(Strap Post)를 이용하여 직렬 접속되어 있고, 통상 6개의 셀로 구성된 축전지의 단자간 전압은 약 12.6~13.8V 최대 전압을 나타낸다. 셀의 극판은 병렬접속이고, 셀과 셀은 직렬로 접속되어 있다. 따라서 셀의 극판의 수가 늘어나면 전류의 용량이 증가하며, 셀의 수가 늘어나면 전압이 증가한다.

㉡ 격리판(Separator)

양(+)극판과 음(-)극판은 서로 엇갈리게 설치되어 있기 때문에 두 극판이 서로 접촉하여 단락되면 내부에서 전기적 용량이 중화되어 없어지기 때문에 두 극판이 서로 접촉하지 않도록 극판 사이에 절연체를 설치한 것을 격리판이라 하며, 고무나 플라스틱 등을 사용한다.

양(+)극판의 작용물질은 진동에 대해 쉽게 탈락될 수 있으므로 유리 섬유를 사용한 유리 매트를 사용하기도 하는데, 이는 양 극판의 양면으로부터 작용물질을 누를 수 있게 끼워져 있다.

격리판은 비전도성이며 다공성이여야 한다. 또한 전해액에 부식되지 않아야 하며 전해액의 확산이 잘되어야 한다. 기계적 강도가 높아야 하며, 극판에 좋지 않은 작용물질을 내뿜지 않아야 하는 필요조건을 충족하여야 한다.

격리판의 한 면에는 홈이 설치되어 있고 다른 한 면에는 홈이 없다. 이 홈이 있는 면이 양(+)극판을 향하도록 하여 전해액의 확산이 잘되도록 하고, 과산화납에 의한 산화부식을 방지하도록 한다.

㉢ 케이스와 액 주입구 및 벤트 플러그(Case & Vent Plug)

축전지 케이스는 합성수지로 만들며, 내부는 6개의 칸막이로 되어 있고, 각각의 공간은 극판군이 설치된다. 케이스 뚜껑은 별도로 만들어 열경화성 접착제로 접착하여 사용하며, 전해액을 주입할 수 있는 구멍을 설치하고 통기 구멍이 있는 벤트 플러그(vent plug)로 닫게 되어 있다. 플러그에 설치된 통기 구멍은 화학작용 시 발생되는 수증기와 수소가스 및 산소가스를 배출하고, 온도가 낮아질 때는 대기를 공급하여 진공이 발생되는 것을 방지한다.

케이스 아랫부분에는 극판을 받쳐주는 브리지를 설치하고, 브리지와 브리지 사이의 빈공간을 만들어 이곳에 탈락된 극판의 작용물질이 떨어지게 하여 극판 사이의 단락을 방지한다.

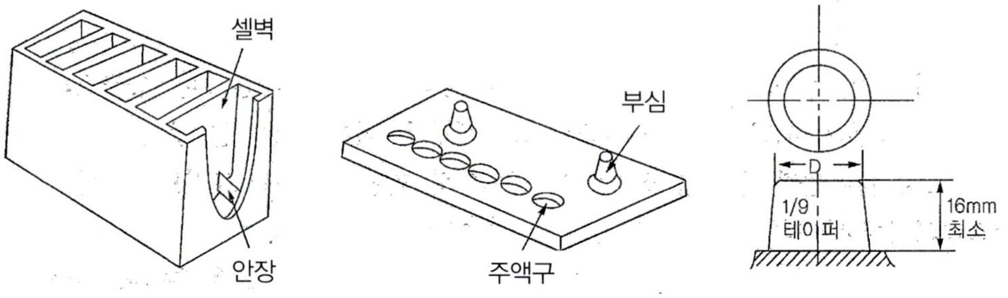

(a) 축전지 케이스 (b) 배터리 커버 (b) 배터리 단자

그림 96 | 축전지 케이스

㉣ 커넥터와 단자기둥(Connector & Terminal Post)

커넥터는 각각의 단 배터리를 직렬로 접속하기 위한 것으로 납 합금으로 되어있다. 단자 기둥 또한 납 합금으로 되어 있고 외부와 확실하게 접촉하도록 테이퍼로 되어 있으며, 양(+)극과 음(-)극을 확실하게 구분되도록 하고 있다.

표 5 | 단자 기둥의 식별법

구분	양(+)극 단자	음(-)극 단자
직경	크다	적다
색	적갈색(암갈색)	암갈색
문자	⊕, POS	⊖, NEG
부식물	많다	적다
감자를 대었을 때	녹색	백색
소금물을 부었을 때	기포발생 많음	기포발생 적음

또한 테이퍼로 된 단자는 거꾸로 접속할 수 없도록 양(+)극과 음(-)극의 치수가 다르게 되어 있다.

표 6 | 단자 기둥의 치수

구분	직경(mm)	
	양(+)극 단자	음(-)극 단자
가는 단자	14.7	13.0
굵은 단자	19.5	17.9

㉤ 전해액(Electrolyte)

전해액은 무색, 무취의 순수한 황산과 순수한 물인 증류수를 혼합하여 희석시킨 묽은 황산($2H_2SO_4$)을 사용한다. 양극판의 과산화납과 음극판의 해면상납의 작용물질과 접촉하여 화학작용을 하므로 전류를 충전 또는 방전하는 작용을 하며 전류 전도작용을 한다. 전해액의 비중은 축전지가 완전 충전되었을 때 20[℃]에서 1.240, 1.260, 1.280의 세 종류를 사용하며, 열대지방에서는 1.240을, 온대지방에서는 1.260을 주로 사용하며, 한랭지에서는 1.280의 비중을 사용한다.

우리나라는 온대에 속하므로 통상 1.260의 비중으로 해야 하나, 실제 제작회사에서는 25℃를 기준으로 하여 1.280의 비중으로 제작하고 있다. 이러한 비중은 항상 일정한 것이 아니라 충전과 방전 상태 및 전해액의 온도 등에 따라 비중은 수시로 변화한다. 따라서 전해액의 비중을 측정하려면 표준 온도인 20[℃]에서 측정하거나 표준 온도(20℃)로 환산하여 확인하여야 한다.

전해액의 비중은 충·방전이 이루어지지 않을 때라도 온도에 따라 비중이 변하는데 온도가 올라가면 비중은 낮아지고, 온도가 내려가면 비중은 높아진다. 일반적으로 전해액의 온도가 1[℃] 변화함에 따라 비중은 0.0007씩 변화하므로 임의의 온도에서의 비중을 표준온도(20℃)로 환산하려면 다음 식으로 구할 수 있다.

$$S_{20} = S_t + 0.0007(t - 20)$$

여기서 S20 : 표준 온도(20[℃])에서의 비중, St: t℃에서의 비중, t: 전해액의 온도[℃]

전해액의 온도가 낮아지면 비중은 높아지나 황산과 극판 작용물질의 화학작용이 활발하지 못하므로 용량이 저하되며, 방전되어 비중이 낮아진 전해액을 그대로 방치하면 온도가 추운 겨울철이나 한랭지에서는 전해액이 빙결될 수 있다.

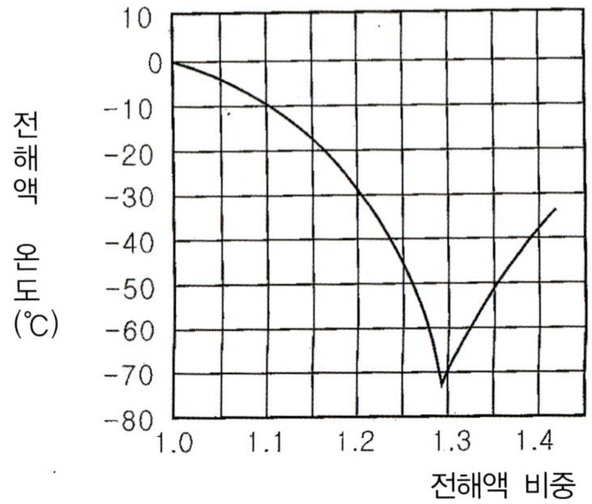

그림 97 | 전해액의 비중과 빙결온도

전해액이 빙결되면 양 극판의 작용물질이 파손되어 회복되지 않으므로 재사용이 불가능하게 된다. 따라서 추운 지방이나 겨울철에서는 방전되어 비중이 낮아진 배터리를 그대로 방치해서는 안 되며, 완전 충전된 상태에서 보관하여야 한다. 완전 충전되어 비중이 1.200~1.300의 범위가 되면 -30[℃] 이하로 내려가지 않으면 빙결되지 않는다. 완전 충전된 배터리의 전해액은 비중은 1.260~1.280이다. 이 비중은 배터리가 방전됨에 따라 전해액 속의 황산이 양 극판에 흡수되면, 전해액은 물만 남게 되어 전해액의 비중이 낮아지게 된다. 이것은 비중을 측정하여 배터리의 충·방전 상태를 점검할 수 있다.

표 7 | 배터리 방전량과 비중 저하량과의 관계

단자전압(V)	비중(20℃)		충전량(%)
	A	B	
2.1 이상	1.260	1.280	100
2.00	1.210	1.230	75
1.95	1.160	1.180	50
1.85	1.110	1.130	25
1.75 이하	1.060	1.080	사용불가

(2) 알칼리배터리

알칼리배터리는 납산배터리에 비하여 과충전과 과방전 등의 과부하에 잘 견디며, 수명이 길지만 제작 원료의 공급에 제한을 받으므로 가격이 비싸다. 에너지 밀도도 납산배터리와 비슷한 정도이나 자원상 대량 생산이 어려워 자동차용으로는 사용되지 않고 있다. 알칼리배터리는 가성가리용액의 전해액이 양극판의 수산화니켈과 음극판의 카드뮴과의 화학작용으로 전기적 에너지를 발생시킨다.

(3) 리튬이온배터리

리튬이온배터리는 양극재, 음극재, 전해질, 분리막으로 구성된다. 리튬이온이 양극재와 음극재 사이를 이동하는 화학적 반응에 의해 전기가 발생한다. 양극의 리튬이온이 음극으로 이동하며, 배터리가 충전되고 음극의 리튬이온이 양극으로 돌아가며 에너지를 방출, 방전한다. 이때 양극과 음극 사이에서 리튬이온의 이동통로 역할을 해주는 전해질과 양극과 음극이 서로 닿지 않게 해주는 분리막이 설치된다.

양극은 리튬이온 근원으로 축전지 용량과 평균 전압을 결정하며, 음극은 양극에서 나온 리튬이온을 저장했다가 방출하면서 외부 회로를 통해 전류를 흐르게 하는 역할을 한다.

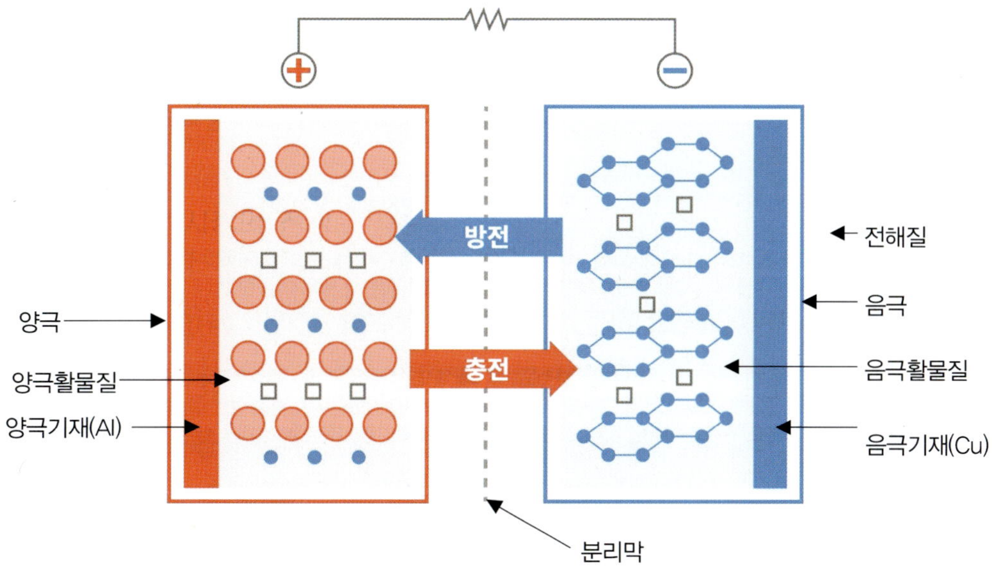

그림 98 | 리튬이온배터리 구조

축전지의 용량은 mAh(밀리암페어시) 또는 Ah(암페어시)로 표시한다.

리튬이온배터리는 기억 효과가 없으며 높은 에너지 밀도, 재충전 가능성, 긴 수명, 사용하지 않을 때에도 자가방전이 일어나는 정도가 작은 등의 다양한 장점을 가지고 있지만, 높은 비용, 열관리 필요성, 노화 등의 단점도 있다.

1) 양극재

양극재로는 원소 상태의 리튬은 전자를 잃고 양이온이 되려는 경향이 강하여 리튬과 산소를 결합한 리튬산화물 형태로 구성된다.

양극재의 리튬 비중이 높을수록 배터리 용량이 커지며, 배터리전압은 양극의 전위차에 의해 결정되므로 양극의 구조에 따른 전위값이 전압에 큰 영향을 준다. 최근에는 고성능 양극재의 수요가 늘면서 NCA(니켈·코발트·알루미늄), NCMA(니켈·코발트·망간·알루미늄) 등 다양한 양극재가 개발되고 있다.

2) 음극재

음극재는 많은 이온을 안정적으로 저장할 수 있는 흑연이 주로 사용된다. 리튬이온을 저장하고 방출되는 과정이 반복될수록 흑연의 구조가 변화하며, 저장할 수 있는 이온의 양이 줄어들어 배터리 수명이 줄어들게 된다. 배터리의 용량이 커지고 충전 속도를 빠르게 할 수 있도록 음극재로 실리콘 음극재 등 차세대 음극재 개발이 활발하게 진행되고 있다.

3) 전해질

전해질은 배터리 내부의 양극과 음극 사이에서 리튬이온이 원활하게 이동하기 위해 이온 전도도가 높은 물질이어야 하며, 안전을 위해 전기화학적 안정성, 발화점이 높아야 한다. 또한 전자는 외부 도선으로만 이동하도록 하여야 한다.

현재는 액체 전해질이 널리 사용하고 있으나 안전성과 성능이 더 뛰어난 고체나 젤 형태 전해질에 대한 연구도 활발히 진행되고 있다.

4) 분리막

분리막은 양극과 음극의 물리적 접촉을 차단하는 역할을 하며 리튬이온이 이동할 수 있도록 미세한 구멍이 있어 양극과 음극 간의 접촉은 막고 이온은 이동하게 된다. 분리막은 안전을 위해 높은 전기절연성과 열안정성이 요구되며, 일정 이상의 온도에서는 자동으로 이온의 이동을 막는 기능이 있어야 한다. 현재 분리막에는 폴리에틸렌(PE)과 폴리프로필렌(PP)이 널리 쓰이고 있으며, 배터리 소형화를 위해 분리막을 얇게 만들기 위한 연구 또한 이루어지고 있다.

(4) 리듐폴리머배터리

리튬이온배터리의 자동차에서 일어나는 배터리의 화재는 대부분 전해액이 유기용매로 휘발유보다 잘 타는 물질로서 발화성이 극히 높다. 리튬폴리머는 전해액 대신에 전해질이 준고체 상태의 고분자물질로 채워 용액이 잘 새어 나오지 않아 안정성을 높였으며, 타 2차 배터리에 비해 상당히 가볍고 메모리 효과도 매우 적다.

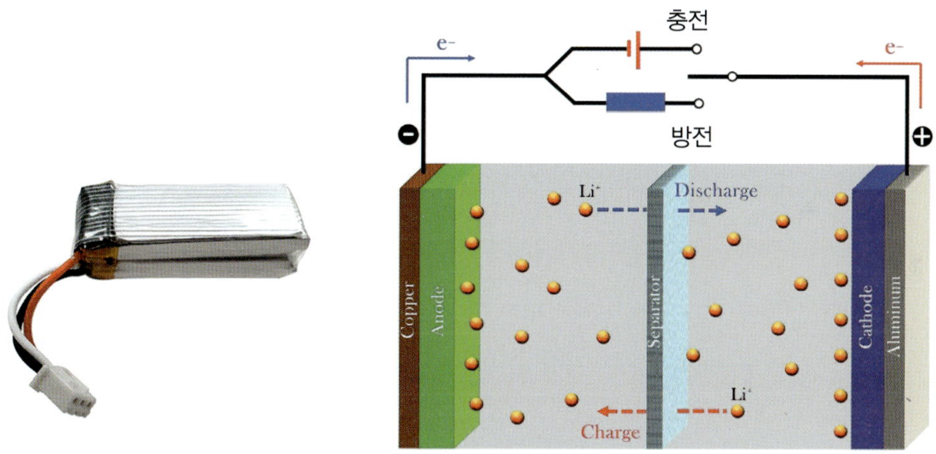

그림 99 | 리튬폴리머배터리

작동 원리는 리튬이온배터리와 동일하며, 젤 타입의 고분자(Polymer)가 양극과 음극 사이의 분리막을 구성하며, 전해질의 역할까지 한다.

리튬폴리머배터리는 이온 전도도가 우수한 고체 전해질을 사용한다. 액체 전해질을 사용하던 배터리의 단점인 누액 가능성과 폭발 위험성이 없으며 다양한 형상으로 설계할 수 있고, 카드뮴이나 수은 같은 환경을 오염시키는 중금속을 사용하지 않아 환경친화적이다.

장점으로는 리튬폴리머배터리는 사용 가능한 축전지 중 가벼우며 에너지 밀도가 높아 다른 축전지에 비해 적은 부피에 더 많은 에너지를 저장할 수 있다.

고분자 전해질은 유연한 디자인을 가능하게 하여 독특한 형태와 크기를 가진 제품에 사용하기에 이상적이다. 고온 환경에서도 성능을 유지하기 때문에 전기자동차에 사용하기에 이상적이다. 단점으로는 다른 배터리에 비해 제조비용이 비싸며, 다른 배터리에 비해 열 폭주 위험이 높아 극단적인 경우 폭발이나 화재로 이어질 수 있다. 또한 수명이 짧기 때문에 더 자주 교체하여야 한다.

(5) 리튬인산철($LiFePO_4$)배터리

리튬코발트(Li-Co), 리튬망간(Li-Mn)계 배터리의 발화성 및 폭발성의 위험을 해결하기 위해 양극에 리튬인산철($LiFePO_4$)을 적용한 리튬이온배터리의 일종으로 LFP배터리라고도 한다.

리튬인산철배터리의 구조는 양극은 올리빈 구조의 리튬인산철로 구성되며, 알루미늄 호일은 배터리의 양극에 연결된다. 폴리머 분리막은 양극과 음극을 분리하지만 리튬이온(Li^+)은 통과할 수 있으나 전자(e^-)는 통과할 수 없다. 음극은 카본(흑연)으로 구성되며 구리 호일에 의해 배터리의 음극에 연결된다. 배터리의 상부 및 하부 사이에는 배터리의 전해질이 있으며, 배터리는 금속 케이스에 의해 밀폐된다.

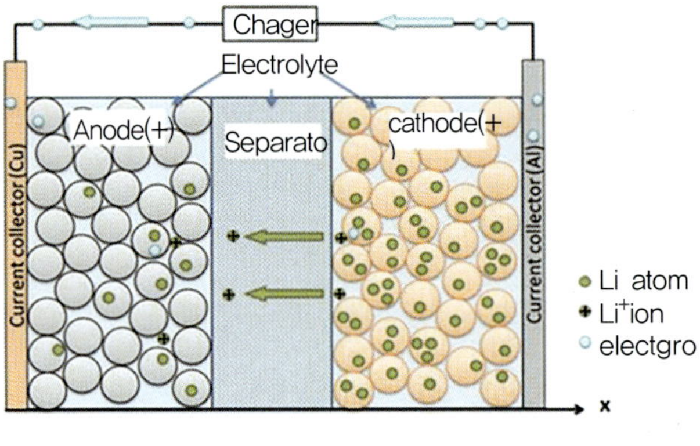

그림 100 | 리튬인산철축전지 구조

리튬인산철배터리가 충전되면 양극의 리튬이온(Li^+)이 폴리머 분리기를 통해 음극으로 이동한다. 방전 과정에서 음극의 리튬이온(Li^+)은 분리막을 통해 양극으로 이동한다.

충전 과정에서 리튬인산철의 리튬이온 일부가 빠져나와 전해질을 통해 음극으로 전달되어 음극 탄소 재료에 삽입되면 양극에서 전자가 방출되어 외부 회로에서 음극에 도달해 화학 반응의 균형을 유지한다. 방전 과정에서 리튬이온이 음극에서 빠져나와 전해질을 통해 양극에 도달하는 동시에 음극은 전자를 방출하고, 외부 회로에서 양극에 도달하여 외부에 에너지를 공급한다.

단일 셀로 20~700[Ah]까지 가능하고, 높은 정격전압(3.2V), 높은 에너지 밀도, 우수한 충·방전 특성을 가지고 있다. 3,000회 이상의 충방전 내구수명을 가지며 유해 납(Pb), 카드뮴(Cd), 수은(Hg) 등을 함유하지 않는 친환경 제품이다.

전해질은 이온 전해질을 사용하여 충전 효율도 최대화하였으며 상대적으로 가격이 저렴하다. 동일한 사양 및 용량의 리튬인산철배터리의 부피는 납산배터리 부피의 2/3이고, 무게는 납산배터리의 1/3로서 경량화가 가능하다. 높은 안정성과 낮은 자가 방전율, 에너지 손실률로 높은 효율을 유지하는 장점이 있다. 그러나 저온 성능이 좋지 않고 양극 재료의 탭 밀도와 압축 밀도가 낮고 동일한 용량의 리튬이온배터리에 비해 에너지 밀도가 낮고 부피가 큰 단점이 있다.

2

친환경자동차

1 친환경자동차의 정의

자동차는 자체 내의 원동기를 이용하는 레일(Rail) 또는 케이블(Cable)에 의하지 아니하고 도로상을 자유로 주행하는 차량을 말한다. 따라서 원동기를 갖추었다고 하더라도 레일이나 케이블에 의하여 이동되는 것은 자동차라고 하지 않는다. 기차나 전차는 원동기를 구비하고 있으나 레일 위를 운전하게 되므로 자동차라고 하지 않으며 케이블에 의하여 운전되는 트롤리 버스(Trolly Bus)는 전동기를 지니고 이것을 원동기로 하여 움직이나 케이블을 이용하여 이동되므로 자동차로 분류하지 않는다.

원동기는 자연의 에너지를 기계적 에너지, 즉 동력으로 변화시키는 기계를 말한다. 동력원인 자연의 에너지에는 석탄, 석유, 수력, 풍차 등이 있다.

열에너지로부터 동력을 얻는 기계를 열기관이라 하며, 연료를 공기와 혼합하여 실린더 내에서 폭발적으로 연소시켜 피스톤의 왕복운동으로 바꾸는 기계를 내연기관이라 한다. 자동차용 원동기로 가장 많이 쓰이고 있는 것은 가솔린기관과 디젤기관이 대표적이며, 가스터빈을 이용하는 가스터빈자동차와 증기를 이용하는 증기자동차도 있다.

내연기관자동차(ICV : Internal Combustion Vehicle)와 전기자동차(EV : Electric Vehicle)는 에너지원에 차이가 있다. 내연기관자동차는 탄화수소계 연료를 기관의 내부에서 압축, 발화, 폭발, 팽창시켜서 나오는 에너지를 이용하는 것이다. 석유 상태에서의 화학적 에너지를 연소시키면서 발생되는 열, 압력, 소리 등의 에너지 중 압력에너지를 바퀴를 구동시킬 수 있는 운동에너지로 변환한다.

전기자동차는 배터리에 축적되어 있는 화학에너지를 방전될 때의 전기에너지로 변환하여 전동기를 구동시키는 운동에너지로 변환한다.

내연기관은 작동하면서 배출가스를 배출시킨다. 이 연소 기체는 직접적으로 공기 중으로 퍼져나가 대기를 오염시킨다. 매연으로 인하여 공기가 오염되면 오염된 공기를 마신 동물의 호흡기관에 이상이 생기거나 병에 걸리게 된다. 사람 또한 매연으로 인해 호흡기 질환에 걸릴 확률이 굉장히 높아진다.

2050 탄소 중립 정책은 세계적인 정책의 기준으로 2050년까지 내연기관을 사용하는 것들을 모두 다른 것으로 대체하겠다는 정책이다.

탄소 중립이란 인간의 활동에 의한 탄소배출을 최대한 줄이고, 남은 온실가스를 흡수, 제거하여 실질적인 탄소 배출량이 0이 되는 개념이다. ZEV(Zero Emission Vehicle)은 자동차가 작동하면서 배출되는 유해가스가 전혀 없는 자동차로서, ZEV는 현재의 기술로는 전기자동차와 연료전지자동차가 해당되며, 하이브리드자동차는 포함되지 않는다.

하이브리드자동차는 두 가지 이상의 구동계를 사용하도록 만들어진 자동차로 전기자동차와는 달리 내연기관 엔진을 함께 사용하여 연비를 높이며, 이산화탄소(CO_2)를 줄이기 위해 사용된다.

일반적으로 엔진과 전동기의 비율에 따라서 마일드 HEV, HEV(HEV: Hybrid Electric Vehicle), Plug-in HEV 세 종류로 구분된다.

친환경자동차는 화석연료를 사용하지 않아 배출가스, 이산화탄소(CO_2) 등이 발생하지 않는 무공해 동력장치를 활용 또는 장착하거나 이에 준하는 개선으로 기존 내연기관 대비 연비가 높고 배출가스나 이산화탄소(CO_2) 배출량도 적은 차량이다.

표 1 | 친환경자동차 구분

구분	내용
하이브리드자동차(HEV)	내연기관과 전기전동기의 두 동력원을 조합하여 구동함으로써 기존 내연기관 자동차보다 고연비·고효율 실현
플러그인 하이브리드자동차(PHEV)	외부 전기충전기를 이용하여 자동차 내 고전압 배터리를 충전하여 주행하는 하이브리드자동차
전기자동차(EV)	배터리와 전기전동기의 동력만으로 구동하는 자동차
연료전지자동차(FCEV)	수소 탱크 내의 수소와 대기 중의 공기를 연료전지로 공급하여 화학반응을 통해 발생된 전기로, 고전압 배터리를 충전하거나 전기전동기를 구동시켜 주행하는 자동차

]전기자동차는 자동차 동력발생장치의 구조가 기존 내연기관과 같이 연소로부터 에너지를 얻는 구조가 아닌 전기에너지를 통해 구동되는 전동기가 설치된 자동차이다. 전기로 에너지원을 얻기 때문에 배기가스나 환경오염이 없으며, 소음도 작다는 장점을 가지고 있다.

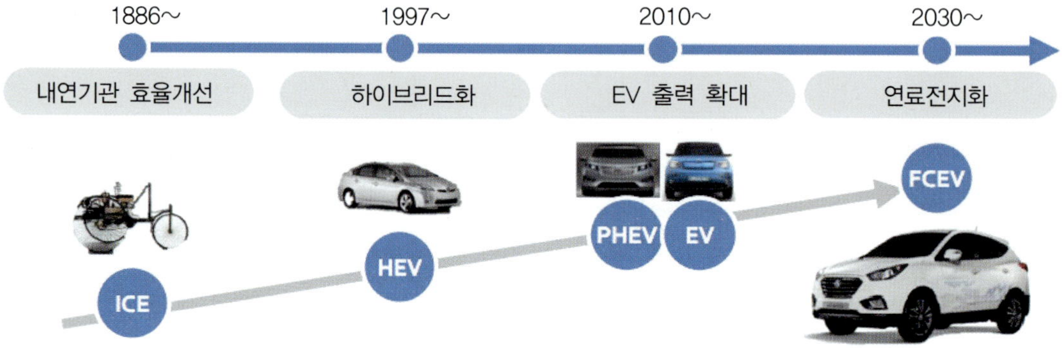

그림 1 | 친환경자동차 기술현황

전기자동차는 배터리로부터 구동전동기에 전기를 공급하면 자동차를 구동하므로 내연기관의 폭발행정에서 발생하는 소음이 없으므로 조용한 주행을 할 수 있다. 전기자동차는 고전압배터리에 충전된 전기를 이용하여 구동하므로 주행 중이나 충전소에서 충전과정에서의 전기의 힘이 충분하도록 충전하는 기술이 중요하다.

선진 각국에서는 전기자동차의 조기 실용화를 위하여 정부 차원의 대규모 투자와 동시에 강제 보급정책을 추진하고 있다.

우리나라도 세계적인 추세에 부응하여 대형 국가과제로 선정하여 지원하고 있으며, 자동차 제작회사들도 이에 적극 참여하고 있어 전기자동차의 기술개발과 전기자동차의 운용을 위한 각종 인프라 확충에 최선을 다하고 있다.

더불어 순수 전기자동차의 단점을 보완하기 위한 하이브리드자동차(HEV : Hybrid Electric Vehicle), 플러그인 하이브리드자동차(PHEV : Plug-in HEV) 등에 대한 연구도 활발히 진행되고 있다.

하이브리드자동차는 전기자동차와는 달리 배터리 용량에 따른 주행거리에 제한을 받지 않으며, 엔진의 효율이 가장 좋은 회전속도에서 발전기를 회전시킴으로써 생성된

에너지를 배터리에 충전하고, 도심지에서는 전기자동차 모드로 주행하기 때문에 대도시의 대기오염을 줄일 수 있는 장점이 있다.

전기자동차는 고전압 배터리에 축적된 전기로 구동전동기를 회전시켜서 자동차를 구동시키는 자동차로, 가솔린자동차보다 먼저 제작되었으나, 배터리의 무거운 중량, 충전에 걸리는 시간, 1회 충전 후 주행거리 등의 문제 때문에 활성화되지 못했다. 그러나 구조가 간단하고 내구성이 크며 운전하기가 쉬운 점 등이 있어 미국에서 1920년대 중반까지 소량 생산되었다. 최근 공해문제가 심각해지면서 다시 활발히 개발되고 있다.

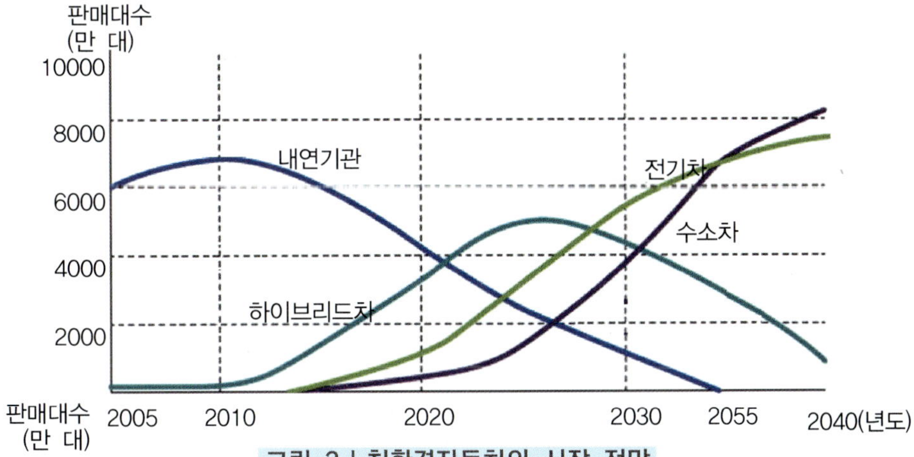

그림 2 | 친환경자동차의 시장 전망

양산된 전기자동차 1호는 미국 캘리포니아 주 지역에서 시판되었던 고성능 전기자동차 GM EV1이다. GM은 1990년대 들어 적극 개발해 온 전기자동차를 1996년부터 시판하였다. 이 전기자동차는 한 번 충전으로 최장 208Km까지 최고 시속 150Km로 달릴 수 있었다. 이후 포드 레인저, 토요다 RAV4, 혼다 EV Plus 등이 시판되었다. 그러나 기존의 전기자동차들은 배터리 충전에 8시간 이상 걸리고 주행거리가 짧아 실용성이 많이 떨어졌다. 기술적 한계로 인해 가솔린이나 디젤엔진을 탑재한 자동차에 비해 보급이 매우 저조했다.

최근 들어 전기자동차가 미국과 유럽 등을 중심으로 한 배기가스 규제의 강화와 유가 급등으로 인해 보급이 증가하고 있다. 특히 환경에 대한 인식이 높아지면서 화석연료를 사용하는 기존 차량보다 친환경적인 전기자동차에 대한 인식이 높아지고 있다. 배터리와 구동전동기 등이 주요 부품인 전기자동차는 기계공학보다 전자공학 등 IT 비중이 높아 기술의 발전도 내연기관 자동차와 달리 급속도로 성장하고 있다.

전기자동차의 단점은 충전하는데 시간이 오래 걸리고, 전용 충전시스템도 필요하다. 한 번 충전으로 갈 수 있는 주행거리가 짧고 배터리를 주기적으로 교체해야 하는 점이나 안정성도 해결해야 할 문제이다.

미국은 주요 자동차 생산업체들의 경쟁력이 약화되면서 생존을 위해 들고 나온 전략이 소형차와 플러그인 하이브리드자동차이며, 단일국 자동차 수요로는 이미 세계 1위에 올라선 중국도 뒤쳐진 자국 자동차산업의 도약을 위해 배터리 베이스의 전기자동차를 집중 지원하고 있다.

일본은 하이브리드자동차 상용화 10년에 따른 기술 축적 노하우, 압도적인 하이브리드 자동차 점유율 등으로 가장 선도적인 지위를 보유하고 있으나, 시장의 상황은 어떤 에너지원의 자동차가 표준이 될지, 언제 시장이 폭발적으로 성장할지 아직 미지수여서 차세대 자동차 타입별 기술개발과 시장별 대응에 환경에 따른 대응을 하여야 한다.

현재의 전기자동차 성능은 주행거리, 주행성능 등에서 기존의 가솔린자동차에 많이 뒤지며, 가격 및 유지보수 시스템에서 불리한 위치에 있으므로 대중적 보급에 어려움이 많다. 그러나 컴퓨터의 발달과 전력 전자장치의 발전으로 전기자동차는 더욱 보편적인 교통수단으로 발전하고 있다. 특히 정보통신의 발달로 한정된 도로에서 최대의 교통량을 관리하기 위한 교통체계(ITS)와 관련하여서도 전기자동차의 연구는 더욱 가속화될 것이다.

전기자동차는 내연기관 대신에 배터리에 저장된 전기에너지로 전동기를 작동시켜 발생한 동력으로 차륜을 회전시켜 주행하는 차량으로, 1830년 프랑스에서 개발되어 19세기 중반에 실용화되어 교통수단으로 사용된지 1세기가 넘었다. 전기자동차는 배기가스가 없어 무공해이며, 내연기관의 폭발음이 없어 저소음이고, 에너지 이용효율이 좋은 점 등 많은 장점이 있다.

1970년대의 오일쇼크 이후 에너지 문제에서 미국, 일본 등에서 본격적으로 개발을 하였고, 현재는 환경 측면에서 개발의 필요성이 증대되고 있는 실정에 있다.

최근 환경오염(대기오염), 에너지 절약 대책의 일환으로 전기자동차 개발, 성능 향상, 보급추진의 중요성이 증대되고 있다. 이 중 2003년부터 미국 캘리포니아 주에서는 대기보전법이 발효되어 무공해 자동차(ZEV : Zero Emission Vehicle)를 일정 비율 판매를 의무화하고 있다.

전기자동차 기술은 배터리, 전기, 전자, 재료, 차량 등 복합기술로 지금까지는 선진 각국이 기술을 보유하고 있고, 기술개발 경쟁이 심화되어 주요 기술의 이전 기피 등 기술정보의 차단벽은 높아지고 있다. 이에 우리나라 정부는 전기자동차 기술개발을 핵심 과제로 선정하여 핵심 요소기술을 집중개발할 계획을 갖고 있다.

2 자동차의 역사

인류가 무거운 것을 운반하기 위해 굴림대나 바퀴를 이용한 수레를 만든 것은 오랜 역사를 가지며, 현재와 같은 내연기관이 발명되기 이전에는 인력, 풍력, 중력, 태엽, 증기기관, 증기 로켓 추진 등을 자동차의 주된 동력원으로 이용하였다.

나선 스프링을 이용한 자동차는 16세기 다빈치(Leonardo da Vinci)가 고안하였고, 같은 시대의 발투리오(Roberto Valturio)가 풍차에 의해 차축을 구동하는 풍력 자동차를 만들었다.

영국의 산업혁명의 발단이 된 증기기관이 발명된지 얼마 안 되어 큐노(Nicholas Joseph Cugnot)는 1769~1771년에 걸쳐 포차견인용 증기 3륜차를 완성했다.

1805년에는 리바스(Lsaac de Rivaz)에 의해 내연기관을 원동기로 하는 자동차가 제작되었으며, 1858년 이탈리아 발산티(Eugenio Barsanti)와 마테우치(Felice Matteucci)도 석탄가스를 이용한 내연기관 제작에 성공했다.

1821년 런던의 왕립연구소에서 마이클 패러데이가 볼타배터리(Voltaic Pile)와 자석을 이용해 전기에너지를 운동에너지로 변환, 즉 전기가 흐르는 도체의 회전운동 효과를 실험으로 입증함으로써 전기자동차의 등장이 가능하게 되었다.

1839년에는 영국의 로버트 앤더슨(Robert Anderson)이 간단하지만 전기로 구동되는 전기자동차를 제작하였다.

그림 3 | 최초의 전기자동차

1835년 네덜란드 흐로닝언대학교의 시브란두스 스트라팅(Sibrandus Stratingh)교수는 독일인 제작자 크리스토퍼 베커(Christopher Becker)와 함께 소형 모형 전기자동차를 만들었다.

초기 전기자동차들은 모두 1차 배터리로 구동됐으며, 1859년 프랑스의 가스통 플랑테(Gaston Planté)에 의해 재충전할 수 있는 최초의 2차 배터리인 납산 배터리(Lead-acid Battery)로 구동되는 전기자동차를 발명했다.

프랑스의 발명가 귀스타브 트루베(Gustave Trouvé)가 세계 최초의 충전식 전기자동차를 만들어 사람을 탑승한 상태에서 파리 시내 주행시험을 성공했다. 트루베는 영국 제임스 스탈리(James Starley)의 체인 구동식 세발자전거에 독일 지멘스가 개발한 소형 전기 전동기의 효율을 개선해 얹었으며, 성능이 개선된 납산 배터리를 연결했다.

1876년에는 독일의 오토(Nikolaus.A.Otto)가 현재 사용되는 4사이클 엔진의 시초인 4사이클 가솔린엔진을 개발하였다. 그 후 5년 후 1881년 영국의 클러크(Dugald Clerk)가 2사이클 엔진을 개발하였다.

1884년 영국의 토마스 파커(Thomas Parker)가 전기자동차 상용화에 성공함으로써 실생활에서 사용 가능한 전기자동차가 처음 등장했으며, 영국 최초의 전기 노면 전차(Tram)에 공급하는 발전기와 장비를 제조하면서 쌓은 기술력을 바탕으로 최초의 양산형 4륜 전기자동차를 개발했다.

1885년 독일의 다임러(Gottieb Daimler)는 이와 같은 가솔린엔진을 처음으로 자동차에 장착하여 주행하였으며, 1년 후에는 독일의 벤스(Karl Benz)가 가솔린엔진을 장착한 3륜 자동차를 제작하였다.

1887년 니콜라 테슬라(NiKola Tesla)는 발전소에서 생산한 수천 볼트의 고전압 전기를 여러 곳으로 보내 각 지역에서 변압기를 거쳐 110V로 전환하는 교류시스템을 개발하여 전기를 경제성과 안전성을 확보하여 공급하게 되었으며, 교류전동기도 발명했다.

1893년에는 독일의 디젤(Rudolf Diesel)이 카르노(Nicholas Leonard Sadi Carnot)의 열역학을 기초로 한 디젤엔진을 발명하여 특허를 얻었다. 디젤엔진은 1923년 다임러 벤츠에 의해 트럭이나 버스용으로 쓰이기 시작했다.

1898년 페르디난트 포르쉐(Ferdinand Porsche)의 첫 번째 제작 차량은 에거-로너 C.2 페이튼(Egger-Lohner C.2 Phaeton)으로 마차에 전기전동기를 장착한 후륜구동 자동차이다. 이 차량의 배터리 무게는 500kg이며 최고 출력은 5마력, 최고 속도는 시속 35km/h이고, 한 번 충전으로 약 80km를 주행할 수 있었다. 이 차량은 1899년 베를린 국제자동차 전시회의 부대행사로 열린 40km 레이스에 출전해 우승하였다.

1899년 프랑스 카뮈 제나치(Camille Jenatzy)는 라 자메 콩탕트(La Jamais Contente)로 최고 속도 105km/h에 도달했다. 그러나 1회 충전으로 연속 주행하는 거리가 짧았기 때문에 전기자동차의 역사는 극히 짧았다.

1900년 페르디난트 포르쉐는 전기자동차에서 무거운 납산배터리를 덜 싣기 위해 가솔린엔진으로 발전기를 돌려 얻은 전력으로 전동기를 구동하는 '믹스테'(MIXTE)로 프랑스어로 '혼합된'이란 뜻의 세계 최초의 하이브리드자동차인 셈퍼 비부스(Semper Vivus)를 제작하였다. 로너-포르쉐 하이브리드자동차(Lohner-Porsche Mixte-Wagen)는 각각의 바퀴에 휠 허브 전동기를 장착하여 독립적인 힘을 바퀴에 전달하는 4륜 구동차량이다. 여러 번에 걸쳐 개량되며 레이스 트랙에서도 인상적인 성적을 냈지만 가격이 비싸 판매량은 많지 않았다.

1910년 전력 네트워크가 확대되고 배터리 성능이 개선되면서 전기자동차는 유럽과 미국에서 전성기를 맞았다. 특히 미국에서는 20세기 들어서 전기자동차가 내연기관차의 인기를 뛰어넘어 1.5배 이상 더 팔려나가며 황금기를 누렸다. 전기자동차는 가솔린엔진 자동차에 비해 냄새가 적고 진동과 소음이 덜하였고 당시 석유 가격이 비쌌던 것도 차량의 보급 확대에 큰 도움이 되었다. 1910년대 초 미국에서는 300개 이상의 제조사가 전기자동차를 생산했다.

1908년 포드자동차의 모델 T가 획기적으로 낮은 가격에 출시됐고, 1911년 찰스 케터링(Charles F. Kettering)이 불편한 시동방법을 개선한 전기 시동장치를 개발함으로써 내연기관 자동차의 문제점이 해결되어 보급이 확대되었고, 이로 인해 전기자동차의 보급이 급격히 줄어들게 된다.

제2차 세계대전 동안 휘발유 수급의 어려움으로 전기자동차라는 대안을 모색했다. 영국은 우유 배달차(Milk Float)를 전기자동차로 만들었다. 전쟁이 끝나고도 오래도록 영국은 전 세계에서 전기자동차를 가장 많이 보유 · 운영한 국가였는데, 그게 다 우유 배달용 전기 트럭이었다. 프랑스를 점령한 나치가 군용 항공기 제조를 금지하자 브레게 항공은 공장과 직원을 유지하기 위해 자동차를 만들기 시작했다. 하지만 시중에서 휘발유 유통 또한 금지됐기 때문에 그들은 결국 전기자동차(Bréguet Electric Car)를 만들었다. 1947년 일본에서도 극심한 연료 부족을 배경으로 새로 설립된 도쿄 전기 자동차가 다마(Tama)라는 전기자동차를 생산했다. 이 회사는 나중에 닛산에 흡수됐다. 종전 후인 1959년 미국의 헤니 자동차는 프랑스 르노의 소형 차체를 바탕으로 만든 전기자동차 킬로와트(Henney Kilowatt)를 판매했다.

1950년에는 영국의 로버가 가스터빈 자동차를 제작하였으며, 1959년에 서독의 USN사와 반켈사는 1로터의 로터리 엔진을 공동 개발하였다.

국내에서는 1963년 승용차 신성호의 생산을 시초로 하여 각 메이커별로 다양한 차종이 만들어졌다.

1960년 환경에 대한 관심이 높아지며 자동차 배기가스 규제가 생겨나기 시작했다. 이에 따라 미국을 필두로 전기자동차 개발에 대한 필요성이 대두되어 GM은 1964년 쉐보레 코베어 기반의 전기자동차 콘셉트 일렉트로베어(Electrovair)를 개발했다. 1966년에는 최고 속도 128km까지 달릴 수 있는 일렉트로베어2와 수소 전기자동차 FCEV 콘셉트 일렉트로밴(Electrovan)도 발표했다. 일렉트로밴은 전기자동차 기술의 진일보를 이룬 모델로 연료 배터리를 사용한 첫 사례로 꼽힌다.

1971년 냉전이 한창이던 시기, 소련과 우주개발 경쟁에 열을 올리던 미국 항공우주국 NASA는 달에 간 우주인이 타고 다닐 수 있는 월면차(Lunar Roving Vehicle) 개발 계획을 세웠다. GM은 보잉과 함께 4륜 구동·4륜 조향 전기자동차를 만들어 1971~1972년 아폴로 15 · 16 · 17호에 실어 보냈다. 36V 아연 배터리로 구동하는 저출력 직류전동기(0.19kW)를 바퀴마다 장착한 루나 로버는 달 표면에서 정상적으로 작동되었다.

1973년 제4차 중동전쟁의 여파로 제1차 석유파동이 일어났다. 아랍석유수출국기구(OAPEC)는 이스라엘 지지국에 대한 석유 금수 조처를 결정함으로써 국제 유가가 폭등하였으며 석유 제품 공급이 대폭 줄었다. 고유가 시대를 맞아 1976년 미국 의회는 전기 및 하이브리드자동차 연구, 개발 및 시연법을 통과시켰고, 카터 행정부는 이때 창설된 에너지부(DOE)에 전기 및 하이브리드자동차 연구 개발을 지원할 수 있는 권한을 부여했다.

1977년 GM이 단순한 전기자동차 기술 개발을 넘어 전기자동차의 규격과 시장성 등에 대한 조사를 위해 쉐보레 쉐벳을 기반으로 한 전기자동차 콘셉트 일렉트로벳(Electrovette)을 선보였다. GM은 내연기관을 대체할 수 있는 수준의 배터리 규격, 전동기 시스템, 나아가 전기자동차 구매 및 운행으로 달라지는 삶의 형태 등 다양한 조사를 진행했다.

1990년 미국에서 청정대기법(Clean Air Act) 수정안이 통과되었으며, 1992년에는 에너지 정책법이 통과되고 캘리포니아 대기자원위원회(CARB)의 새로운 배기가스 배출 규정 시행 등으로 환경 규제가 까다로워지면서 전기자동차에 대한 관심이 촉발되었다.

1994년 메르세데스-벤츠가 처음으로 공공도로를 주행한 수소 전기자동차(FCEV) 콘셉트 네카(NECAR: New Electric CAR)를 화물용 미니밴을 기반으로 제작했는데, 1997년 네카3부터는 해치백 승용차(A클래스) 기반으로 만들었으며, 2002년까지 총 6가지 모델을 공개했다.

1996년 GM이 제작 판매한 EV1은 처음부터 양산을 목표로 설계한 순수 전기자동차로서 실용적인 속도(최고 128km/h)와 민첩성(0-80km/h 7초)으로 마니아를 만들어냈지만, 높은 생산 비용 때문에 상업적인 성공을 거두지는 못했다.

1999년 2세대 모델은 18.7kWh 용량의 납산 배터리 또는 26.4kWh 용량의 니켈-수소 Ni-MH 배터리를 선택할 수 있었으며, 최대 주행거리(1999년 EPA 기준)는 228km였다. 2001년 생산이 중단됐고, 2003년에 박물관과 교육기관에 전시된 일부 차량을 제외하고 안전상의 이유로 전량 폐기됐다.

1997년 토요타가 세계 최초로 대량생산한 하이브리드자동차(HEV)인 프리우스(Prius)는 2000년 글로벌 시장에서 휘발유 가격 상승과 배기가스로 인한 대기 오염에 대한 우려가 높아짐에 따라 세계에서 가장 많이 팔리는 하이브리드자동차가 되었다.

2008년 최초의 양산형 전기 스포츠카 테슬라 로드스터(Roadster)는 후륜구동 전기자동차로 최고 시속은 209km, 한 번 충전으로 약 400km를 주행할 수 있었다.

2010년대는 모든 양산차 업체들이 하이브리드 및 전기자동차를 대거 출시하기 시작했다. GM의 플러그인 하이브리드자동차(PHEV) 쉐보레 볼트(Volt)는 배터리만으로 최대 56km까지 주행하며, 배터리가 소모되면 휘발유 엔진으로 주행할 수 있다. 닛산은 전기자동차 리프(LEAF)를 출시했으며 2012년 테슬라는 첫 번째 세단 모델 S를, 2013년 BMW는 i3를 출시했다. 2016년 현대자동차는 아이오닉(IONIQ)의 하이브리드, 플러그인 하이브리드, 전기자동차 모델을 출시하였다.

2017년에는 전 세계 한 해 전기자동차 판매량이 100만 대를 돌파했으며, 2020년에는 테슬라가 완성차 업계 최초로 순수 전기자동차 생산 100만 대를 돌파했다.

2020년대에는 전기자동차 대전환 시대를 맞아 포르쉐 타이칸, 메르세데스-벤츠 EQS, 아우디 e-트론을 비롯한 고급 브랜드 전기자동차가 잇따라 출시됐고, 루시드, 리비안 등 새로운 전기자동차 스타트업이 실제 판매를 개시했다.

2030년부터 볼보, 메르세데스-벤츠, 제네시스, 캐딜락 등의 브랜드는 전기자동차만 생산한다는 로드맵을 발표했다. 이외에도 거의 모든 브랜드가 시기적으로 약간의 차이가 있으나 전기자동차의 비중을 단계적으로 확대할 예정이다.

3 친환경자동차 등장

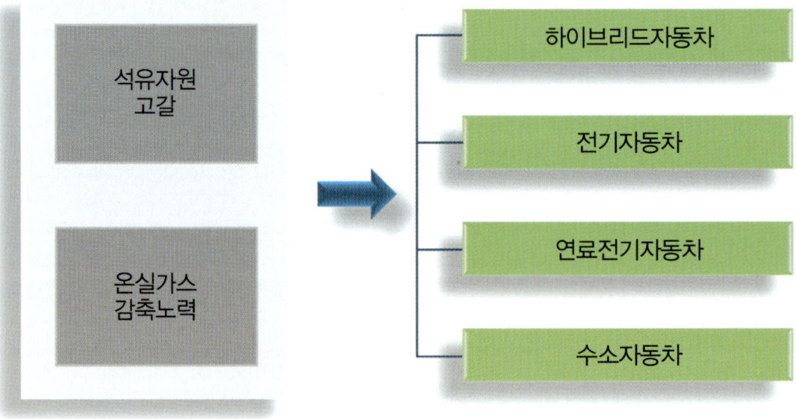

그림 4 | 친환경자동차의 등장

영국의 산업혁명 이후 증기기관이 발명되면서 1805년에 내연기관을 원동기로 하는 자동차가 제작되었으며, 1858년에는 석탄가스를 이용한 내연기관이 제작되었다.

1839년 영국의 로버트 앤더슨에 의해 전기로 구동되는 전기자동차를 제작되었으며, 그 이후 지속적으로 다양한 종류의 전기자동차가 개발되었다. 1859년부터 전기자동차의 전원인 배터리를 2차 배터리를 사용하게 되었다.

1876년에는 독일의 오토가 현재 사용되는 4사이클 엔진의 시초인 4사이클 가솔린엔진을 개발하였다. 그 후 5년 후 1881년 영국의 클러크가 2사이클 엔진을 개발하였다. 1884년 영국의 토마스 파커가 전기자동차 상용화에 성공함으로써 실생활에서 사용 가능한 전기자동차가 처음 등장했다. 1885년 독일의 다임러는 가솔린엔진을 처음으로 자동차에 장착하여 주행하였으며, 1년 후에는 독일의 벤츠가 가솔린엔진을 장착한 3륜 자동차를 제작하였다. 1923년 디젤엔진은 다임러 벤츠에 의해 트럭이나 버스용으로 쓰이기 시작했다.

1899년 프랑스 카뮈 제나치는 전기자동차인 라 자메 콩탕트로 최고 속도 105km/h에 도달했으나 1회 충전으로 연속 주행하는 거리가 짧았다. 1900년 페르디난트 포르쉐는 전기자동차에서 무거운 납산배터리를 덜 싣기 위해 가솔린엔진으로 발전기를 돌려 얻은 전력으로 전동기를 구동하는 '믹스테'(MIXTE)로 프랑스어로 '혼합된'이란 뜻의 세계 최초의 하이브리드자동차인 셈퍼 비부스(Semper Vivus)를 제작하였다.

1910년 전력 네트워크가 확대되고 배터리 성능이 개선되면서 전기자동차는 유럽과 미국에서 전성기를 맞았다. 특히 미국에서는 20세기 들어서 전기자동차가 내연기관차의 인기를 뛰어넘어 1.5배 이상 더 팔려나가며 황금기를 누렸다. 이때까지는 전기자동차와 내연기관자동차는 각각의 특성에 맞춰 함께 잘 성장하여 왔다. 그러나 1908년 내연기관 자동차가 낮은 가격에 출시됐고, 불편한 시동방법을 개선한 전기 시동장치를 개발함으로써 내연기관자동차의 문제점이 해결되어 내연기관자동차의 보급이 급격히 확대되었고, 전기자동차의 보급은 급격히 줄어들게 되었다. 그러나 제2차 세계대전 동안 휘발유 수급의 어려움으로 전기자동차가 대안으로 모색했으나, 전기자동차의 대중화와는 거리가 있었다. 전쟁 이후 내연기관 중심의 자동차가 보급되었다.

1960년 환경에 대한 관심이 높아지며 미국을 중심으로 전기자동차 개발에 대한 필요성이 대두되었으며, 유엔 차원에서 화석연료 사용으로 발생하는 온실가스를 감축하기 위한 노력이 계속되었다. 온실가스 감축 노력은 1896년 스웨덴 화학자 Sante Arrhnius가 처음 온실가스로 인한 지구 온난화를 경고하면서 시작되었으며, 유엔 차원에서 1992년 기후변화협약(UNFCCC) 체결 및 1997년 12월 교토의정서 채택으로 본격화되었다. '지구 온난화 방지를 위한 범지구차원의 노력', '유한한 자원인 석유의 고갈에 대한 우려'에 따라 자동차 제작회사들은 생존 차원에서 환경친화적인 자동차를 연구 개발 및 보급에 최선을 다하고 있다.

1973년 제4차 중동전쟁의 여파로 아랍석유수출국기구(OAPEC)는 이스라엘 지지국에 대한 석유 금수 조처를 결정함으로써 국제 유가가 폭등하며 석유 제품 공급이 대폭 줄어 제1차 석유파동이 일어났다. 고유가 시대를 맞아 1976년 미국 의회는 전기 및 하이브리드자동차 연구, 개발 및 시연법을 통과시켰고, 카터 행정부는 이때 창설된 에너지부(DOE)에 전기 및 하이브리드자동차 연구 개발을 지원할 수 있는 권한을 부여했다. 1990년 미국에서 청정대기법(Clean Air Act) 수정안이 통과되었으며 1992년에는 에너지 정책법이 통과되고 캘리포니아 대기자원위원회(CARB)의 새로운 배기가스 배출 규정 시행 등으로 환경 규제가 까다로워지면서 전기자동차에 대한 관심이 촉발되었다. 이후 자동차생산업체에서 다양한 친환경자동차의 제작이 시작되었으며, 2017년에는 전 세계 한 해 전기자동차 판매량이 100만 대를 돌파했다.

전기자동차는 1873년 내연기관자동차보다 먼저 제작됐으나 석유 고갈과 환경오염 문제를 동시에 해결할 수 있는 방법이나 배터리 용량과 충전시간의 한계 그리고 높은 가격으로 인해 아직까지는 내연기관자동차에 비해 사용이 불편하다는 단점으로 대중화에 한계가 있었다. 이러한 불편한 점을 해결하기 위해 석유에너지를 사용하는 엔진과 전기배터리를 사용하는 전기전동기 등 두 가지 이상의 동력원을 가진 하이브리드자동차가 대안으로 떠올랐다.

하이브리드 자동차는 고속 주행 시 운동에너지가 배터리에 저장됐다가 신호 대기 등으로 정차할 경우 엔진 대신 전기를 사용하거나 가속 시 전기배터리가 보조 동력 공급원으로 사용돼 연료 사용을 감소시켜 연비가 우수하다는 장점이 있다. 하지만 석유를 완전히 대체하지 못한다는 단점이 있다.

현재는 배터리, 구동전동기 등 친환경차 핵심 기술이 개발되면서 다양한 전기자동차가 출시되고 있다. 배터리에 축적된 전기로 전동기를 회전시켜 자동차를 구동하는 전기자동차, 수소와 산소가 가지고 있는 화학에너지를 전기에너지로 변환시켜 전기전동기를 구동하는 연료전지자동차가 있다.

이 밖에도 석유를 대체하는 또 다른 에너지원으로 태양에너지도 개발되고 있다. 태양에너지는 크게 빛에너지와 열에너지로 구분되는데, 이 중 빛에너지를 이용해 전기를 만드는 태양배터리로 움직이는 자동차도 있으나, 태양배터리자동차는 아직까지 에너지 효율이 좋지 않아 상용화하지 못하고 있다.

1 석유자원의 고갈

석유에서 '피크오일(Peak Oil)'이라는 에너지 용어를 많이 사용한다. '피크(Peak)'는 꼭대기, 정상을 뜻하니 '정점에 있는 석유'를 뜻한다. 다시 말해 '인류가 유한 자원인 석유에너지를 채굴해 소비하는 과정에서 최대 매장량의 정점을 지나쳐 줄어드는 시점'을 말한다.

오랜 세월 동인 에너지 전문기들은 '피크오일'의 도래를 점쳐왔고 그때마다 석유의 가채 매장 연수는 40년쯤으로 전망했다. 앞으로 인류가 사용할 수 있는 석유는 약 40년 정도면 바닥을 보일 것이라는 분석이었다.

세계 최초 유정은 1859년 미국 펜실베이니아 북서부에 있는 드레이크 유정이었지만, 정제 과정을 거쳐 본격적으로 석유를 사용한 것은 19세기 말로 알려져 있다. 100년이 훌쩍 넘는 오랜 세월 동안 인류는 석유를 채굴하여 사용해 왔으니 매장량은 정점을 찍고 그 끝을 보여줄 만한데, 석유 매장량은 여전히 증가 중이라는 통계다.

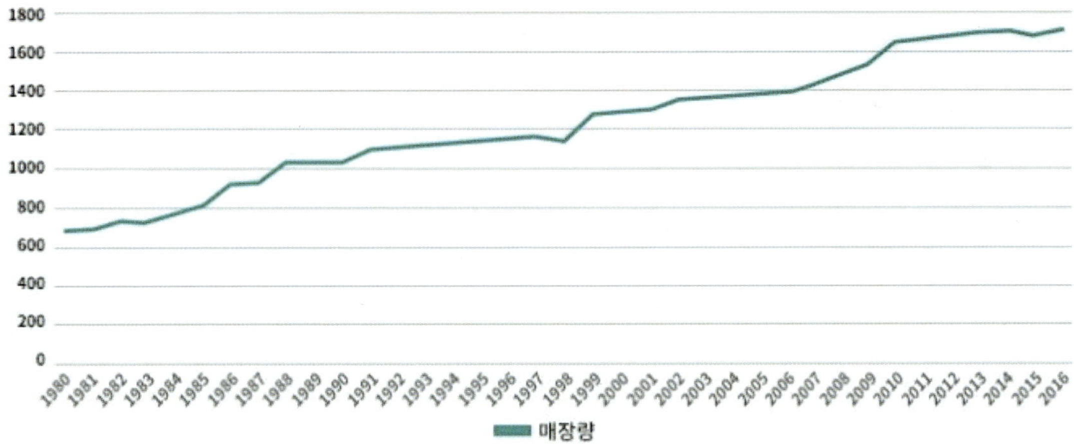

그림 5 | 석유 매장량 현황(자료: BP에너지 통계 2017, 단위 십억 배럴)

글로벌 에너지 기업인 BP에서 발표한 'BP 에너지 통계 2017'에 따르면 2016년 말 기준으로 전 세계에는 1조 7,067억 배럴의 석유 확정 매장량이 확인됐다. 그 전해인 2015년 말 확정 매장량인 1조 6,915억 배럴과 비교하면 1년 사이에 0.89% 늘었다고 발표하였다. 이는 최근 30년간 석유 확인 매장량은 연평균 2.5%의 성장률을 보이고 있는 것이다. 전 세계적으로 소비된 석유는 하루 9,655만 배럴에 달한다. 1년으로 환산하면 352억 배럴의 석유가 채굴돼 사용됐다. 지난해 우리나라도 하루 276만 3,000배럴씩 총 10억 배럴 정도의 석유를 소비했다.

석유 매장량 증가의 주요 배경은 본격적으로 경제 재건에 나선 이라크 유전개발이 확대되면서 1,024억 배럴에서 한 해 사이 7.4%가 늘어난 1,530억으로 늘어난 영향이 컸다. 러시아 석유 매장량도 1,024억 배럴에서 1,095억 배럴로 6.9% 늘어났다.

유전은 거대한 지하공에 매장된 석유를 파이프 라인을 꽂아 뽑아 쓰는 방식으로 채굴기술이 간단하고 생산비용도 낮다. 반면 셰일오일은 땅속 퇴적암 사이에 석유가 흩어져 있어 채굴이 어렵고 생산비용도 많이 들어 방치되어 왔다. 하지만 셰일오일층에 시추관을 뚫고 화학약품이 섞인 물을 고압으로 분사시켜 암석을 분쇄하고 물과 기름을 분리해 원유를 채취하는 수압파쇄법이 개발되면서 생산비용도 낮아졌다. 셰일오일은 미국을 중심으로 빠르게 개발이 확대되고 있다.

채굴기술이 진화되면서 방치됐던 석유 개발이 가능해진 영향도 피크오일 수명을 늘리는 중요한 원인이 되고 있다. 실제로 미국 등 북미를 중심으로 이른바 셰일오일(Shale Oil) 같은 비전통 자원의 채굴기술이 개발되면서 석유 확인 매장량이 많이 늘어나고 있다. 그 결과 셰일오일 개발을 주도하는 미국은 2006년 기준 294억 배럴에 불과하던 석유 확인 매장량이 불과 10년이 지난 2016년에 480억 배럴로 63%가 증가했다. 이와 관련해 '피크오일'이 도래하는 시점은 방치된 비전통 석유를 채굴할 수 있는 소위 '피크기술(Peak Technology)'의 진화가 한계에 도달했을 때라는 지적이 제기될 정도다.

피크오일은 석유 소비의 급증에 비해 새로운 유전발견이 부진하거나, 정유시설의 미흡한 투자, 전쟁 등으로 석유 생산이 한계에 부딪혔을 때 나타난다. 즉, 석유의 부족보다는 공급량이 정해져 있기 때문에 발생한다고 보고 있다.

국제에너지기구는 중국, 인도의 경제성장으로 에너지 수요가 증가하는 반면, 석유공급량은 한정되어 있어 심각한 석유 수급 불균형을 예측하였으며, 이는 수요량 대비 석유공급량이 2010년 85%에서 2020년 66% 수준으로 낮아질 것으로 전망하였다. 석유자원의 부족 여부, 피크오일의 시기 예측이 중요하다기보다는 더 이상 석유가격이 싸지 않은 시점이 도래했다는 것이며, 이로 인해 대체연료와 연료저감이 중요해진 이유라는 점을

간과해서는 안 될 것이다.

2 환경 규제

자동차 관련 환경 규제는 미국, EU, 일본 등 선진국을 중심으로 규제가 강화되고 있으며, 한국, 중국 등 주요 자동차 생산국들도 기술변화에 뒤처지지 않기 위해 규제강화에 동참하고 있다. 자동차 시장이 발달된 나라에서는 자동차 배출가스 규제 관련 법규들이 있다. 배출가스 규제가 환경을 보호한다는 명목 하에 기술적 장벽으로 작용하여 자국의 자동차산업을 보호하는 수단이 될 수도 있다.

기존에는 탄화수소(HC), 일산화탄소(CO), 질소산화물(NOx) 등 인체에 해로운 3가지 배출가스에 대하여 규제해 왔었지만, 최근에는 온실가스에 관심이 높아지면서 유럽을 시작으로 이산화탄소(CO_2) 배출량 또한 규제되고 있다. 실제 우리나라에서도 자동차에 붙는 에너지소비효율 등급 스티커에 이산화탄소(CO_2) 배출량도 표시하고 있다.

연료가 완전 연소가 된다고 해도 배출되는 가스에는 이산화탄소(CO_2)와 물(H_2O)이 포함되어 있다. 그러므로 이산화탄소(CO_2)를 규제한다는 것은 최소한의 연료를 태우는 방법밖에 없으며, 이것은 결국 연비와 직결되는 문제이다. 이산화탄소(CO_2)를 규제한다는 것은 연비, 즉 엔진의 총체적인 기술에 대한 기술적 장벽이 되는 것이다.

01 배출가스 규제 강화

배출가스 규제는 자동차가 배출하는 유해한 가스를 법적으로 규제하는 것이다. 자동차 배기관에서 나오는 가스, 연기 그리고 연료 증발가스에 대한 세계 최초의 배출가스 규제는 1963년 미국 캘리포니아의 광화학 스모그 문제로 인해 규제를 시작해 1970년에 머스키법이 성립되며 본격적으로 진행되었다.

현재 국제적으로 배출가스 규제법인 미국의 캘리포니아 주의 CARB(California Air Resources Board)법이 가장 많이 채택되고 있다. 다음으로는 유럽연합의 자동차 배출가스 규제 기준으로 2024년까지는 EURO-6이 적용되었고, 2025년부터는 EURO-7이 적용된다.

우리나라에서는 1987년에 자동차 배출가스 규제가 시작되어 매년 규제치가 강화되어 현재는 EURO-6을 적용하고 있다. 중소형 경유자동차 실내시험 방식이 기존 유럽연비측정 방식에서 국제표준배출가스시험 방식으로 강화되어 실시될 예정이다.

미국과 유럽연합(EU) 등은 대기오염 방지를 위해 2035년 이후 내연기관자동차의 판매금지를 추진하면서 그 이전까지의 마지막 배출가스 기준을 발표했다.

미국 캘리포니아 주는 CARB ACCII(Advanced Clean Cars II) 규정을 통해 2026년 이후 신규 차량에 대한 더욱 강화된 자동차 배출가스 기준(LEV 4) 표준 도입을 추진하고 있으며, 이를 통해 2026년부터 2040년까지 캘리포니아에서 약 6만 9,900톤의 질소산화물(NOx)과 4,500톤의 입자상 물질(PM2.5)이 감소될 것으로 전망된다.

표 2 | 현행 LEV3와 LEV4 비교

구분	LEV3(현행)	LEV4(2026년 이후)
평균배출량 산정	무공해차(ZEV)의 판매대수를 100% 반영	ZEV를 제외하고 내연기관 차량만 평균하여 규제치 달성 요구
배출가스 측정모드 규제 방식	배출가스 측정모드(US06, SC03)별 개별 기준 또는 합산 기준 중 자동차 제작사가 선택하여 준수	LEV 4부터는 합산모드를 폐지, 개별 모드 규제별 규제로 변경
S06모드 PM 기준	현행 PM 배출기준은 마일당 6mg (4mg/km)	마일당 3mg(2mg/km)
주행증발손실 (Running Loss) 기준	현행 마일당 0.05g(31.06mg/km)	마일당 0.01g(6.21mg/km)으로 강화
CVS-75 (FTP-75)모드 시험항목	현행(LEV 3) 인증용 시험(12~36시간 Soaking) 최조 공회전 시간 20초 규정	다양한 Soaking 시간별 시험 추가 (10~180분 이상 Soaking) 최조 공회전시간 8초 시험 추가

유럽연합(EU)은 2025 가스 기준(Euro 7)을 제안했으며, 이를 통해 기존 배출가스 규제에 비해 경량 차량(자동차와 밴)의 질소산화물(NOx) 배출량을 35% 감소, 대형차량(버스와 트럭)은 56%까지 낮출 것으로 기대된다.

표 3 | EURO 6와 EURO 7 비교

구분	EURO 6(현행)	EURO 7(2025년 이후)
규제 대상	승용차, 소형 상용차(밴)와 대형차(트럭, 버스)에 대해 분리규제	자동차와 승합차 및 트럭과 버스에 대해 현행의 분리된 배출 제한을 단일화
질소산화물 기준	최대배출기준 80mg/km(승용)	최대배출기준 60mg/km(승용)
PM(입자개수) 측정범위 확대	(소형, 대형차) 현황 23nm	(소형, 대형차) 10nm 이상으로 확대
배출가스 요건준수기간(결함확인 검사기간)	10만km 또는 5년까지 배출가스 요건을 만족	최대 200,000km 또는 10년까지 충족되어야 함.
대형차배출가스 보증기간 확대	(대형, 초대형 승용 및 대형 화물차) 현행 30만km (대형, 초대형 화물차) 현행 70만km	(대형, 초대형 승용 및 대형 화물차) 37.5만km (대형, 초대형 화물차) 87.5만km
브레이크 입자 배출 제한	규제하지 않음	2025년부터 2034년 말까지 브레이크 입자(PM10) 배출 7mg/km으로 제한하고, 2035년부터 3mg/km로 강화
타이어 미세 플라스틱 방출량 제한	규제하지 않음	타이어 마모로 인해 생성되는 미세 플라스틱 저감을 위해 타이어 미세 플라스틱 방출량 제한

EU 도로의 차량이 수명기간 동안 배출 저감을 위해 차량 운행 중의 배출가스 관련 데이터를 센서에 따라 측정, 관리하는 OBM(On-Board Monitoring)을 적용하기로 했으며, 무공해차(ZEV)에도 적용되는 규정(브레이크 마모 및 미세 플라스틱을 방출하는 타이어, 배터리 내구성)을 포함해 주목된다.

배기가스 규제가 점점 강화되면서 최소 10년 후부터 주요 선진국을 시작으로 내연기관 자동차를 판매하지 못하도록 하는 법안을 통과시키려는 움직임이 있다.

승용차를 시작으로 화물자동차에 이르기까지 전기자동차와 수소전기자동차인 친환경 자동차로의 대체가 추진되고 있다.

전기자동차와 수소전기자동차는 배기가스가 없고 수소전기자동차의 경우 물과 약간의 수소가 배출되어 친환경차로 구분되지만, 일각에서는 친환경차의 전기에너지와 수소를 생산하는 과정을 고려하면 진정한 친환경차로 보기 어렵다는 시각도 있다. 그래서 전기자동차에도 이산화탄소 배출량이 명시되어 있다.

4 친환경자동차 분류

전기자동차는 전기를 동력원으로 움직이는 차량을 말한다. 전기전동기나 내연기관을 동시에 사용하는 엔진이 둘 이상인 하이브리드자동차(Hybrid EV : HEV), 동력원으로는 배터리에 저장한 전기만을 사용하고 필요에 따라 충전을 시켜줄 수 있는 조그만 내연기관을 가진 플러그인 하이브리드(Plug-in Hybrid EV : PHEV) 그리고 배터리(Battery)로만 가는 전기자동차(Battery Electric Vehicle : BEV), 연료배터리 자동차(Fuel Cell Electric Vehicle : FCEV) 등 크게 4종류로 나눌 수 있다. 이하에서의 전기자동차는 HEV, PHEV, BEV, FCEV를 통칭한다.

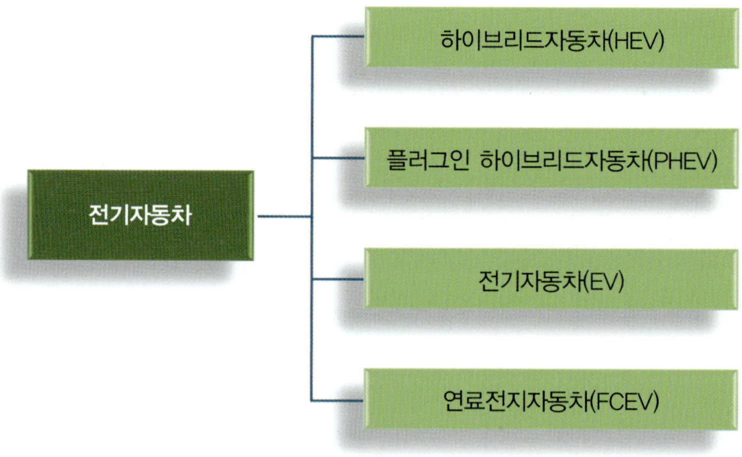

그림 6 | 전기자동차의 종류

전기자동차(EV)의 구분은 자동차 동력원으로서 전기화의 정도로 구분해 볼 수 있다. 즉, 전기에너지 사용률에 의해 다음과 같이 구분한다.

① 기존의 엔진과 변속기를 동력원으로 사용하는 내연기관(Internal Combustion Engine)

② 정지 시 엔진이 정지되어 연료를 저감하는 Micro(Mild) HEV

③ 기존 엔진에 전동기로 보조하는 Soft(Power Assist) HEV

④ 전기전동기가 출발과 가속 시에만 역할을 하는 게 아니라 주행에 주된 역할을 하는 Hard(Full) HEV

⑤ 기본적으로 전기전동기로 움직이지만 배터리 범위를 넘어서는 거리는 엔진을 이용해 발전기를 돌리는 방식인 Plug-in HEV

⑥ 순수 배터리로만 운행하는 EV 또는 수소연료배터리를 이용하는 FCEV 등의 순서로 구분이 가능하다.

표 4 | 동력원의 전기화 정도에 따른 구분

구분		특징	비고
내연기관		기존의 엔진과 변속기를 동력원으로 사용	엔진
HEV	Micro(Mild) HEV	공회전 시 엔진이 정지 전동기는 보조(재시동) 역할만 하는 시스템	엔진+전동기
	Soft(Power assist) HEV	기존 엔진에 전동기로 보조 전기주행모드가 없다 재시동이나 가속순간에만 전동기가 엔진 보조	엔진(주)+전동기(보조)
	Hard(Full) HEV	전기전동기가 출발과 가속 시에만 역할을 하는 게 아니라 주행에 주된 역할 저속 시 전기주행모드가 있다. 하이브리드의 주류	엔진(보조)+전동기(주)
Plug in HEV		기본적으로 전기전동기로 움직이지만 배터리 범위를 넘어서는 거리는 엔진을 이용해 발전기를 작동시키는 방식	엔진(배터리 충전) + 전동기(주)
EV		순수 전기로만 움직이는 자동차	전동기(배터리)
FCEV		연료전지를 통해 얻어지는 전기로만 움직이는 자동차	연료전지+전동기

하이브리드자동차는 엔진과 전동기와 같이 두 개 이상의 동력원을 가진 자동차로 정의될 수 있고, 전기자동차는 순수 배터리를 사용하는 자동차로 정의될 수 있다.

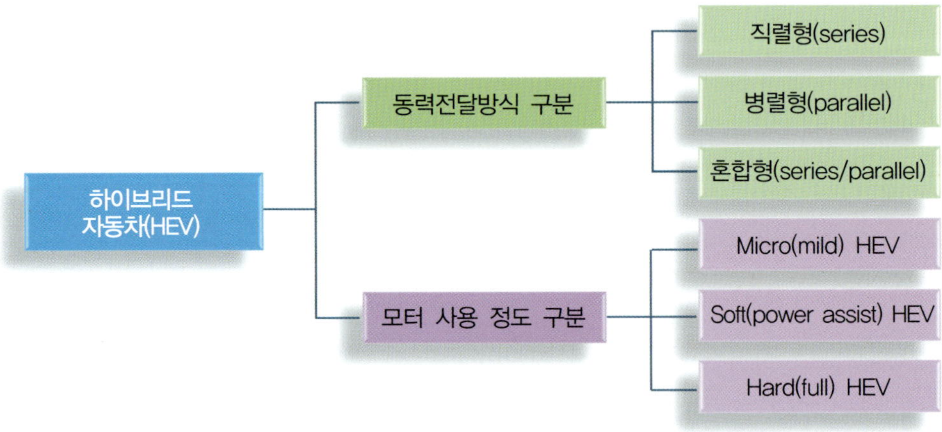

그림 7 | 하이브리드자동차 분류

특히 전기자동차는 배기가스가 전혀 배출되지 않으며 내연기관에 비해 부품수가 현저히 감소하고, 낮은 속도에서도 더 높은 토크를 낼 수 있다. 궁극적으로는 하이브리드자동차가 전기자동차의 과도기적 성격을 지니고 있다는 점에서 전기자동차를 하이브리드자동차를 포함한 넓은 의미로 쓰기도 한다.

하이브리드자동차의 경우 두 가지 이상의 동력원을 사용하기 때문에 전기자동차에 비해 여러 가지로 분류가 되는데, 동력전달 방식에 따라 직렬형(Series), 병렬형(Parallel), 혼합형(Series/Parallel)이 있으며, 전동기 사용 정도에 따라 Micro(Mild) HEV, Soft (Power Assist) HEV, Hard(Full) HEV로 분류된다.

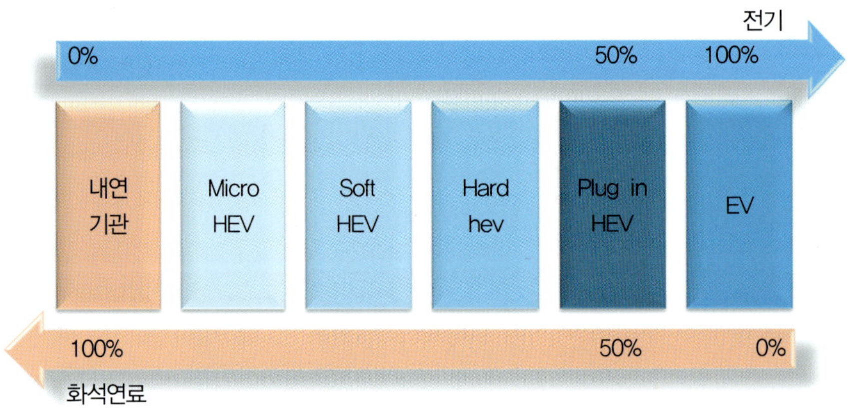

그림 8 | 사용 에너지원에 따른 자동차 분류

5 친환경자동차 시장의 전망

친환경 전기자동차의 확산이 거스를 수 없는 대세로 자리 잡고 있다. 세계 각국 정부의 자동차연비 및 배기가스 규제가 갈수록 강화되면서 전기자동차의 입지는 갈수록 확고해질 진망이다. 당분간 하이브리드형의 전기자동차가 주류를 이루겠지만, 향후 10년 후면 전기로만 가는 자동차의 비중이 이에 못지않게 높아질 것이다. 이러한 전기자동차의 확산과 진화는 자동차산업은 물론 관련 산업에 적잖은 변화의 물결을 예고하고 있다. 전기자동차의 핵심부품 중의 하나인 배터리의 기술발전과 충전 인프라의 영향을 받아 재편될 것이다. 전력산업의 경우 충전인프라는 전력 판매의 새로운 수익원이 될 것이며, 이를 지능적으로 관리·운영하는 것과 관련된 산업들이 성장할 것이다.

전기자동차 확산으로 인해 명암이 나뉘는 분야도 있을 것이고, 사업모델이 새로운 형태로 진화할 수 있는 영역도 있을 것이다. 기업들로서는 이러한 변화의 흐름을 잘 간파하고 기술개발이나 인프라 구축, 사업모델 개발 등 다각적인 측면에서 미리 대응하는 노력이 필요하다.

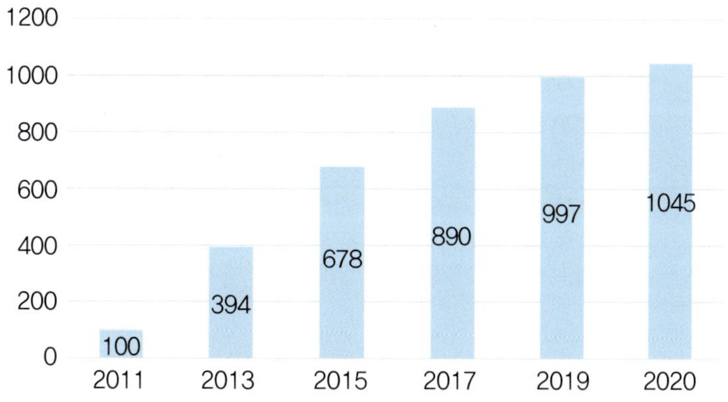

그림 9 | 전기자동차의 판매량(단위: 만대)

선진 각국 정부들이 내놓은 2020년 온실가스 배출기준은 현재의 내연기관자동차의 효율 증대로는 도저히 달성할 수 없는 목표로 평가되고 있다. 배기가스가 전혀 없는 자동차를 라인업에 추가시켜 생산, 판매해야만 도달할 수 있는 목표이다.

결국 공급 측면에서 전기자동차의 확산은 앞으로 자동차산업의 대세이다. 정부 정책 환경이 자동차 기업들로 하여금 전기자동차 개발과 출시에 압력을 넣고 있으며, 자동차 기업들도 이를 따를 수밖에 없는 입장이다. 미국에서는 2016년까지 적용될 연비기준과 배기가스 배출량 정책을 확정·발표하였다.

여기서 미국 정부는 캘리포니아 주정부, 환경보호단체, 자동차기업 등 연비 및 온실가스 규제와 관련한 이해관계자들의 합의를 통해 결정된 사항이라는 것을 강조하였다. 향후 일관된 정책 추진을 예상할 수 있다.

자동차 배기가스 규제가 강화되면서 자동차 기업들이 선택할 수 있는 대안은 기존 내연기관의 효율을 대폭 향상시키던가, 클린 디젤이나 전기자동차의 생산 비중을 높여야 한다. 내연기관자동차의 이산화탄소 배출을 현재보다 30~40%만큼 줄이기 위해서는 소형 경량화, 파워트레인 개선, 혁신적 직접 연료분사 기술 등과 함께 하이브리드기술이 필요하다.

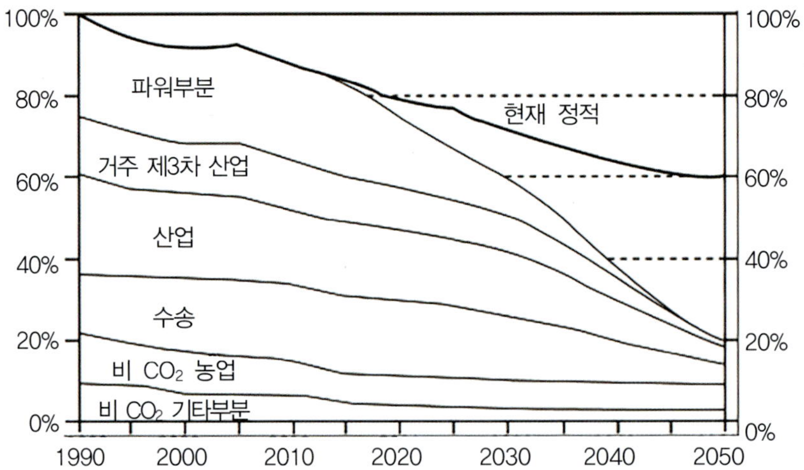

그림 10 | EU 2050년까지 온실가스 배출 80% 감축 계획

전기자동차용 전동기와 내연기관 엔진은 저속에서는 전동기가 내연기관보다 출력이 훨씬 좋다. 하지만 고속에서는 상황이 역전된다. 현 내연기관 연비의 대부분은 저속주행 시 잃어버린다. 그렇기 때문에 전기전동기와 내연기관 엔진을 조합할 경우 출력과 연료효율을 동시에 높일 수 있게 된다.

전기자동차의 생산 및 보급이 본격화되면 세계 자동차산업은 재편될 전망이다. 특히 최대 자동차 수요시장인 중국이 전기자동차 개발에 박차를 가하면서 그동안 전기자동차에 소극적이던 주요 완성차 업체들이 경쟁적으로 전기자동차 개발에 나서고 있는 등 친환경차와 관련된 새로운 판도가 빠르게 진행되고 있다. 또한 각국 정부는 미래 자동차 산업의 경쟁 구도를 좌우할 전기자동차 부문에서 관련 정책들을 적극적으로 추진하고 있다. 새로운 전기자동차 시대의 도래는 기술 간, 산업 간, 경쟁국 간 급속한 재편에 대처하기 위해서는 새로운 전략과 인프라가 요구된다.

우리나라 자동차산업도 세계 전기자동차 시장에 대응하여 시장을 선점하기 위해서는 업체들의 개발 의지와 더불어 정부가 전기자동차 관련 표준이나 정책을 만들고, 전기자동차 보급 확산을 위한 보조금 마련과 인프라 구축 등을 추진하고 있다.

전기자동차 시대에 기술, 산업, 경쟁국과의 경쟁에 대처하기 위해서는 중앙정부, 지자체, 기업 간의 협력시스템을 구축하고, 자동차산업의 기술 패러다임의 변화에 부응해 연관 산업, 대중소 기업, 대학 및 연구소가 능동적으로 참여할 수 있는 개방형 생태계를 조성하여 동반 성장을 유도해야 한다.

우리나라 자동차산업도 빠르게 진전되고 있는 전기자동차 시장에 대응하여 시장을 선점하기 위해서는 업체들의 개발 의지와 더불어 정부가 전기자동차 관련 표준이나 정책을 만들고, 전기자동차 보급 확산을 위한 보조금 마련과 인프라 구축 등 많은 노력이 필요하다.

3

자동차 네트워크 통신

1 CAN 통신의 개요

1 CAN의 장점 및 특징

자동차 기술적 요구에 부응하는 시리얼 통신시스템의 필요성에 따라 개발된 CAN(Controller Area Network)은 1986년 SAE에서 보쉬사가 제안하였고, 1992년 벤츠 자동차에 최초로 적용되어 출시되면서부터 현재는 사실상 표준에 해당할 정도로 대부분의 자동차 제조사에서 채택하고 있을 뿐만 아니라 산업용으로도 많이 사용하고 있다.

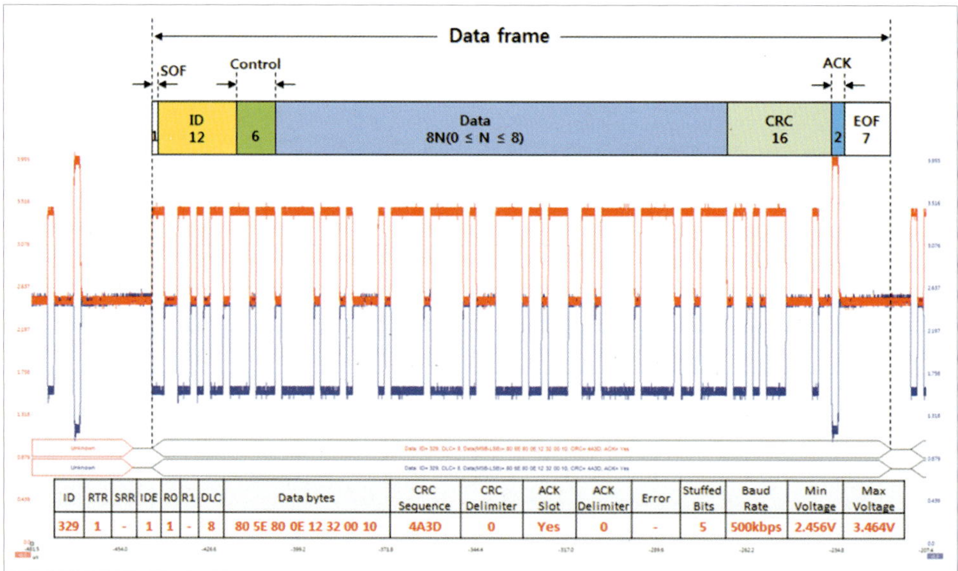

그림 1 | CAN 2.0A의 데이터 프레임

CAN은 신호의 전송을 위한 기존 시스템에 비해 전선의 양을 획기적으로 줄일 수 있어 저비용이며, Plug & Play를 제공한다. 컨트롤러들은 언제든 CAN 버스에 데이터를 전송할 수 있는 Master 역할을 하여 Multi Master 통신시스템에 해당하며, 인터넷과 같이 데이터를 특정한 그룹의 수신자들에게 동시에 전송하는 Multicast 방식을 사용한다.

Twist Pair를 사용하여 전기적 Differential 통신을 하기 때문에 전기적인 노이즈에 매우 강한 특징을 가지며, 통신 속도가 빨라(고속 CAN인 경우 1Mbps) 실시간 메시지 통신이 가능하다. 또한 하드웨어적인 오류 보정이 있으며 하드웨어적인 수신 필터에 따라 정해진 ID, 특정 그룹 또는 전체 노드가 수신을 할 수 있다. ID는 송·수신처의 의미도 있지만 그 뒤에 오는 기능 또는 데이터의 의미라 할 수 있으며, ID의 숫자가 낮을수록 우선(예 : ID 329보다 316이 우선, 열성이 "1"이고 우성이 "0"인 이유) 송신된다.

전송되었으나 결함이 있는 메시지는 자동적으로 재전송하며, 결함이 추정되는 노드들은 일정 기간 네트워크를 자동 이탈 후 문제가 없는 경우 복귀할 수 있다.

2 CAN 데이터 전송의 개요

CAN의 Protocol은 그림 2와 같이 어떤 회의 진행과정을 보면 이해하기 쉽다. 각각의 분야를 담당하고 있는 6명의 사람이 모여 협업을 위한 회의를 진행하고자 한다. 다만 회의 참석자들은 누가 참석하는지 모르고 있으며 회의 진행 시 상대방을 볼 수 없도록 안대로 눈을 가리고 있다. 눈이 보이지 않는 관계로 오로지 말하고 듣는 것만으로 회의를 진행해야만 한다. 여기서 말하는 입은 송신부에 해당하고 듣고 있는 귀는 수신부, 공기를 매질로 음파로서 상대방에게 정보를 전달하기 때문에 공기는 전송선로에 해당한다고 할 수 있다. 구강으로서 적당한 정보를 송신하고자 하는 경우 뇌에서는 자신이 한 말에 대하여 귀를 통해 정확하게 출력되었는지 피드백할 수 있어 질문이나 말하는 순서 등에서 오류가 있는 경우 스스로 잘못됨을 판단할 수 있다.

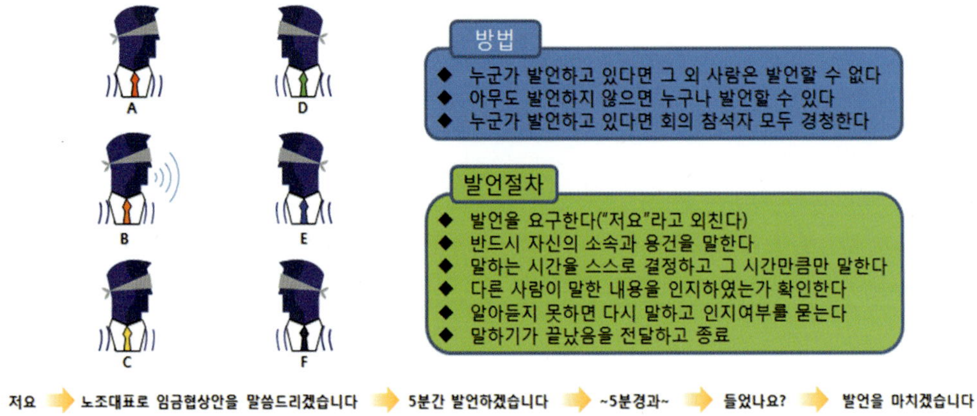

그림 2 | 회의 방법과 절차

한편 듣고 있는 측에서는 상대편의 말을 경청하고 있기 때문에 듣는 순간 상대편 말의 순서나 논리 등 잘못된 부분을 판단할 수 있으며, 잘못됨이 발견된 즉시 잘못되었다고 말할 수 있다. 간단한 내용이지만 CAN 프로토콜의 이해에 큰 도움을 주는 내용이다. 지금까지의 얘기는 네트워크에 참여하는 각 노드(Node)가 기본적으로 갖추고 있는 기능에 해당한다.

회의 방법은 누군가 발언할 경우 회의 참석자 전원은 모두 경청해야 하는 브로드캐스트(Broadcast) 방식이며, K-line이나 LIN(Local Interconnect Network)의 경우는 마스터가 하나이지만 CAN에서는 아무도 발언하지 않는 경우 누구나 발언할 수 있는 기회가 주어지는 멀티 마스터(Multi-Master) 방식이다. 멀티 캐스트 네트워크는 모든 노드가 동일한 메시지를 수신하고 그 메시지에 대해 각각의 노드가 조치를 취하는 방식으로, 노드 자신이 처리해야 할 정보만을 필터링하여 조치하는 기능을 가진다.

한편 회의에서는 대부분 누군가의 발언 내용을 계기로 발언하는 경우가 많다. CAN에서도 마찬가지며 누군가의 요청에 응답하는 이벤트 트리거(Event Trigger) 방식의 송·수신 방식도 있다.

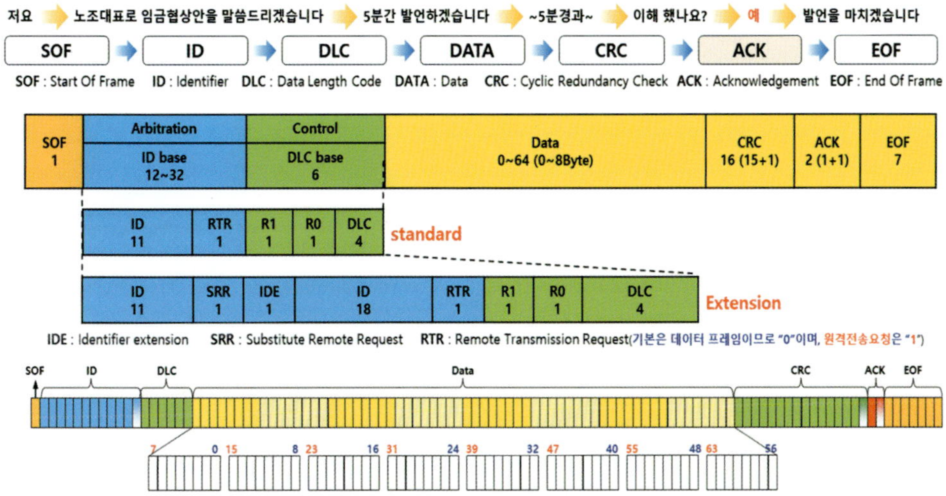

그림 3 | Frame의 구조

휴식 상태에서 누군가 발언을 하고자 하는 경우 그림 3과 같이 우선 '저요 또는 제가 말하겠습니다'라고 외친 후 용건의 내용에 따라 발언권의 기회를 획득할 수 있기 때문에 자신의 소속과 용건을 말한다. 회의 참석자들 사이에 발언권 경쟁이 없는 것을 확인 후 발언 시간을 스스로 결정하고 참석자들에게 알린다. 스스로 정한 발언 시간만큼 발언 후 발언 내용을 정확하게 인식하였는지에 대한 회신을 기다린다. 만약 인식에 대한 회신이 없는 경우 다시 말한다. 모두 알아들었다고 말하면 발언을 마친다고 말하고 발언을 종료한다. 이때 발언은 표준어를 사용해야 하며 말하는 속도 또한 일정해야만 한다.

마찬가지로 CAN에서도 일정한 규칙을 가지고 있으며 발언 절차에서와 같이 '저요 또는 제가 말하겠습니다'라고 외치듯 어떤 노드가 송신을 개시하고자 하는 경우 CAN에서는 휴식 상태에서 하나의 우성(Dominant : '0') 신호인 SOF(Start Of Frame)를 송신함으로써 메시지 전송을 개시한다. 전송이 시작되면 소속과 말하고자 하는 용건에 해당하는 ID와 발언 시간에 해당하는 DLC(Data Length Code)를 차례로 전송한 후 실제 Data를 전송한다. 한편 전송된 데이터가 정상적인 신호인지 여부를 판단하고, 수신 노드가 메시지를 정상적으로 인식하였는지를 판단할 수 있는 CRC(Cyclic Redundancy Check : 순환 반복 검사) 코드를 추가로 전송함으로써 정상적인 송수신이 이루어졌는지를 묻는다.

수신 노드는 수신된 데이터를 CRC 코드로 검증하게 되며, 정상적인 신호이고 정확하게 인식하였다면 ACK(Acknowledgement : 인식) 신호를 프레임에 추가한다. ACK를 수신한 송신 노드는 데이터 전송이 정상적으로 이루어진 것으로 판단하고 데이터 전송을 마친다는 의미의 EOF(End Of Frame)를 보냄으로써 하나의 데이터 프레임 전송을 마친다.

3 CAN 메시지 구조

고속 CAN 표준 프레임은 SOF, ID Field, Control Field, Data Field, CRC Field, ACK field, EOF의 순으로 구성되어 있으며, 11bit의 ID를 사용하는 표준 사양과 29bit를 사용하는 확장형이 있다.

SOF는 프레임의 시작을 알리기 위한 것으로 항상 1bit의 Dominant 신호이다. ID는 11bit 또는 29bit로 구성되며, 상호 호환성을 위해 29bit ID는 앞쪽 11bit와 뒤쪽 18bit 길이로 구성되며, 앞쪽 11bit와 뒤쪽 18bit 사이에 ID 확장자인 IDE(Identifier Extension)로서 두 개의 ID 필드를 구분한다.

ID 필드 직후 다른 노드로부터 회신을 요청하는 원격 전송 요구 RTR(Remote Transmission Request)bit가 전송된다. 일반 데이터 프레임의 경우 우성(Dominant : '0') 원격 전송 요청의 경우 열성(Recessive : '1')으로 송신하며, 원격 전성 요구의 경우 메시지를 요청한 것이므로 데이터 필드를 포함하지 않는다.

Control Field는 6bit로 구성되며 향후에 사용하기 위해 예약된 두 개의 '0'값을 가지는 R_0, R_1과 데이터 필드의 바이트 수를 가리키는 4bit의 데이터 길이 코드 (DLC : Data Length Code)로 구성된다.

Data Field는 다른 노드에 전송하고자 하는 데이터를 포함하고 있으며, 표준에서는 0~8byte를 전송하고, 1byte는 8bit이므로 0~64bit까지 나타날 수 있다.

CRC(Cyclic Redundancy Check, 순환 반복 체크) field는 ID~Data Field까지 무결성임을 검증하기 위한 15bit의 암호 코드를 가지며, 코드 이후 CRC 필드의 끝을 알리는 열성(Recessive : '1')의 Delimiter(데이터의 시작과 끝을 나타내는 매개변수 구분자)가 추가된다.

ACK Field는 반드시 데이터를 수신한 노드가 회신하여야 하며, 2bit로 구성되며, 첫 번째 bit는 성공적으로 수신한 경우 우성(Dominant : '0'), 수신하지 못한 경우 열성(Recessive : '1')으로 회신하고, 두 번째 bit는 필드의 끝을 알리는 열성(Recessive : '1')의 Delimiter가 추가된다.

EOF는 프레임의 끝을 선언한 것으로 7bit로 구성되며 모두 열성(Recessive : '1')의 값을 가진다. EOF 이후 3bit의 열성(Recessive : '1') 신호인 프레임 중단 필드(Intermission Field)가 지나면 모든 노드는 CAN bus가 자유상태로 인식하고 누구든 데이터를 송신할 수 있게 된다.

4 고속 CAN의 표준

1Mbps까지인 고속 CAN은 ISO 11898에 규정되어 있는 Twisted Pair Wire를 사용하고 있으며, 회로의 임피던스는 120Ω(Min. 85Ω, Max. 130Ω)으로 종단저항 역시 동일한 저항을 사용하고 있어 병렬로 연결된 라인의 종단저항 점검 시 약 42.5~65Ω의 범위가 정상 범위이다.

라인에 사용하는 전선의 저항은 70mΩ/m로 1m당 약 40회의 꼬임선으로 구성되어 있으며, 고전압과 30cm 이상 이격 상태이어야 하고, 명목 신호 전파시간은 5ns/m이다.

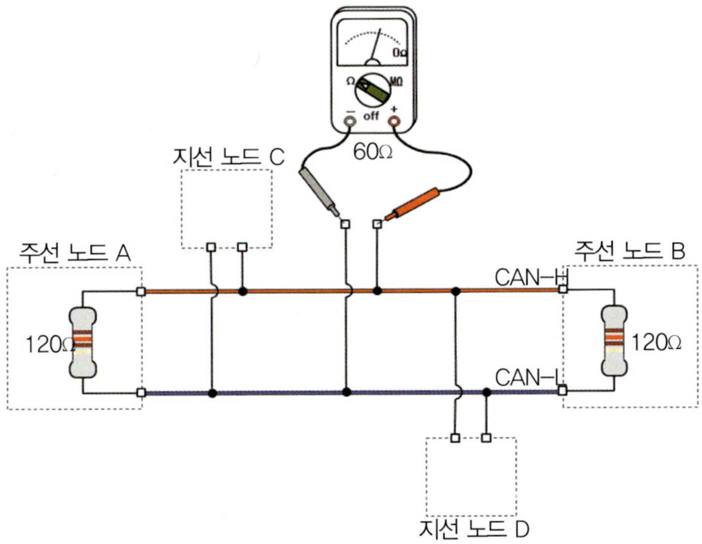

그림 4 | CAN의 Termination

CAN 버스 라인의 전압은 유휴 상태일 때 공통적으로 2.5V이지만, 신호가 송신될 때 CAN-H는 3.5V로 상승하고, CAN-L는 1.5V로 낮아진다.

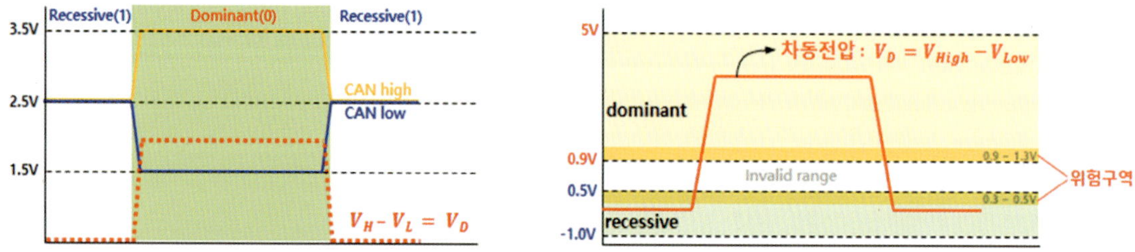

(a) 버스 전압 (b) 차동 전압

그림 5 | 버스전압과 차동 전압

각 컨트롤러와 노드는 한 쌍의 전압을 입력받아 CAN-H측의 전압과 CAN-L측 전압의 차이값인 차동 전압을 인식하게 되어 있다. 즉, 두 개의 입력단을 가진 차동증폭기에 의해 두 라인의 차동 전압을 컨트롤러 내부로 전송한다. 유휴 상태일 때 버스 라인의 전압은 공통적으로 2.5V이기 때문에 차동 전압은 0V가 되고, 송신할 때 CAN-H는 3.5V로 상승하고, CAN-L는 1.5V로 낮아진 관계로 차동 전압은 2V가 된다.

차동 전압에서 '1'과 '0'의 구분을 위한 Threshold 전압은 그림 5와 같고, 차동 전압 기준 0.9~5V는 Dominant(우성), 로직으로는 '0'에 해당한다. 한편 차동 전압 기준 -1~0.5V는 Recessive(열성), 로직으로는 '1'의 값에 해당한다.

Dominant와 Recessive일 때 각각의 버스 전압 최대·최소값 한계는 표 1과 같다.

표 1 | CAN 라인의 전압

Signal	Recessive state			Dominant state		
	min	nominal	max	min	nominal	max
CAN-High	2.0 V	2.5 V	3.0 V	2.75 V	3.5 V	4.5 V
CAN-Low	2.0 V	2.5 V	3.0 V	0.5 V	1.5 V	2.25 V

2 CAN 시스템

1 차동증폭기

01 비교기

OP AMP(Operational Amplifier, 연산증폭기)는 더하기, 빼기, 미적분 회로까지 구성이 가능하여 연산증폭기라는 용어를 사용하며, 거의 모든 리니어 IC의 입력단에 기본적으로 사용한다고 볼 수 있는 소자이다. 용도는 비교기와 증폭기로 사용하고 있으며, 신호의 입력단에는 약방의 감초와 같이 버퍼(Buffer)로 사용된다. 그림 6과 같은 이상적인 OP AMP는 입력 저항 ∞Ω, 출력 저항은 0Ω이다.

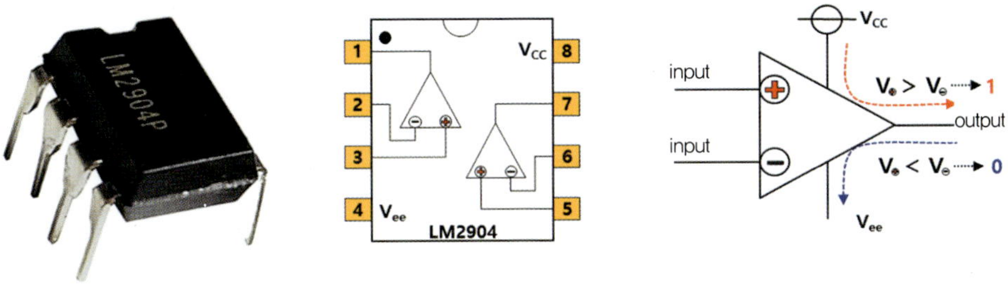

그림 6 | LM2904 OP AMP

(1) 비교기(Comparator)

그림의 LM2904 IC는 두 세트의 비교기가 있으며 각 비교기는 두 개의 입력단자와 하나의 출력단자를 가지고 있다. 비교기 기호는 그림 6에서 맨 우측 그림과 같고, 마치 오징어와 같은 형상을 하고 있으며, 머리 부분의 꼭짓점에 연결된 단자가 출력단자에 해당한다.

비교기는 두 입력단자의 입력 전압을 비교하여 비반전 단자(+)의 전압이 높을 때 출력이 '1', 반전 단자(-)의 전압이 높은 경우는 '0'을 출력한다. 출력 '1'은 출력단 측이 비교기 전원부 Vcc와 연결되고, 출력 '0'은 출력단이 비교기의 '-' 전원에 해당하는 Vee와 연결되어 디지털 신호를 출력하는 특징을 가진다.

비교기를 이용한 센서 중 가장 쉬운 예는 광학 방식의 크랭크각 센서와 조향 휠 각속도 센서 등이 대표적이다. 그림 7은 광학 방식의 크랭크각 센서의 개략도로 외부의 전원 입력에도 불구하고 내부의 정전압 IC(7805 IC)에 의해 배전기 내부의 전압은 모두 5V를 사용한다. 배전기 내부에서 1kΩ의 저항 2개를 지나 접지까지 전류가 흐를 수 있어 비교기의 '-'측 단자는 항상 2.5V가 공급된다. 따라서 비교기의 '-'측이 기준 전압이 되고 '+' 단자(비반전 단자) 입력에 따라 출력이 변화하는 비교기 회로이다. 비반전 단자('+'측 단자)의 입력이 높으면 '1', 낮으면 '0'을 출력하는 비반전 비교기 회로이다.

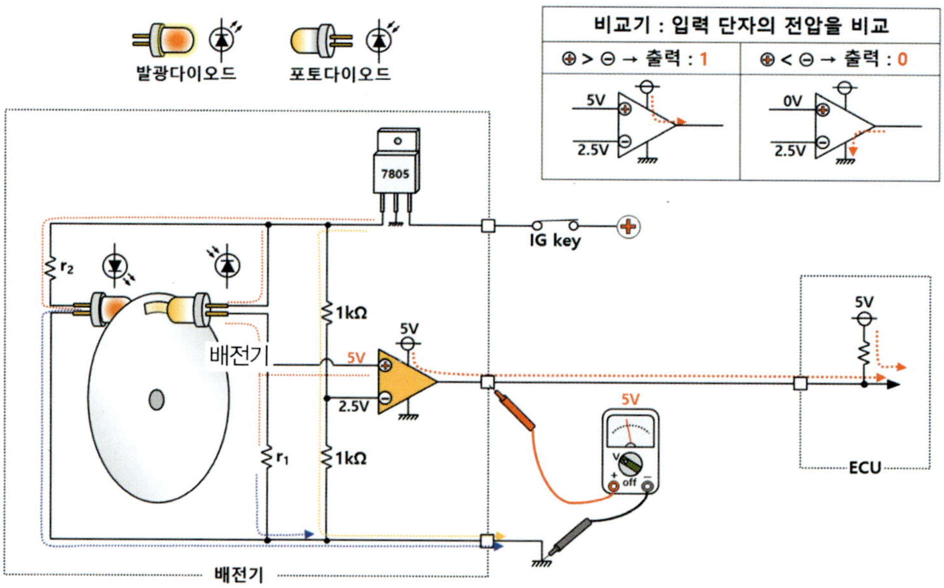

그림 7 | 비교기의 사용 예(출력 1)

저항 r_2를 지나 발광다이오드(실제는 적외선 다이오드를 사용)를 통해 접지까지 전류가 흐름에 따라 발광다이오드는 점등하게 된다. 발광다이오드 반대편에 있는 포토다이오드는 슬릿(Slit)을 통해 빛이 쪼이게 됨에 따라 역방향으로 통전된다. 포토다이오드의 통전 시 전압강하가 없다면 전원 전압은 r_1까지 연결된다. 따라서 비교기 '+'측 단자에 입력되는 전압은 5V가 된다. 비교기의 두 입력 단자 중 '+'측은 5V, '-'측은 0V이므로 비교기는 '1'을 출력하고, 출력 '1'은 비교기의 출력단을 비교기 전원측과 연결하므로 ECU와 연결된 신호 라인의 전압은 5V가 된다.

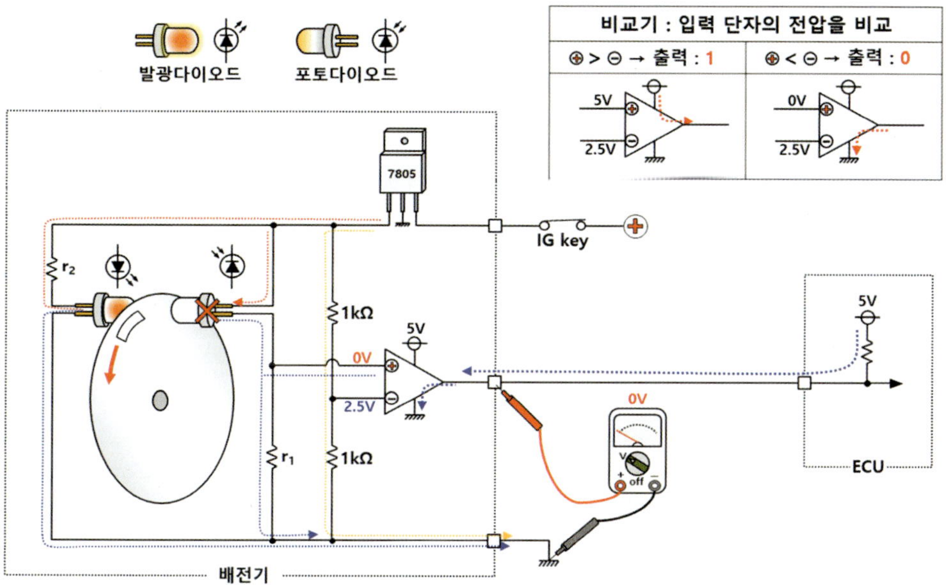

그림 8 | 비교기의 사용 예(출력 0)

한편 플레이트(Plate)의 회전에 의해 빛이 슬릿(Slit)을 통과할 수 없는 상태인 그림 8은 포토다이오드가 작동하지 못함에 따라 비교기의 '+'측 단자의 전압은 전원과 차단되고 r_1을 통해 접지와 연결되는 관계로 0V가 된다. 상대적으로 '-'측 단자의 전압이 높기 때문에 비교기의 출력은 '0'이 되어 비교기의 출력단은 접지와 연결되는 관계로 센서 출력선은 ECU 내부의 풀업 저항에도 불구하고 0V가 된다.

비교기는 이렇게 두 단자의 입력 전압을 비교하여 출력을 '1'과 '0'의 디지털 신호로 출력하는 특성을 가진다. 한편 비교기는 ADC(Analog Digital Converter)에도 사용하고 있다. 가장 흔한 Flash Type ADC는 8bit(2^8 = 256)까지 사용하고 있으며 단계별 원활한 표본화를 위해 255개의 비교기가 필요하다.

02 쉬미트 트리거

쉬미트 트리거는 히스테리시스(Hysteresis, 이력현상)를 갖는 비교기로 신호의 에지(edge)를 명확히 하거나 입력신호의 노이즈 제거 목적으로 사용하고 있으며, 출력을 입력단의 '+'단자로 되돌려주는 정귀환(Positive Feedback)으로서 구현한다. 참고로 부귀환(Negative Feedback) 방식은 증폭기 회로에 해당한다.

그림 9는 단순 비교기의 단점에 대한 내용으로 5V의 전압이 3kΩ과 2kΩ의 저항을 통해 접지로 연결된 관계로 비교기 '+'측 입력단에는 2V의 전압이 인가된 상태이다. 즉, '+'측 단자가 기준이 되고, '-'측 단자의 입력에 따라 출력이 변화하는 회로로 입력 전압이 높으면 '0', 입력 전압이 낮으면 '1'을 출력하는 반전(Inverting) 비교기이다.

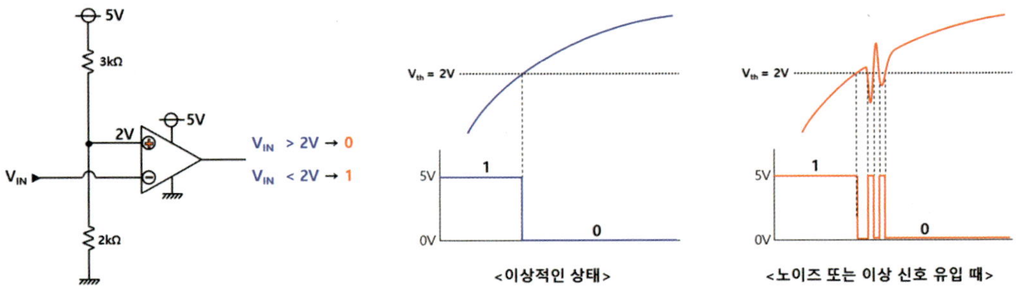

그림 9 | 단순 비교기의 단점

그림 9의 중간에 있는 '<이상적인 상태>'에서 입력 전압이 기준전압(Threshold Voltage, 문턱전압)인 2V를 초과하는 순간 비교기의 출력은 '1'에서 '0'으로 낮아짐을 볼 수 있으나, 맨 우측의 그림은 2V를 초과한 이후 입력 전압이 2V보다 낮아졌다 높아지기를 반복하는 노이즈 또는 이상 신호가 입력되었을 때 스레숄드 전압을 기준으로 트리거링(Triggering)하기 때문에 비교기는 여러 번의 출력 변화가 발생한다. 결과적으로 스레숄드 전압(Vth)인 2V 부근에서 유지하는 상태에서 미세한 리플(Ripple)이 존재하거나

노이즈의 유입에 따라 비교기의 출력이 빈번하게 변화할 수 있다.

비교기의 출력을 '+'측 입력단으로 피드백시킨 그림 10은 쉬미트 트리거 구성으로 2개의 트리거 포인트가 존재하게 되어 일정한 입력 변동에도 불구하고 비교기 출력은 변화하지 않는 히스테리시스를 갖기 때문에 일정한 크기의 리플이나 노이즈를 무시할 수 있게 된다.

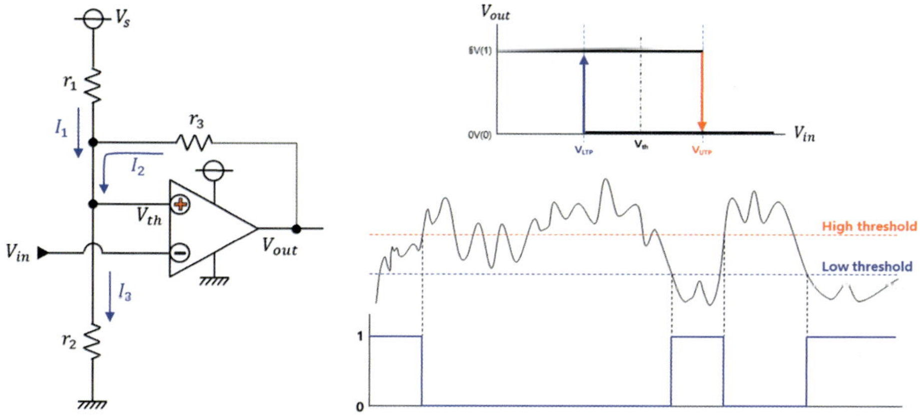

그림 10 | 쉬미트 트리거 회로와 출력 특성

그림 10에서 r_1을 지나는 전류를 I_1, r_3를 지나는 전류를 I_2, r_2를 지나는 전류를 I_3라 하였을 때 I_3는 두 개의 전류가 합해진 것에 해당한다.

$$I_1 + I_2 = I_3$$

r_2 양단의 전압은 V_{th}에 해당하고, r_1 양단의 전압은 전원 전압(V_s)에서 명목상 스레숄드 전압(V_{th})을 뺀 전압에 해당한다. 또한 r_3 양단의 전압은 비교기 출력 전압(V_{out})으로부터 스레숄드 전압(V_{th})을 빼면 된다. 한편 각 전류는 각 저항 양단에 걸리는 전압을 각 저항으로 나누면 구할 수 있다.

$$I_1 = \frac{V_S - V_{th}}{r_1},\ I_2 = \frac{V_{out} - V_{th}}{r_3}$$

$$I_3 = \frac{V_{th}}{r_2} \rightarrow I_1 + I_2 = I_3 \rightarrow \frac{V_S - V_{th}}{r_1} + \frac{V_{out} - V_{th}}{r_3} = \frac{V_{th}}{r_2}$$

위 식을 정리하면 스레숄드 전압(V_{th})을 구하는 일반식이 도출된다.

$$\frac{V_S}{r_1}-\frac{V_{th}}{r_1}+\frac{V_{out}}{r_3}-\frac{V_{th}}{r_3}=\frac{V_{th}}{r_2} \rightarrow \frac{V_S}{r_1}+\frac{V_{out}}{r_3}=\frac{V_{th}}{r_1}+\frac{V_{th}}{r_2}+\frac{V_{th}}{r_3}$$

$$\rightarrow \frac{V_S}{r_1}+\frac{V_{out}}{r_3}=V_{th}\left(\frac{1}{r_1}+\frac{1}{r_2}+\frac{1}{r_3}\right)$$

$$\frac{V_S}{r_1}+\frac{V_{out}}{r_3}=V_{th}\left(\frac{r_2 \cdot r_3+r_1 \cdot r_3+r_1 \cdot r_2}{r_1 \cdot r_2 \cdot r_3}\right)$$

$$\rightarrow \frac{r_2 \cdot r_3 \cdot V_S+r_1 \cdot r_2 \cdot V_{out}}{r_1 \cdot r_2 \cdot r_3}=V_{th}\left(\frac{r_2 \cdot r_3+r_1 \cdot r_3+r_1 \cdot r_2}{r_1 \cdot r_2 \cdot r_3}\right)$$

$$r_2 \cdot r_3 \cdot V_S+r_1 \cdot r_2 \cdot V_{out}=V_{th}(r_2 \cdot r_3+r_1 \cdot r_3+r_1 \cdot r_2)$$

$$\therefore \ V_{th}=\frac{r_2 \cdot r_3}{r_2 \cdot r_3+r_1 \cdot r_3+r_1 \cdot r_2}V_S+\frac{r_1 \cdot r_2}{r_2 \cdot r_3+r_1 \cdot r_3+r_1 \cdot r_2}V_{out}$$

위 스레숄드 전압을 구하는 일반식을 이용하여 비교기의 출력이 1 → 0인 조건, 즉 비교기 출력 전압(Vout)이 높은 상태에서 낮은 값으로 변화하는 트리거 전압과 비교기의 출력이 0 → 1로 변화하는 조건의 트리거 전압을 구할 수 있고, 그 결과는 그림 10에서의 V_{UTP}(Upper Trigger Point, High threshold)와 V_{LTP}(Lower Trigger Point, Low threshold)로 나타나며, V_{UTP}에서 V_{LTP} 사이는 히스테리시스값이 된다.

그림 10에 있는 3개의 저항이 모두 동일(r_1 = r_2 = r_3)한 상태에서 비교기의 출력이 0 → 1로 변화하는 조건의 스레숄드 전압은 위 일반식에 대입했을 때 V_{out} = 0V이므로 전원 전압의 1/3이 되고, 이 전압보다 낮으면 비교기는 1을 출력한다.

$$V_{th}=\frac{r^2}{r^2+r^2+r^2}V_S+\frac{r^2}{r^2+r^2+r^2}0V=\frac{1}{3}V_S$$

반대로 3개의 저항이 모두 동일(r_1 = r_2 = r_3)한 상태에서 비교기의 출력이 1 → 0으로 변화하는 조건의 스레숄드 전압은 위 일반식에 대입했을 때 V_{out} = Vs이므로 전원 전압의 2/3가 되고, 이 전압보다 높으면 비교기는 0을 출력한다.

$$V_{th}=\frac{r^2}{r^2+r^2+r^2}V_S+\frac{r^2}{r^2+r^2+r^2}V_S=\frac{2}{3}V_S$$

한편 3개의 저항이 모두 동일($r_1 = r_2 = r_3$)한 조건에서 0 → 1, 1 → 0으로 전환하는 조건의 전압이 각각 전원 전압의 1/3과 2/3이므로 출력단에 NOT 논리 게이트를 취하면 CMOS IC의 로직 레벨 특성과 일치함을 알 수 있다.

03 증폭기

증폭기는 출력단을 입력단의 '-' 단자에 피드백하는 구조를 가지고 있으며, 입력신호를 어디에 연결하느냐에 따라 구분된다. '+'측에 입력하면 비반전 증폭기, '-'측에 입력하면 반전 증폭기라 한다.

증폭기 해석 전 알아야 할 것은 입·출력 임피던스로 이상적인 입력 임피던스는 ∞Ω, 출력 임피던스는 0Ω이다. 그림 11의 두 회로에서 I_3는 내부 임피던스가 ∞Ω이므로 전류가 흐르지 않아 0A에 해당한다. 따라서 두 회로에 표시된 I_1과 I_2는 서로 같은 값이 된다. 한편 증폭기 내부적으로 입력단은 서로 연결된 상태라 할 수 있어, 입력단 '+'측이 접지와 연결되어 있다면 입력단 '-'측 단자도 항상 0V가 된다.

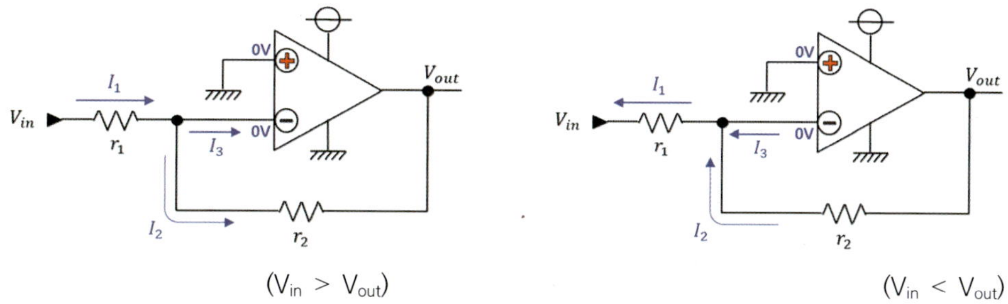

그림 11 | 반전증폭기의 해석

그림 11의 좌측 회로와 같이 I_1의 전류가 흐른다면 출력 전압보다 입력 전압이 높은 상태에 해당한다. I_1과 I_2는 서로 같은 값이지만 전류는 다음과 같다.

$$I_1 = \frac{V_{in} - 0V}{r_1},\ I_2 = \frac{0V - V_{out}}{r_2}$$

I_1과 I_2는 서로 같은 값임을 이용하여 입·출력 전압의 관계를 풀어보면 출력 전압은 입력 전압에 r_1과 r_2의 비율만큼 반전 증폭됨을 알 수 있다.

$$I_1 = I_2 \rightarrow \frac{V_{in} - 0V}{r_1} = \frac{0V - V_{out}}{r_2} \rightarrow \frac{V_{in}}{r_1} = \frac{-V_{out}}{r_2}$$
$$\rightarrow -\frac{r_2}{r_1} = \frac{V_{out}}{V_{in}} \rightarrow \therefore -\frac{r_2}{r_1} V_{in} = V_{out}$$

그림 11의 우측 회로와 같이 I_1의 전류가 흐른다면 입력 전압보다 출력 전압이 높은 상태에 해당한다. I_1과 I_2는 서로 같은 값이지만 전류는 다음과 같다.

$$I_1 = \frac{0V - V_{in}}{r_1}, \ I_2 = \frac{V_{in} - 0V}{r_2}$$

I_1과 I_2는 서로 같은 값임을 이용하여 입·출력 전압의 관계를 풀어보면 출력 전압은 입력 전압에 r_1과 r_2의 비율만큼 반전 증폭됨을 알 수 있다.

$$I_1 = I_2 \rightarrow \frac{0V - V_{in}}{r_1} = \frac{V_{out} = 0V}{r_2} \rightarrow \frac{-V_{in}}{r_1} = \frac{V_{out}}{r_2}$$
$$\rightarrow -\frac{r_2}{r_1} = \frac{V_{out}}{V_{in}} \rightarrow \therefore -\frac{r_2}{r_1} V_{in} = V_{out}$$

그림 12는 출력단을 입력단의 '-'측에 피드백하고 입력신호를 '+'측 단자에 입력하는 비반전 증폭기(Non-Inverting Amplifier) 회로이다. 좌측에 있는 회로는 출력단 전압을 r_1과 r_2의 직렬저항에 각각 분압되어 입력단 '-'측에 입력된다. 다만 입력단 '+'측에 입력된 전압(V_{in})은 증폭기 '-'측 입력단과 구조적으로 연결된 관계로 서로의 전압이 같으므로 r_1과 r_2의 저항 중간의 전압은 V_{in}의 값과 같다.

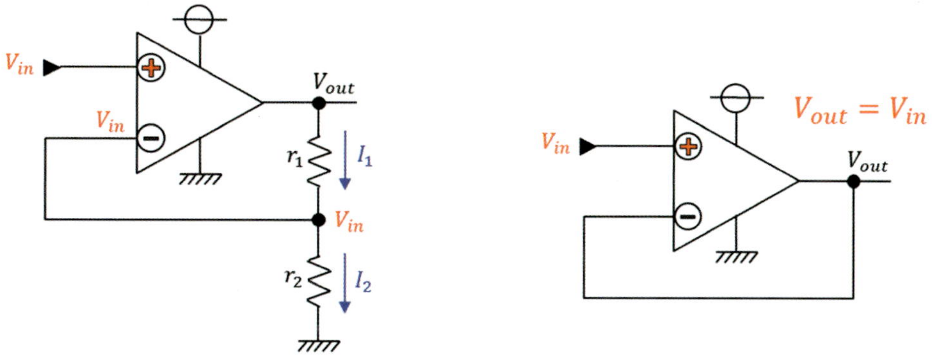

(비반전 증폭기) (버퍼)

그림 12 | 비반전 증폭기의 해석

r_1과 r_2의 저항은 직렬로 연결되어 있으므로 I_1과 I_2는 서로 같은 값으로 다음과 같다.

$$I_1 = \frac{V_{out} - V_{in}}{r_1},\ \ I_2 = \frac{V_{in} - 0V}{r_2}$$

I_1과 I_2는 서로 같은 값임을 이용하여 입·출력 전압의 관계를 풀어보면 다음과 같다.

$$I_1 = I_2 \rightarrow \frac{V_{out} - V_{in}}{r_1} = \frac{V_{in} - 0V}{r_2} \rightarrow r_2 \cdot V_{out} - r_2 \cdot V_{in} = r_1 \cdot V_{in}$$
$$\rightarrow r_2 \cdot V_{out} = r_1 \cdot V_{in} + r_2 \cdot V_{in}$$
$$\rightarrow V_{out} = \frac{r_1 \cdot V_{in}}{r_2} + \frac{r_2 \cdot V_{in}}{r_2} \rightarrow \therefore V_{out} = \left(\frac{r_1}{r_2} + 1\right) V_{in}$$

결과 식으로부터 입력 전압에 대한 출력 전압을 알 수 있지만, 특징적인 것은 최소 1배 이상 증폭도를 가진다는 것을 알 수 있다.

그림 12의 우측 그림은 버퍼(Buffer)의 회로로 출력단을 입력단의 '-'측에 직접 연결한 회로이기 때문에 입력 전압과 출력 전압은 항상 같은 값이 되는 특징을 가진다. 버퍼는 임피던스 레벨이 서로 다른 두 회로 사이의 인터페이스(Interface) 역할을 하는 증폭기이다. 신호가 한 회로에서 다른 회로로 전송되는 동안 신호의 무결성이 유지되도록 보장하는 역할을 하며, 입력 및 출력 임피던스가 다양한 여러 구성 요소를 연결할 때 버퍼는 각 회로가 독립적으로 작동하도록 보장하여 원치 않는 상호작용을 방지하는 역할로도

쓰이기 때문에, 아날로그 신호의 입력단뿐만 아니라 디지털 신호의 입력단 또는 출력단에 약방의 감초처럼 사용하는 필수 소자이다.

그림 13과 같은 출력부(센서, 컨트롤러 등)와 입력부로 구성된 회로에서 각각의 임피던스에 의한 부하효과(부하가 회로에 영향을 미치는 것)로 입력되는 신호의 레벨은 출력부의 전압보다 낮아지게 된다. 그림에서 보듯이 송신측 임피던스(R_S)와 입력측 임피던스(R_L)가 직렬로 연결된 상태이므로 분압에 의해 입력부의 입력 전압(V_L)은 출력부에서 송출한 전압(V_S)보다 항상 작아지는 현상이 발생하고, 입력부 임피던스(R_L)가 작을수록 전압은 더 낮아지는 효과로 작용한다.

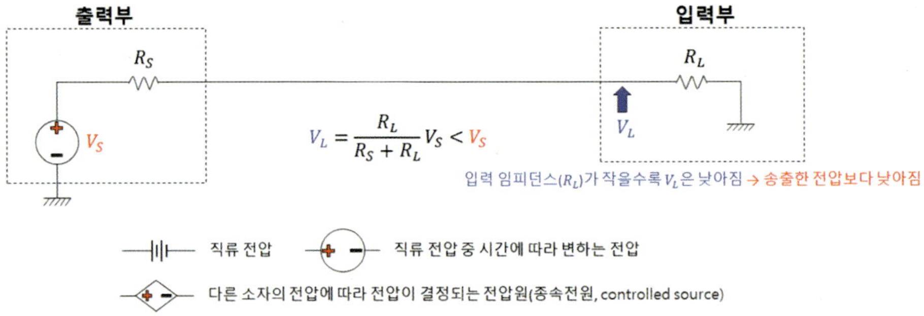

그림 13 | 부하효과(Load effect)

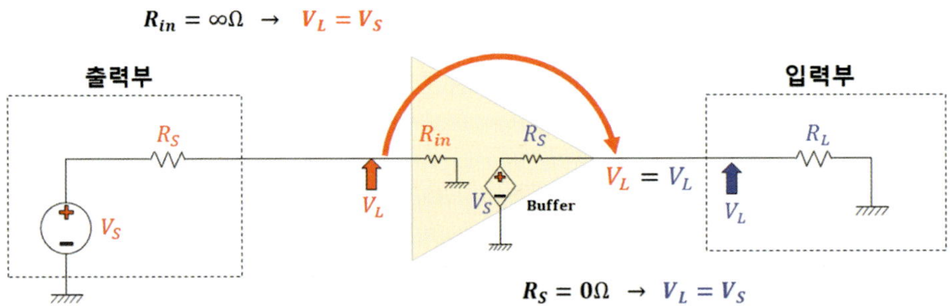

그림 14 | 버퍼의 기능

이상적인 상태는 송신측 전압(V_S)이 수신측 전압(V_L)과 같아야 함에도 불구하고 부하효과에 의해 전압의 차이가 발생한다. 이런 현상을 방지하기 위해 그림 14와 같이 출력부와 입력부 사이에 버퍼를 둔다. 버퍼는 입력 임피던스(R_{in})가 ∞Ω이므로 전류가 흐르지 않으며, 버퍼의 입력부 전압은 출력부에서 송출한 전압 모두 검출된다. 버퍼의 출력 임피던스(R_S)는 0Ω이므로 입력부 임피던스(R_L) 양단의 전압은 버퍼가 출력한 전압이 그대로 나타난다. 이때 버퍼는 그림 12의 우측 그림과 같이 입력 전압(V_{in})과 출력 전압(V_{out})이 동일한 특징에 따라 결과적으로 버퍼에 입력된 전압은 그대로 버퍼의 출력으로 송출되어 1:1 증폭기라 할 수 있다. 이렇게 버퍼는 송·수신 라인의 중간에서 신호의 부하효과를 회피할 수 있게 해주는 중요한 소자이다.

부하효과에서 부하는 저항만 있는 것이 아니라 용량성 부하도 있어, 커패시터 성분이 들어 있는 회로에 낮은 주파수를 가하거나 높은 주파수를 가할 때 영향을 끼치는 정도가 다르게 나타나는 특징이 있어 주의를 요한다.

회로에 사용하는 기호는 내부 회로와 주변 회로를 표시하지 않고 간단하게 표시하고 있으며, 그림 15에 각각 표시한 것과 같다.

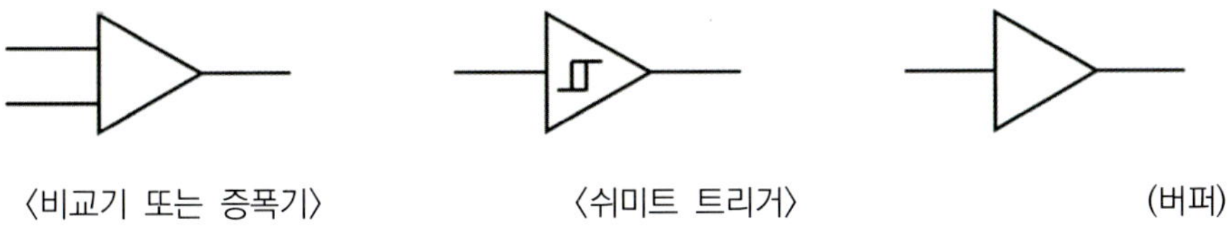

그림 15 | 회로 기호

04 차동증폭기

그림 16은 차동증폭기 회로로 두 개의 입력이 모두 사용되는 회로이며, 출력단은 입력단 '-'측에 피드백된 상태이다.

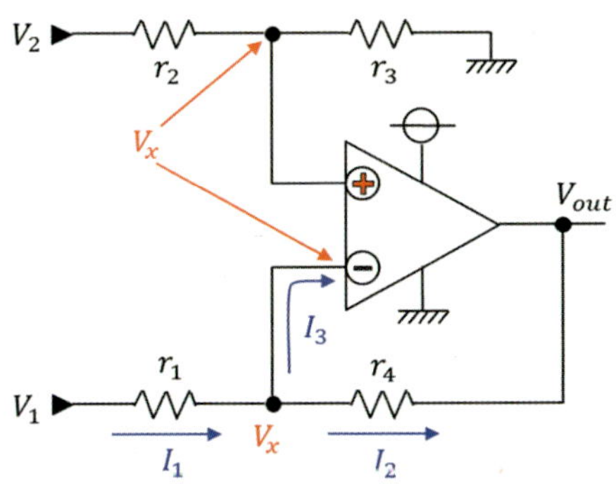

그림 16 | 차동증폭기

입력 V_2는 r_2와 r_3을 지나 접지까지 연결되어 있다. r_2와 r_3의 직렬저항에 의해 분압된 V_x의 전압은 증폭기의 입력단 '+'측에 입력된다. 이 전압은 다시 입력단 '-'측과 연결된 관계로 저항 r_1과 r_2 사이의 전압 또한 V_x가 된다.

$$V_x = \frac{r_3}{r_2 + r_3} V_2$$

V_1과 V_{out}에 의해 I_1과 I_2가 흐르지만 입력 임피던스가 무한대에 가까운 관계로 전류가 흐를 수 없어 I_3는 0A이다. 따라서 I_1과 I_2는 어느 방향으로 흐르든 서로 같은 값의 전류로 나타나며, 다음과 같이 구할 수 있다.

$$I_1 = \frac{V_1 - V_x}{r_1}, \quad I_2 = \frac{V_x - V_{out}}{r_4}$$

I_1과 I_2가 서로 같은 값인 것을 이용하여 정리하면 다음과 같다.

$$I_1 = I_2 \;\rightarrow\; \frac{V_1 - V_x}{r_1} = \frac{V_x - V_{out}}{r_4} \;\rightarrow\; r_4 \cdot V_1 - r_4 \cdot V_x = r_1 \cdot V_x - r_1 \cdot V_{out}$$

$$\rightarrow\; r_4 \cdot V_1 + r_1 \cdot V_{out} = r_1 \cdot V_x + r_4 \cdot V_x \;\rightarrow\; r_4 \cdot V_1 + r_1 \cdot V_{out} = (r_1 + r_4) V_x$$

위의 식에 V_x를 구하는 식을 대입하여 정리하면 다음과 같다.

$$r_4 \cdot V_1 + r_1 \cdot V_{out} = (r_1 + r_4) \frac{r_3}{r_2 + r_3} V_2 \;\rightarrow\; r_1 \cdot V_{out} = \frac{r_1 \cdot r_3 + r_3 \cdot r_4}{r_2 + r_3} V_2 - r_4 \cdot V_1$$

위의 식에서 양변을 r_1으로 나누면 이 증폭기 회로의 출력 전압을 계산하는 일반식이 완성된다.

$$V_{out} = \frac{r_1 \cdot r_3 + r_3 \cdot r_4}{r_1 \cdot r_2 + r_1 \cdot r_3} V_2 - \frac{r_4}{r_1} V_1$$

만약 그림 16의 회로에서 $r_1 = r_2 = r_3 = r_4 = r$이라면 출력 전압은 두 입력단의 편차가 되고, 결국 입력단의 '+'측 전압(V_2)에서 '-'측 전압(V_1)을 뺀 값만큼만 출력하는 차동증폭기가 된다. 이것은 CAN 통신에서 CAN H - CAN L값을 취하는 차동증폭기와 같은 원리이다.

$$V_{out} = \frac{r_1 \cdot r_3 + r_3 \cdot r_4}{r_1 \cdot r_2 + r_1 \cdot r_3} V_2 - \frac{r_4}{r_1} V_1$$

$$\rightarrow \ V_{out} = \frac{r^2 + r^2}{r^2 + r^2} V_2 - \frac{r}{r} V_1 \ \rightarrow \ \therefore \ V_{out} = V_2 - V_1$$

그림 16의 회로에서 $r_1 = r_2$, $r_3 = r_4$이라면 r_1과 r_4의 비율로 증폭비를 조정할 수 있는 차동증폭기가 된다. 일반식에서 r_2 대신 r_1, r_3 대신 r_4를 대입하면 다음과 같이 되기 때문이다.

$$V_{out} = \frac{r_1 \cdot r_3 + r_3 \cdot r_4}{r_1 \cdot r_2 + r_1 \cdot r_3} V_2 - \frac{r_4}{r_1} V_1$$

$$\rightarrow \ V_{out} = \frac{r_1 \cdot r_4 + r_4^2}{r_1^2 + r_1 \cdot r_4} V_2 - \frac{r_4}{r_1} V_1 = \frac{r_4(r_1 + r_4)}{r_1(r_1 + r_4)} V_2 - \frac{r_4}{r_1} V_1$$

$$\therefore \ V_{out} = \frac{r_4}{r_1}(V_2 - V_1)$$

2 반사계수와 종단처리

01 반사파

반사파는 구조물 등의 경계면으로부터 파동의 물리적 현상에서도 볼 수 있지만, 전송선로에서 라인의 임피던스와 종단저항이 미스매칭(Mismatching)된 경우 선로에 전송되는 신호는 Overshoot, Undershoot, Ringing 현상, Propagation Delay(전송 지연) 등의 문제가 발생하고, 이러한 문제는 다른 선로에 간섭하는 Crosstalk 문제나 전자파 방해 잡음(EMI, Electro Magnetic Interference) 등의 원인으로 작용하기 때문에 임피던스 매칭은 필수적이다.

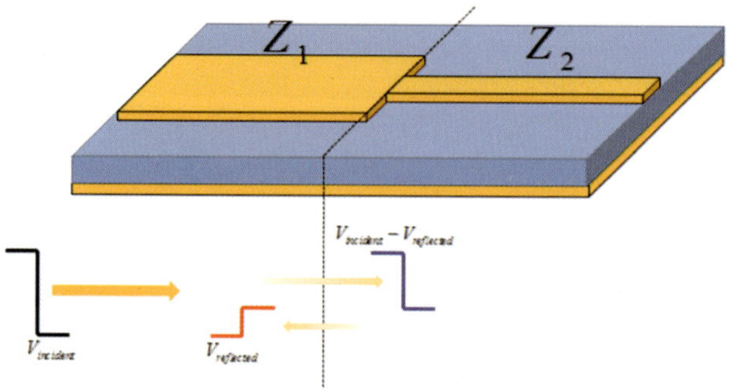

반사계수 : $\rho = \dfrac{V_{reflected}}{V_{incident}} = \dfrac{Z_2 - Z_1}{Z_2 + Z_1}$

그림 17 | 반사계수

반사파와 입사파가 반사된 정도에 대한 설명을 위한 그림 17의 회로 기판에서 아래층은 접지이고, 중간층은 절연체, 맨 위는 신호선으로 두 개 이상의 도체로 구성된 신호 또는 전력 전달 선로에서 도선에 흐르는 전류에 의해 전기장이 발생하지만, 한편으로는 도선과 접지간 자기장이 형성됨으로써 상호작용에 의해 특성 임피던스가 발생하게 된다.

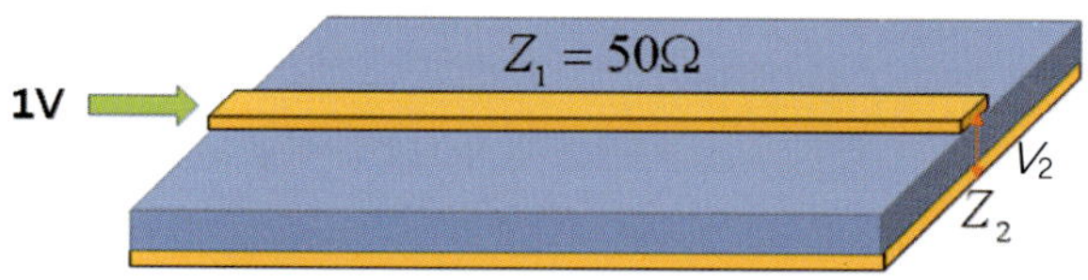

	Z_2	V_1	ρ	V_ρ	V_2
open	∞	1V	1	1V	2V
short	0Ω	1V	-1	-1V	0V
matched	50Ω	1V	0	0V	1V
unmatched	25Ω	1V	-0.33	-0.33V	0,67V

$$Z_2 = \infty \ : \ \rho = \frac{\infty - 50}{\infty + 50} = 1 \Rightarrow 1V + (1V \times 1) = 2V$$
$$Z_2 = 0 \ : \ \rho = \frac{0 - 50}{0 + 50} = -1 \Rightarrow 1V + (1V \times -1) = 0V$$
$$Z_2 = 50 \ : \ \rho = \frac{50 - 50}{50 + 50} = 0 \Rightarrow 1V + (1V \times 0) = 1V$$
$$Z_2 = 25 \ : \ \rho = \frac{25 - 50}{25 + 50} = -0.33 \Rightarrow 1V + (1V \times -0.33) = 0.67V$$

그림 18 | Single end line에서 반사계수와 전압

공기를 매질로 하는 음파는 벽을 만났을 때 그 벽의 특성에 따라 음의 투과량이 다르고, 되돌아오는 반사량도 다르다. 전기적 신호에서도 마찬가지로 길이 방향으로 그 특성이 일정한 것이 좋으나, 그림 17과 같이 서로 다른 임피던스 특성을 갖는 경계를 만났을

때 반파가 발생한다. 즉, 좌측에서 우측으로 펄스 신호를 보냈을 때 임피던스 특성의 경계점에서 일정 전압은 투과하여 그대로 전달되지만, 투과하지 않은 전압은 원점으로 되돌아가 새롭게 전송되는 신호와 중첩된다. 이때 진폭의 비(입사되는 전압과 반사되는 전압의 비)를 반사계수라 하며, 이 값은 특성 임피던스의 편차와 같다. 전압이 일정하고 연속적인 DC를 보냈을 때는 얘기가 다르지만 짧은 순간 ON/OFF를 반복하는 형태의 고속 펄스 신호가 지날 때는 반사파의 영향으로 왜곡이 일어나 시스템의 오작동을 유발하기 때문에 이상적인 반사계수는 0에 해당한다.

그림 18은 1V의 순간 전압을 인가했을 때 싱글 엔드(Single End) 신호라인에서 반사계수의 영향을 보여주고 있다. 선로의 임피던스 Z_1은 50Ω이고 종단부의 임피던스 Z_2가 각각 단선, 단락, $Z_1=Z_2$, $Z_1>Z_2$ 등 4가지 경우의 수에 대한 종단 전압 V_2가 어떻게 나타날지 설명한 것으로, 우선 종단부가 단선인 경우 그림 18의 공식을 이용하여 계산하였을 때 반사계수는 '1'이므로 원래의 전압 1V와 합해져 2V의 전압이 나타난다. 이것은 실제 CAN 신호 라인이 단선되었을 때 확인할 수 있다.

단락의 경우는 반사계수가 '-1'이 되어 종단부의 전압은 0V를 나타낸다. 한편 두 특성 임피던스가 같은 $Z_1=Z_2$의 상태에서는 반사계수가 '0'되고, V_2의 전압은 원래 송신된 전압과 일치하는 1V가 된다. $Z_1>Z_2$이고 $Z_2=25Ω$인 경우 V_2의 전압은 0.67V가 되어 신호값이 낮아진다.

여기서 주목할 사항은 임피던스가 동일한 경우 왜곡 없는 입사파가 검출되지만 단선된 경우 입사파의 2배가 되고, 단락된 경우는 0V가 된다. 즉, 극단적 고장인 단선과 단락은 입력 전압의 2배 또는 0V의 전압이 나타나고, $Z_1<Z_2$인 경우는 입력 전압보다 높지만, 최대값은 단선인 2배를 넘지 않으며, 반대로 $Z_1>Z_2$인 경우 반사된 전압은 입력 전압보다 낮아진다.

그림 18과 같이 종단부의 임피던스가 신호라인의 임피던스와 같아야지만 원신호의 왜곡이 없음을 알 수 있고, $Z_1=Z_2$의 상태를 임피던스 매칭(정합)상태라 한다. 전송선로의 특성 임피던스만큼의 저항을 종단부에 연결해주어야만 반사로 인한 왜곡이 없다는 뜻이다.

현장에서 CAN 라인을 다룰 때 90° 이상으로 급격하게 꺾인 상태로 두거나 특성이 다른 배선으로 교환하는 일은 임피던스의 편차가 발생함으로써 신호의 반사뿐만 아니라 링잉(Ringing) 현상이 유발될 수 있기 때문에 유의해야 할 것이다.

02 반사파 계측

반사파는 일반적으로 반사는 입사 신호와 모양이 같지만, 그 부호와 크기는 임피던스 레벨의 변화에 따라 달라진다. 임피던스가 단계적으로 증가하면 반사는 입사 신호와 동일한 부호를 가지나 임피던스가 단계적으로 감소하면 반사는 반대 부호를 가지며, 반사의 크기는 임피던스 변화의 양뿐만 아니라 도체의 손실에 따라 달라진다.

선로에서 신호의 전달을 전자기에너지가 도체를 통해 전파되는 것으로 정의한다면 실제는 전자가 이동하는 것이 아니라 전자기에너지가 거의 빛의 속도(299,792,458m/s)로 전달된다고 볼 수 있다. 다만 실제 전선에서는 광속과 동일하지는 않고 도체의 성질에 따라 약 50~99% 정도의 속도로 전파된다.

실제 전선의 특성에 따라 전파속도는 정해져 있기 때문에 반사된 파형의 크기와 반사파의 유지 시간 및 모양을 분석하면 입사 지점으로부터 반사 지점까지의 거리와 임피던스 변동에 대한 특성을 확인할 수 있다. 이런 반사파를 계측하는 장비로 TDR(Time Domain Reflectometry, 시간 영역 반사파 계측기)이라는 장비가 있다. TDR 장비를 이용하거나 특정 입사파를 가한 후 반사파를 측정하면 회로의 단선과 단락, 저항 존재 여부와 그 크기, 커패시터(Capacitor) 또는 인덕터(Inductor)의 존재 등을 감지할 수 있어 측정 지점으로부터 얼마 떨어진 곳에 어떤 형태의 고장이 있는지 특정할 수 있다.

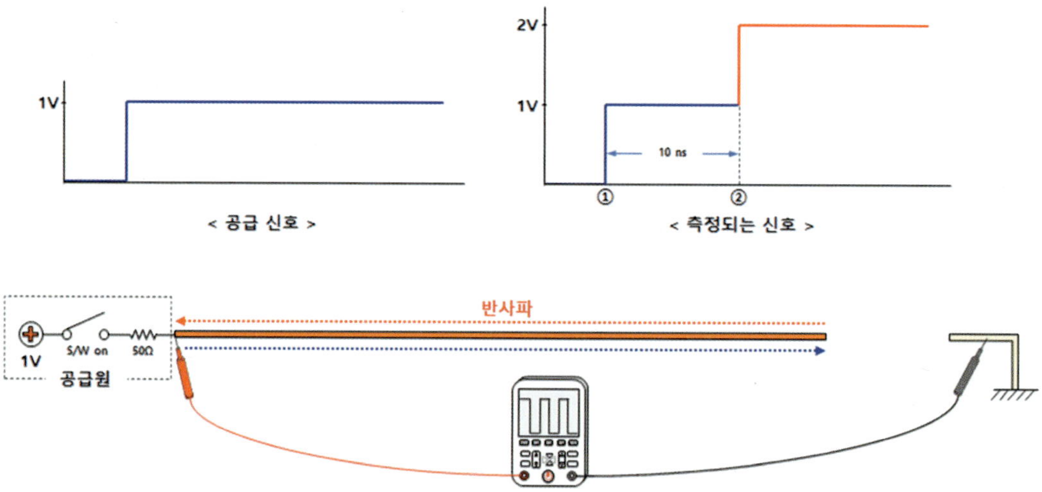

그림 19 | 반사파 측정 예

그림 19는 1m 전방에 단선된 상태에서 1V의 전압을 공급하고 반사파를 측정하는 상황을 그림으로 표현한 것으로, S/W ON 직후 오실로스코프는 1V의 전압을 감지(①의 순간)하게 된다. 이 전압은 1m의 선로를 타고 단선된 위치까지 전달된 이후 단선된 관계로 반사계수 1만큼 반사되어 2V의 전압으로 측정점까지 되돌아간다. 이 전압은 1m의 선로를 지나 오실로스코프가 측정하는 지점까지 도달(②)하면 오실로스코프에는 2V의 전압이 계측된다. ①~②의 시간은 최초 선로에 공급한 1V의 전압을 감지한 시점(①)부터 1m의 선로를 지나 단선된 위치까지 전달된 후 반사계수만큼 증폭된 전압 2V가 다시 1m의 선로를 지나 오실로스코프에 계측되는 시점(②)까지 시간으로 되돌아온 시간에 해당한다. 결과적으로 ①~②의 시간은 오실로스코프가 측정한 지점으로부터 단선된 위치까지 왕복한 시간에 해당하므로 ①~②의 시간이 그림에 나타난 것과 같이 10ns라면 전선의 전파속도는 빛의 속도 기준 66.71%의 진행 속도 특성을 가진 전선에 해당한다.

$$\frac{\frac{1m \times 2}{10ns}}{299,792,458\,m/s} \times 100 = 66.71\%$$

따라서 이 전선의 전파속도(VOP, Velocity Of Propagation)는 199,991,548m/s가 된다.

$$전파속도(VOP) = 299,792,458\,m/s \times 66.71\%$$

$$= 199,991,548.7\,m/s$$

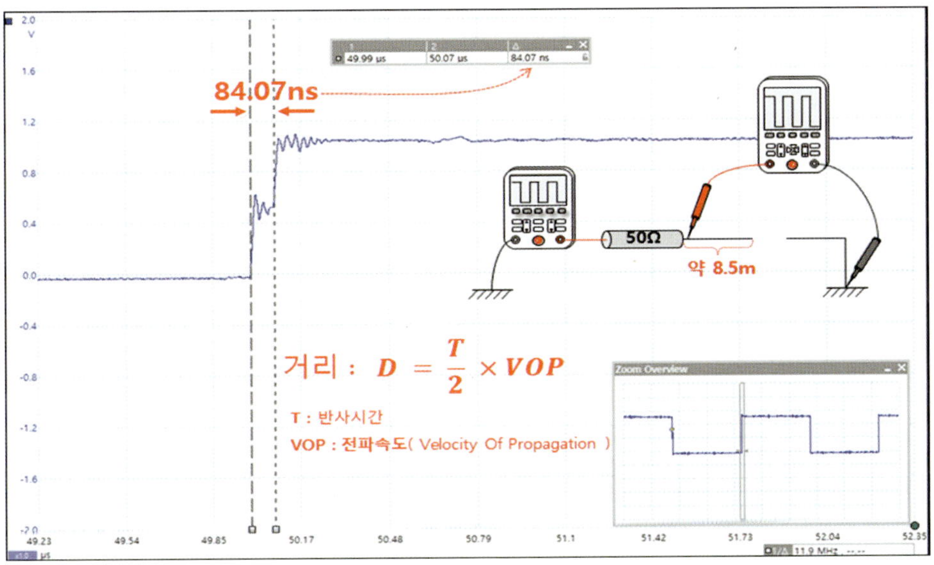

그림 20 | 약 8.5m 전방에서 단선된 경우의 반사파

그림 20은 그림 19에서의 전선과 동일한 전선으로 8.5m 전방에 단선된 경우로 펑션 제네레이터(Function Generator)를 통해 0.5V의 전압을 고속 ON/OFF하여 전선에 인가한 상태이다. 이때 입사파 전압의 2배인 1V가 나타났으므로 단선을 의미하고, 2배로 증폭된 반사파가 나타나기까지의 시간이 84.07ns(=84.07×10-9초)가 소요되었으므로 단선된 지점까지의 거리는 약 8.5m에 해당한다.

$$거리 : D = \frac{T(왕복시간)}{2} \times 전파속도(VOP)$$
$$= \frac{84.07\,ns}{2} \times 199,991,548.7\,m/s = 8.406\,m$$

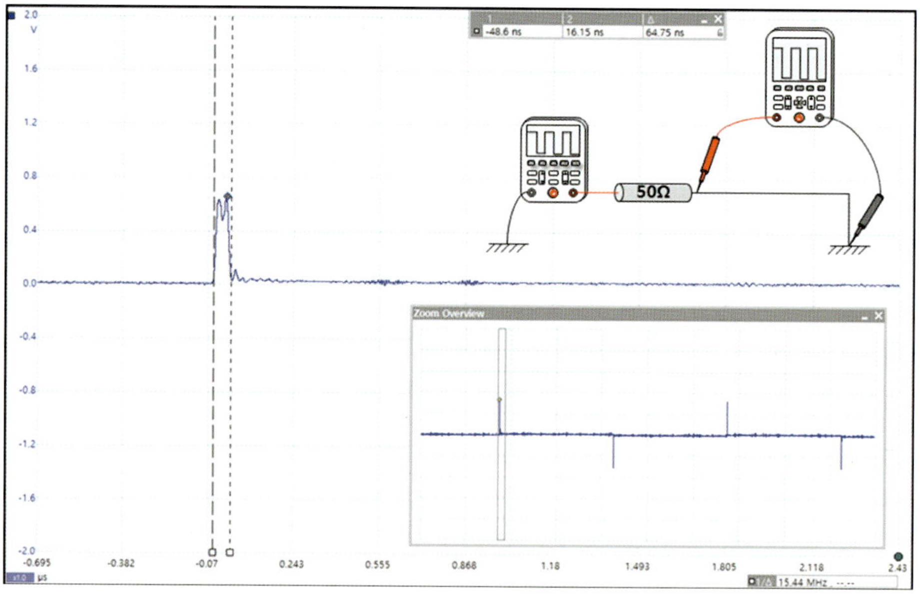

그림 21 | 4m 전방에서 단락이 있을 때

그림 21은 또 다른 전선을 이용하여 약 4m 전방에 단락이 있을 때의 시험으로 64.75ns 후 0V로 낮아짐을 알 수 있다.

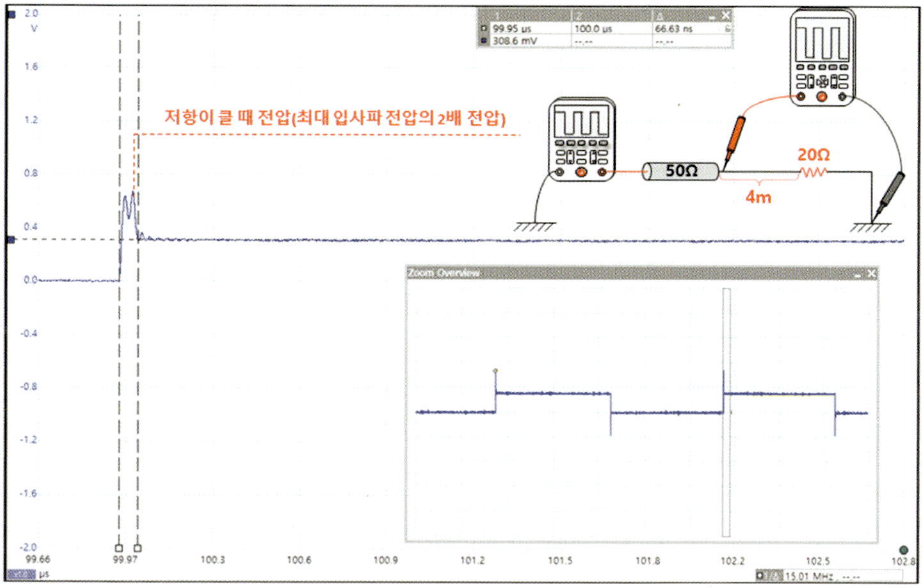

그림 22 | 전방에 낮은 저항이 있을 때

그림 22는 동일한 위치에 내부 저항(50Ω)보다 작은 20Ω이 있을 때 상황($Z_1>Z_2$)으로 출력 전압 0.5V보다 낮아진 전압이 나타남을 볼 수 있다.

표 2 | 임피던스의 편차와 반사파

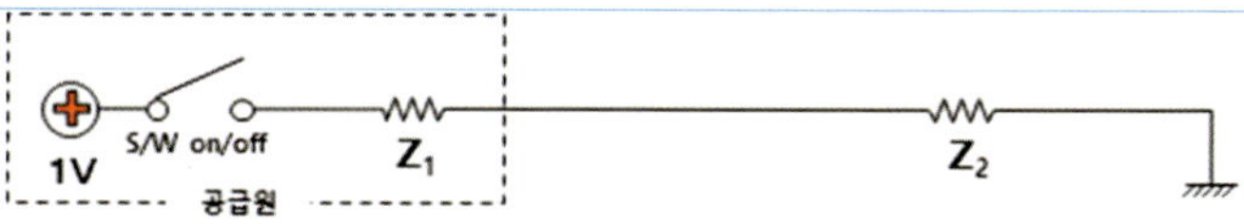

상태	입사파	반사파
$Z_1 = Z_2$		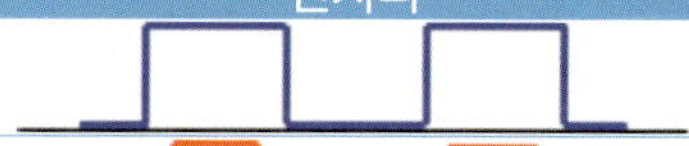
단선($Z_2 = \infty$)		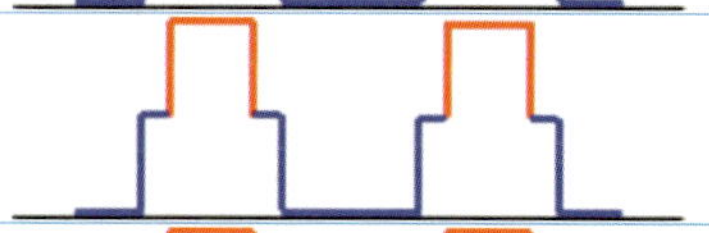
$Z_1 < Z_2$		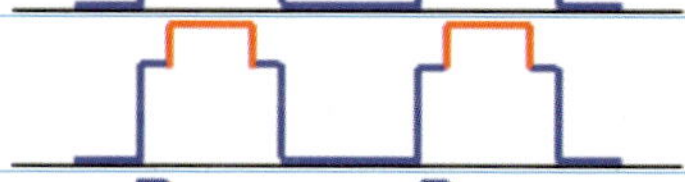
단락($Z_2 = 0$)		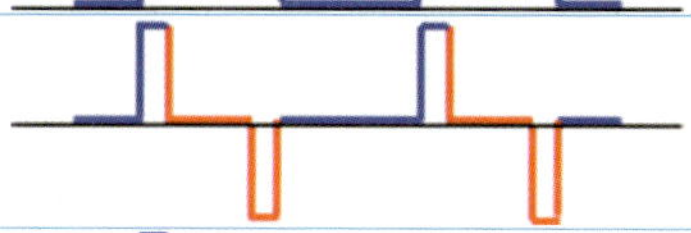
$Z_1 > Z_2$		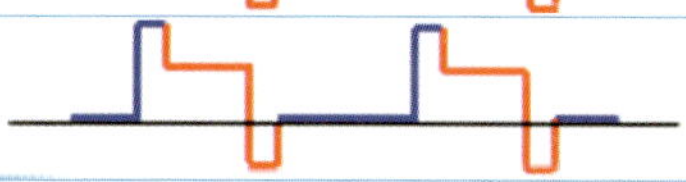

지금까지의 내용을 요약하면 표 2와 같다. 라인의 임피던스값과 종단저항의 값이 서로 같았을 때 반사파 없이 보내고자 하는 신호를 유지할 수 있으나, 임피던스가 다른 경우 비정상적인 반사파가 나타난다. 상대적으로 저항이 큰 경우는 전압이 더 높은 쪽으로 나타나는 특징을 가지며, 저항이 상대적으로 낮은 경우는 오버슈트(Overshoot)와 언더슈트(Undershoot) 현상이 발생한다. 오버슈트와 언더슈트는 펄스 회로의 기생 커패시턴스 및 인덕턴스가 고유 주파수에서 공명할 때 링잉(Ringing)현상을 유발하고, 여분의 전류를 흐르게 하여 에너지를 낭비하고 구성요소를 추가적으로 가열하며 전자파까지 방출할 수 있다. 또한 최종 상태에 도달하는 것을 지연시킬 수 있기 때문에 바람직하지 않다.

그림 24와 같이 라인에 여러 개의 임피던스(폭이 좁은 쪽은 임피던스가 크고, 폭이 넓은 것은 임피던스가 작다)가 존재하는 상태에서 좌측에서 신호를 인가하고 시간에 따른 전압변화를 살펴보았을 때 임피던스의 크기에 따라 전압의 크기가 변동함을 보여주고 있다.

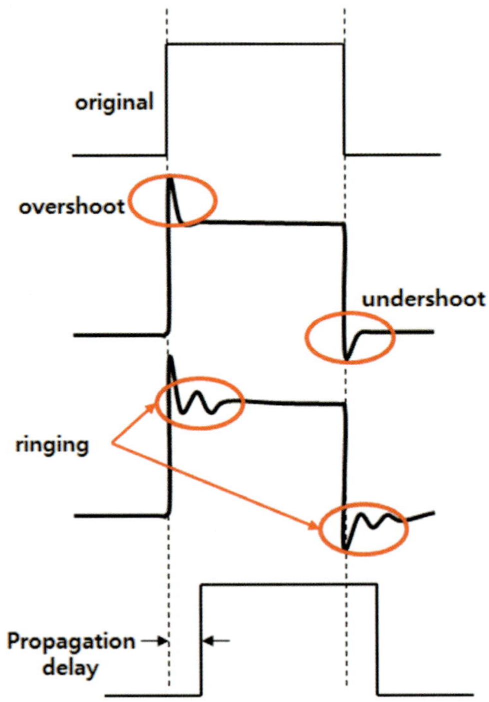

그림 23 | 미스매칭(mismatching) 영향

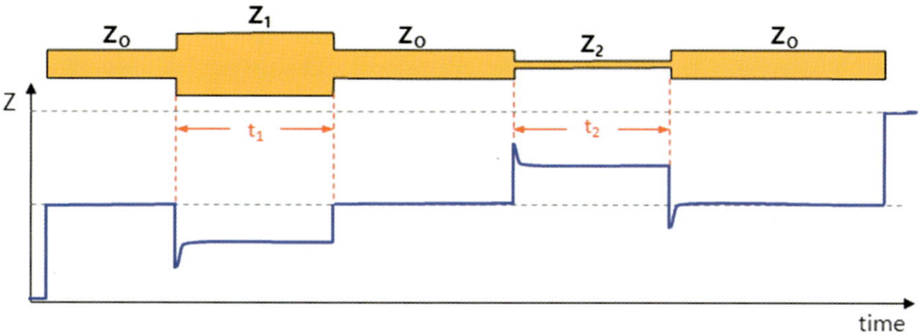

그림 24 | 라인의 임피던스 변화와 반사파 영향

회로에 커패시터 또는 인덕터가 존재하는 경우는 표 3과 같다. 커패시터의 대표적인 소자는 콘덴서로, 콘덴서는 비워져 있는 경우 마치 저항이 없는 전선과 같아 전류가 흐른다. 전류가 흐르면서 콘덴서는 충전하기 때문에 시간이 흐르면서 충전전압은 높아진다. 완전 충전된 상태에서는 전류가 흐르지 않는 특성이 있어 DC 전류를 차단하는 효과를 가진다. 한편 콘덴서가 보유한 전압보다 회로의 전압이 낮은 경우 방전하며 방전량에 따라 콘덴서 전압은 점차 낮아진다.

이렇게 콘덴서에 전압이 인가된 순간 콘덴서가 비워져 있거나 인가된 전압보다 낮은 전압이 충전되어 있는 경우 임피던스는 낮은 상태이기 때문에 전압은 순간 낮아지나 점차 충전에 의해 전압은 상승한다. 이렇게 콘덴서 성분이 라인에 있는 경우 충전과 방전 파형의 형태를 보이는 특징을 가진다.

표 3 | R-C, R-L 조합일 때의 반사파

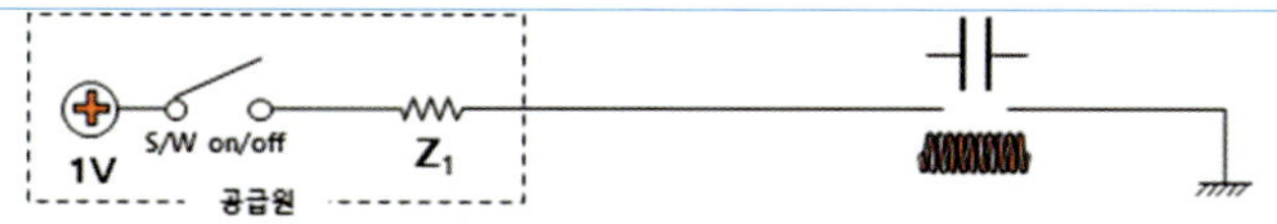

구분	입사파	반사파
		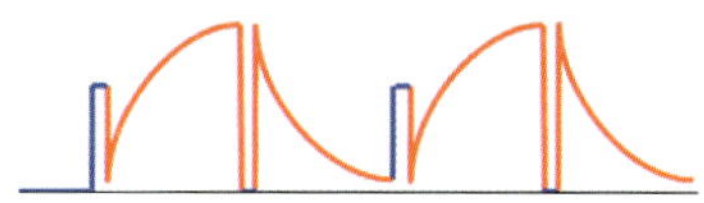
		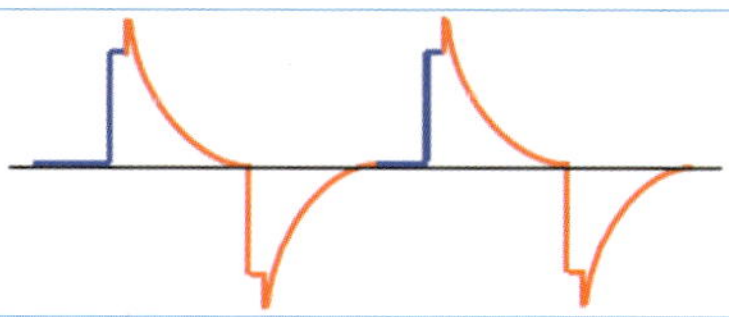

인덕턴스의 경우는 전류의 흐름을 방해하는 특성을 가진 소자이기 때문에 전압이 인가됨과 동시에 코일에서는 역기전력에 의해 전류는 흐르지 않는다. 따라서 임피던스가 순간적으로 높아진 형태가 되므로 전압 신호는 단선된 것과 같이 순간적으로 높아진다. 이후 역기전력은 약화되면서 전류가 점차 높아지는 특성을 보이기 때문에 임피던스가 작아진 것과 같은 효과를 낸다. 결과적으로 전압이 순간적으로 높아진 이후 인젝터 파형의 써지 전압 직후 파형과 같이 감쇄하는 파형이 발생하는 특징을 가지기 때문에 콘덴서 파형과 구분할 수 있다.

03 종단저항

임피던스가 미스매칭(Mismatching)된 경우 선로에 전송되는 신호는 Overshoot, Undershoot, Ringing 현상, Propagation Delay 등의 문제가 발생하고, 이러한 문제는 다른 선로에 간섭하는 Crosstalk 문제나 전자파 방해 잡음(EMI) 등의 원인으로 작용하기 때문에 임피던스 매칭은 필수적이다.

터미네이션은 전송선로 상에서 반사파의 억제를 목적으로 도선의 임피던스와 매칭되도록 도선 끝에 저항을 붙이는 것을 종단 처리를 하고, 그 저항을 터미네이터라 한다. 즉, 케이블이나 선로 등 도체의 끝부분에 반사파가 발생하지 않도록 처리하는 것을 터미네이션이라 한다.

선로에 신호를 인가하면 신호는 선을 따라 이동하면서 서서히 감쇄되지만, 케이블의 끝을 만나면 임피던스의 급격한 차이로 인해 신호의 반사가 일어난다. 신호별로 특성에 따라 반사 신호가 무시되어도 충분한 경우가 있지만, CAN 신호와 같이 고주파인 경우 반드시 반사 신호를 억제해 주어야만 한다.

케이블이 일정한 특성 임피던스를 가지고 있고 케이블이 무한히 연장되어 있다면 케이블에 인가된 신호는 무한한 케이블을 통해 이동할 것이고 점점 신호가 감쇄한다. 만약 케이블이 무한히 길다면 무한히 긴 선로를 따라 감소하다 보면 결국 케이블의 끝 지점에서 보면 신호가 완전히 사라질 것이다. 케이블의 종단부에 케이블 특성 임피던스와 동일한 저항을 달아주면 케이블에 인가된 신호는 모두 종단저항에서 소모되고 반사가 일어나지 않을 것이다. 마치 케이블이 무한히 연장되어 있는 것과 같은 효과가 발생하기 때문이다.

반사파의 영향을 최소화하기 위한 CAN 라인의 종단 처리는 CAN-H 라인과 CAN-L 라인의 사이에 케이블 차동 모드 임피던스 특성과 일치하는 저항을 수신 라인의 끝에 배치하는 방법이다. 양방향 통신이므로 종단저항은 네트워크 맨 끝 수신부에 처리하므로 최소 2개가 필요하다. 만약 부적절한 종단 처리의 경우 버스의 논리 레벨 전압 변동에 영향을 미쳐 에러를 유발할 수 있다. 그 예로 종단저항이 제거된 경우는 Recessive(1)에서 Dominant(0)로 변환하는데, 정상적인 상태보다 2배의 시간이 소요되며 이 시간은 네트워크가 더 클수록 그 지연 시간은 더 증가한다. 저항과 커패시터간의 특성인 RC 지연이 더 느려진 경우 버스의 차동 전압이 아이들 상태(Recessive)로 복귀하기 전에 다음 비트의 샘플링 지점이 나타나면 비트 오류가 발생할 수 있다.

종단 처리 방식은 그림 25와 같이 단일 저항(120Ω)을 사용하는 방법과 60Ω의 저항 두 개로 분할한 방법이 있다. 분할된 종단 처리 방식은 복잡해 보이지만 공통 모드 노이즈에 대한 저역 필터(Low Pass Filter)능이 추가됨으로써 전자기 방출을 개선하는데 도움이 된다.

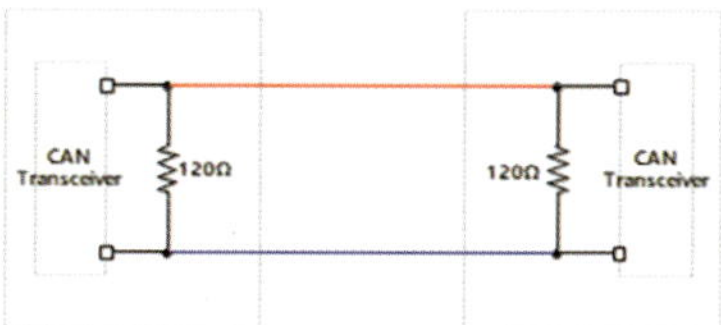

〈Standard Termination〉

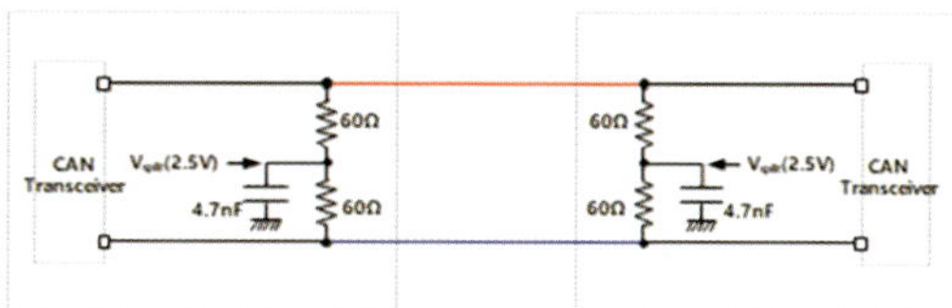

〈Split Temination〉

그림 25 | 표준 종단 방식과 분할 종단 방식

$$\text{Low pass filte} : f_c = \frac{1}{2\pi \times R \times C}$$

이 기술은 공통 모드 지점과 접지 사이에 커패시터(일반적으로 1~100nF)와 함께 케이블 특성 임피던스의 절반인 60Ω(±1%)짜리 두 개의 저항을 사용한다. 분할 저항은 네트워크에 존재하는 공통 잡음을 차동 잡음으로 변환시킬 수 있어 정확히 일치하는 저항을 사용하는 것이 중요하다. 그림에서의 예는 두 개의 종단저항 사이에 1Mbps에서 3dB의 필터 효과를 얻기 위한 4.7nF의 커패시터를 사용한 예이다.

3 비트 동기화

통신에서 최소 단위에 해당하는 bit로 통신 속도가 500kbps인 경우 1초에 50만bit가 전송될 수 있다는 뜻으로, 이때의 1bit는 1초(1,000,000us)를 50만으로 나눈 셈이므로 1bit는 2us에 해당한다.

명목 비트 타임(Nominal bit Time)은 이상적인 상태에서의 이론적 값으로 비트의 명목적인 지속 기간과 동일하나 실제 부품들의 오차(특히 발진기, 오차 한계, 온도, 시간 변동 등) 때문에 비트의 실제 값은 항상 다르게 나타나며, 각 노드의 내부 발진 소자에서 발생하는 발진 신호인 클록(Clock) 신호를 바탕으로 정해진 시스템 주기 진동수로부터 전자적으로 구성된다.

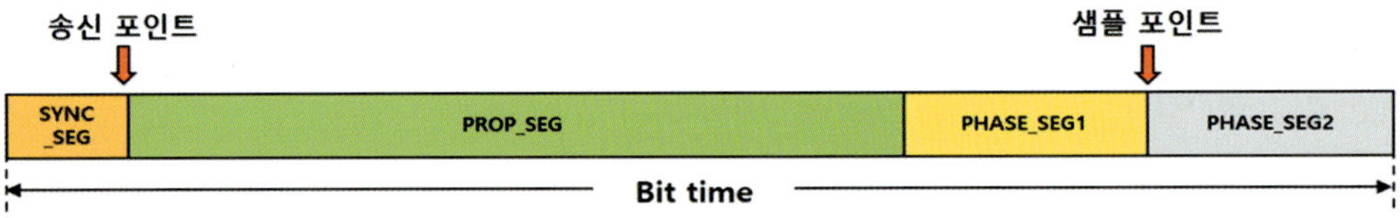

그림 26 | 1bit의 구성

1bit는 그림 26과 같이 크게 3개의 부분(Segment)으로 나누어져 있다. 동기화 세그먼트(SYNC_SEG : Synchronization Segment)는 버스 상에 있는 여러 노드를 동기화할 때 사용하는 비트 타임으로 1 Time Quantum(퀀텀(물질의 최소 단위), 어떤 양을 한 단위량의 정수배로 나타낼 수 있을 때의 단위량)으로 구성된다. 동기의 판정은 각 비트 하강 에지가 SYNC_SEG의 세그먼트 안에 들어 있는지의 여부로 판정한다.

전파 시간 세그먼트(PROP_SEG : Propagation Time Segment)는 신호 전달 매체로 사용되는 전선의 신호 전파 현상과 네트워크의 기하학적 구성 때문에 발생하는 지연 시간을 고려하여 이를 상쇄시키기 위해 설계되었으며, 매체 때문에 발생하는 전파 시간과 버스에 연결된 노드들의 입·출력 단계에서 발생하는 지연 시간의 총합을 2배(입력 + 출력)한 것과 같다. 전파 시간 세그먼트는 1~8퀀텀으로 구성된다.

위상 세그먼트(PHASE_SEG 1, 2)는 1~8퀀텀으로 구성되어 있으며 각 위상에서의 다양한 변동, 에러나 변화 또는 매체상에서의 변화 동안 발생할 수 있는 신호의 에지(Edge) 위치를 상쇄하기 위한 것으로, CAN-H 신호와 CAN-L 신호의 동기화를 위해 메커니즘에 의해 길어지거나 짧아지게 설계되어 있다. 위상 세그먼트는 PHASE_SEG 1과 PHASE_SEG 2로 나누어져 있으며, 비트의 판정은 그림 27과 같이 PHASE_SEG 1과 PHASE_SEG 2의 경계에서 수행하며, 샘플 포인트는 경계면 한 지점인 경우와 경계면 앞·뒤를 추가한 3개소에서 하는 경우가 있다. 샘플 포인트가 3개인 경우는 많은 쪽의 판단으로 결정한다. 비트의 하강이 SYNC_SEG보다 앞이면 PHASE_SEG 2가 짧아지고, SYNC_SEG보다 뒤쪽이면 PHASE_SEG 1을 더 길게 제어하여 동기를 맞추며, 하강이 발생할 때마다 bit 단위로 수행한다.

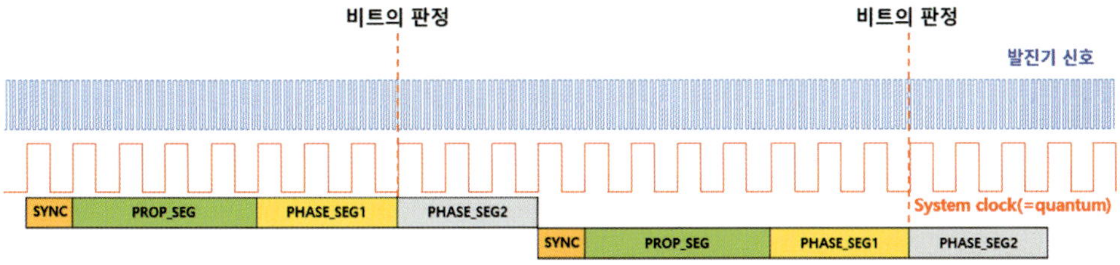

그림 27 | 비트의 판정

각 세그먼트의 기준이 되는 클록(Clock) 신호는 수정(Quartz) 발진기(약 수 kHz~약 200MHz)의 진동에 의해 발생하고, 노드의 기능을 제어하는 마이크로 컨트롤러로 입력되는 클록 신호의 수를 기준으로 각 퀀텀으로 분할(그림 27 참조)된다. 1bit는 8~25의 퀀텀으로 구성되며, 500kbps 조건에서 8퀀텀인 경우 1개 퀀텀의 시간은 0.25us(= 1 ÷ 500,000 ÷ 8)에 해당하고, 같은 조건에서 25퀀텀의 경우 0.08us(= 1 ÷ 500,000 ÷ 25)가 된다.

네트워크의 각 노드들은 개별 발진기를 가지고 있으며, 동기화 세그먼트에 의해 동기를 맞춰 통신하고 있어 CAN은 비동기식으로 보이지만 동기를 맞추어 송신하는 셈이다.

3 메시지 프레임의 구조

1 프레임 구조

01 SOF

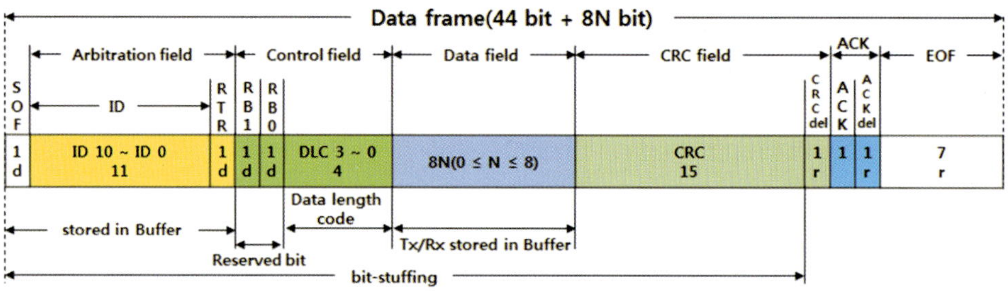

그림 28 | CAN 2.0A의 데이터 프레임 구조

데이터를 전송하고자 하는 노드는 우선 하나의 우성(Dominant) 신호인 SOF(Start of Frame)를 송신함으로써 메시지 전송을 개시한다. SOF는 단일 bit로 구성되어 있으며, 이 신호에 의해 모든 노드는 싱크되어 수신 및 응답 준비가 되어야만 한다.

02 ID(Identifier) Field

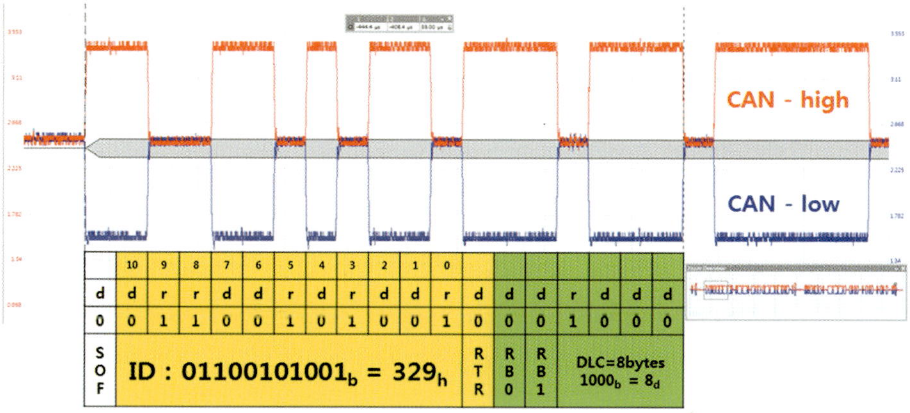

그림 29 | ID field와 control field

ID(식별자)는 대부분 수신 컨트롤러인 노드에 해당하지만 CAN에서의 ID는 메시지를 의미한다. 즉, 데이터 수신 제어기를 의미하는 것이 아니고 데이터의 성격을 의미한다.

표 4 | 대표 ID 예

massage	ID(hex)	Transmit units	Receiving units
EMS 1	0316	EMS	ABS/TCS, TCU
EMS 2	0329	EMS	ABS/TCS, TCU
EMS 4	0545	EMS	ABS/TCS, TCU
TCS 1	0153	ABS/TCS	EMS, TCU
TCS 2	01F0	ABS/TCS	EMS, TCU
TCU 1	043F	TCU	ABS/TCS, EMS

CAN 2.0A에서 ID는 그림 29와 같이 11bit로 구성되어 있으나 2.0B에서는 29bit로 구성되어 있다. 그림 29에서 ID에 해당하는 2진화 부호 11bit 영역을 16진법으로 환산하면 329h가 되어 표 4에서 보는 바와 같이 엔진 컨트롤러가 TCU나 VDC 등에 보내는 신호에 해당된다. 엔진 ECU가 변속기나 제동장치의 제어기에 보내는 신호를 살펴보면

rpm이나 APS(또는 TPS), 엔진의 부하량 등의 정보일 것이다.

03 Control Field

컨트롤 필드는 6bit로 구성되어 있으며 첫 번째와 두 번째 비트는 확장될 것을 위해 추가로 준비해둔 것이다. 나머지 4개의 비트는 DLC(Data Length Code)로 이 코드 뒤에 올 데이터 바이트(bytes)의 수량을 표시한다.

DLC 코드는 표 5와 같은 2진 부호화 코드를 10진법 또는 16진법으로 변환한 값이 바이트 수에 해당하며, 그림 29에서 보이는 1000b의 코드는 10진수로 8을 의미하므로 컨트롤 필드 이후 나타나는 데이터는 8bytes가 된다는 의미이다.

만약 컨트롤 필드 뒤에 오는 데이터 바이트가 16개가 넘는 경우 DLC 4bit로는 표현이 불가하여 확장 비트를 사용하게 될 것이다. 데이터 바이트 수가 17개인 경우 2진 부호로 10001되어 DLC는 5bit가 요구된다.

표 5 | 컨트롤 필드의 DLC 코드

Number of Data Bytes		Data Length Code			
		DLC 3	DLC 2	DLC 1	DLC 0
0	0 0 0 0	d	d	d	d
1	0 0 0 1	d	d	d	r
2	0 0 1 0	d	d	r	d
3	0 0 1 1	d	d	r	r
4	0 1 0 0	d	r	d	d
5	0 1 0 1	d	r	d	r
6	0 1 1 0	d	r	r	d
7	0 1 1 1	d	r	r	r
8	1 0 0 0	r	d	d	d

04 Data Field

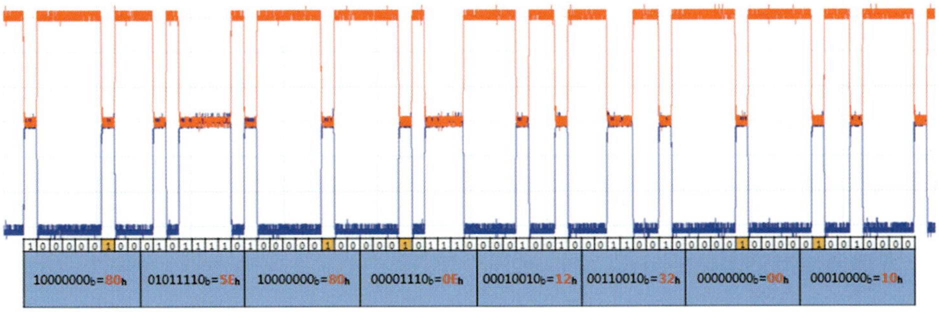

그림 30 | Data Field

데이터 필드는 8bit의 데이터가 전송되며, DLC에 나타난 길이만큼의 데이터 바이트가 전송된다.

05 CRC Field

메시지의 유효성 검증을 위한 방법으로 송신측에서 보내고자 하는 원래의 정보 이외에 별도의 잉여분 데이터를 추가하여 전송하면 수신측에서 이 추가된 데이터를 이용해 메시지를 검사함으로써 메시지에 대한 유효성을 검증한다. K-line, LIN 시스템에서는 Parity와 Checksum 등을 이용하고 있으나, CAN에서는 순환중복검사(CRC : Cyclic Redudancy Check)를 이용한다.

06 Acknowledgement Field

ACK 필드는 그림 31에서와 같이 ACK bit와 ACK 구분자로 구성된다. ACK는 메시지를 수신함으로써 확인 응답하는 것으로 송신노드가 아닌 수신노드가 응답해주는 것이다. 만약 어떤 노드가 메시지를 수신하지 못했다면 오류 프레임이 대신 생성된다. 이것은 송신측 CRC 시퀀스를 통해 '알아들었습니까?'라는 물음에 응답하는 형태라 할 수 있다. 한편 어떤 메시지를 여러 노드가 수신한다 했을 때 하나의 노드만 수신하지 못했다면 해당 노드의 에러일 확률이 크다. 반면 해당 메시지를 수신해야 할 모든 노드가 메시지를 수신하지 못했다면 송신측 노드가 불량이 된다.

ACK의 특징은 그림 12에서 보는 바와 같이 하나의 bit로 구성되어 있으며, 다른 bit에 비해 진폭이 큰 특징을 가지기 때문에 파형 분석 시 쉽게 구분할 수 있다.

수신노드는 수신한 메시지에 대하여 CRC를 통해 검증했을 때 이상이 없는 경우 ACK 필드에 1개의 우성(Dominant : 0)비트를 CAN 버스의 데이터 프레임에 추가하고, 그렇지 않은 경우는 열성(Recessive : 1)을 추가한다. 즉, 정상적으로 수신한 경우 ACK 필드의 신호는 구분자를 포함(ACK + ACK 구분자)하여 '01'이지만 수신이 불량한 경우 '11'이 된다.

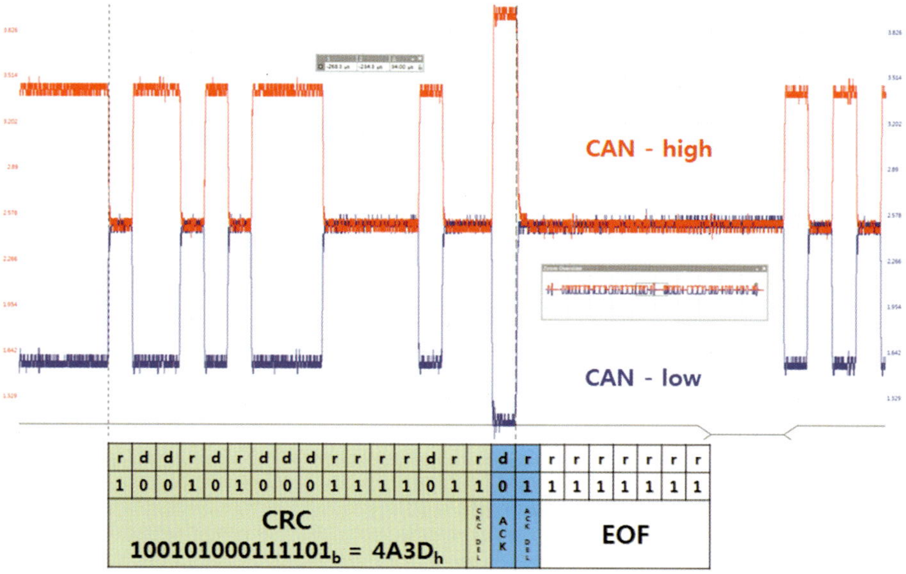

그림 31 | CRC와 ACK

CAN 전송 속도의 판단은 한 프레임 중 최소 비트의 시간을 측정하여 판단할 수 있지만, 정상신호의 프레임 중 판단하기 쉬운 ACK의 신호를 가지고 판단한다. ACK는 1bit 이기 때문으로 ACK bit의 시간이 2μs인 경우 1초 ÷ 2μs = 500,000bit가 되어 통신 속도는 500kbps가 된다. 반대로 통신 속도를 알고 있고 한 개 bit의 시간을 구하고 싶다면 통신 속도의 역수가 1bit의 시간에 해당한다.

07 EOF

EOF는 비트 채워 넣기 길이보다 2bit가 더 긴 7개의 열성 bit 시퀀스로 구성된 플래그(flag)에 의해 끝난다. 이 영역에서는 고정된 구조이므로 코딩(송신할 때)과 디코딩(수신할 때)을 위한 비트 채워 넣기 논리가 사용되지 않는다.

2 중재방법

그림 2의 회의장에서 만약 B와 E가 동시에 발언을 하겠다고 외쳤다고 가정했을 때는 둘 중 한 사람만 발언할 수 있도록 중재가 필요하다. E는 '점심식사' 거리에 대해서 말하려 하고, B는 '임금 협상안'에 대하여 말하려고 한다고 가정한다면 점심식사보다는 임금 협상안이 더 중요 사안에 해당하므로 대부분 발언권은 B에게 주려 할 것이다.

같은 방법으로 두 개 이상의 노드가 버스에 접근할 경우 충돌을 해결하기 위해 CAN에서는 ID에 따라 버스에 접근할 수 있는 우선순위를 두고 있다. 송신기는 송신된 비트의 레벨과 버스를 모니터링한 레벨을 비교할 수 있기 때문인데, ID의 각 bit에서 우성이 맨 앞에 나타난 것이 우선권을 갖는다.

우성은 2진 부호로 '0'이기 때문에 결과적으로 ID 숫자가 낮을수록 우선권이 있다는 얘기이다. 버스 레벨이 같은 경우 송신을 계속하지만, 송신 레벨과 모니터링 레벨이 다르면 즉시 송신을 중지한다.

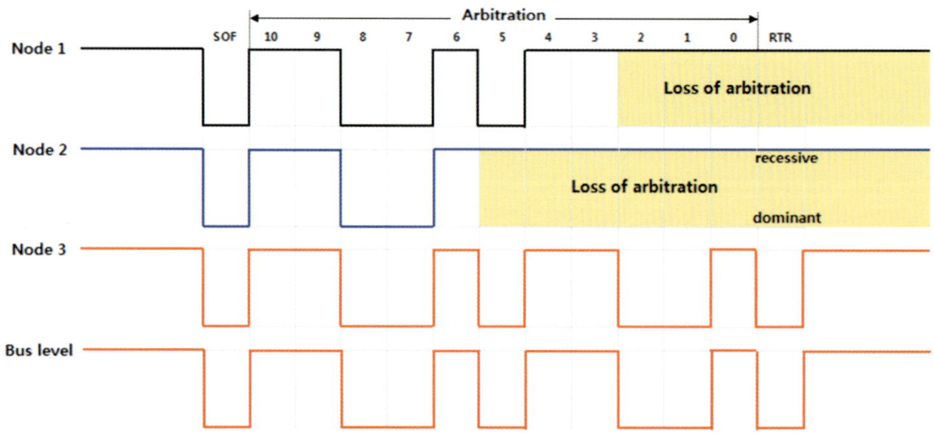

그림 32 | 우선권의 조정 방식

그림 32와 같이 노드 1과 2가 동시에 송신을 하겠다고 SOF를 송신한 경우 첫 번째에서부터 다섯 번째 비트까지는 서로 같은 레벨을 보이기 때문에 같이 전송하지만, 그림에서 5번 bit인 여섯 번째 비트에서 노드 1은 우성이지만 노드 2는 열성이므로 노드 2는 송신을 중단하고 수신만 한다. 한편 노드 3도 동시에 송신을 개시했다고 가정하면 그림 32의 2번 bit에서 노드 3이 우성이므로 노드 1은 송신을 중단한다. 결국 최종적으로 노드 3만 CAN 버스에 신호를 계속하여 전송할 수 있게 된다.

ID의 bit 단위 중재 원칙에 따라 송신하려고 하는 레벨은 열성(Recessive : 1)인데, 상대측에서 우성(Dominant : 0)인 경우 송신을 중단하는 방식으로 조정한다. SOF 이후 우성신호가 나타날 경우 2진법도 마찬가지이지만 16진법으로 숫자가 낮아지므로 ID 번호가 낮을수록 우선권을 갖는다. 때문에 시스템 운용에 필수적인 데이터는 ID 숫자가 낮다. 즉, 표 1에서와 같이 ECU가 전송하는 ID 329h와 TCS가 전송하는 ID 153h이 충돌할 경우 153h이 우선한다는 뜻이다.

ID 필드 중 마지막 비트는 RTR(Remte Transmission Request)로 원격 요청신호이다. 이 비트가 열성(Recessive : 1)인 경우 ID에 해당하는 신호를 요청하는 메시지라는 뜻이다.

3 스터핑 규칙

CAN에 참여하는 노드들은 상대편의 송신이 잘못을 판단할 수 있을 뿐만 아니라 스스로를 진단하여 수신만 할지 아니면 버스에서 이탈할지를 결정한다. 이때 자신의 상태를 알리는 에러 프레임을 전송하며,, 에러 신호는 상태에 따라 연속한 6개 이상의 우성 또는 열성 신호를 송신한다. 결국 똑같은 값을 가진 6개 이상의 비트가 전송될 경우 수신 노드는 이상이 있다고 판단하는 오류가 발생한다.

이런 이유 때문에 데이터 프레임에서는 한 가지 극성만으로 6개 이상의 신호를 전송하지 않는 규칙을 가지고 있다. 즉, 송신자가 전송되는 비트 흐름에 있어 우성 또는 열성 비트 신호가 5개 연속으로 같은 값을 가질 경우 자동적으로 전송 중인 비트 흐름에 반대 극성의 비트를 채워 넣는다. 이것을 스터핑(Stuffing : 끼워넣기)이라 한다.

스터핑의 방법은 똑같은 값의 5개 비트 이후 이 연속적인 같은 값의 리듬을 끊어주기 위해 인위적으로 반대 값을 가진 비트를 채워 넣는다. 전송해야 할 데이터가 그림 8의 맨 위 그림과 같이 3번~8번까지는 우성, 15번~20번까지 열성으로 같은 극성의 신호가 6개일 경우 자동으로 같은 극성 5개 이후 하나의 다른 극성을 채워 버스에 전송한다.

수신 노드측에서는 수신 데이터 중 같은 극성 5개 이후 나타나는 비트를 스터핑 비트로 판단하고 버린 후 데이터를 판단한다. 한편 수신된 신호가 스터핑 규칙이 잘못된 경우 수신 노드는 송신측의 스터핑 에러를 판단하고 에러 신호를 출력한다. 스터핑 규칙은 데이터 프레임과 원격 프레임 외 다른 프레임에는 비트들의 구조가 고정되어 있어 이 규칙을 따르지 않는다.

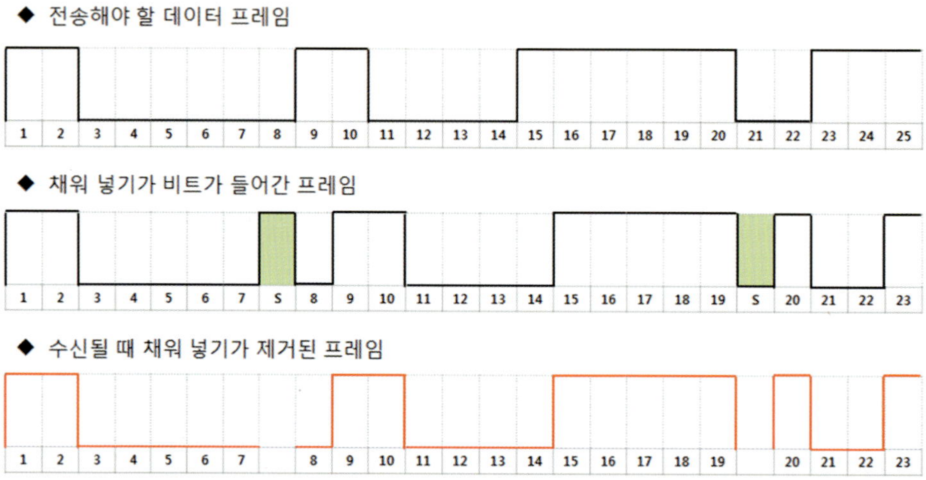

그림 33 | Stuffing 규칙

그림 33에서 첫 번째 바이트 영역에서 원래 신호 8비트와 스터핑 비트를 포함한 100,000,100b의 9개 비트 신호가 전송되었음을 알 수 있고, 수신노드는 해당 신호 중 스터핑 비트를 무시한 나머지 8비트 10,000,000b의 신호를 진짜 신호로 판단한다. 이 신호는 다시 16진수로 변환하면 80h가 된다. 이런 방법으로 8개 바이트 모두 계산하면 그림과 같이 각각 80h, 5Eh, 80h, 0Eh, 12h, 32h, 00h, 10h이 된다.

4 순환중복검사

메시지의 유효성 검증을 위한 방법으로 송신측에서 보내고자 하는 원래의 정보 이외에 별도의 잉여분 데이터를 추가하여 전송하면 수신측에서 이 추가된 데이터를 이용해 메시지를 검사함으로써 메시지에 대한 유효성을 검증한다. K-line, LIN 시스템에서는 Parity와 Checksum 등을 이용하고 있으나, CAN에서는 순환중복검사(CRC : Cyclic Redudancy Check)를 이용한다.

송신측에서 자신이 전송한 데이터가 정상적인 신호인지를 판단할 수 있게 CRC 코드를 데이터 필드 뒤에 전송하며, 이 영역은 CRC 시퀀스 영역과 CRC 구분자(Delimiter)로 구성되어 있다. 전송된 메시지에 대한 유효성의 판단은 수신 노드에 의해 이루어지고 있으며, 여기서 특별한 다항식과 나눗셈의 나머지를 계산하는 수학적 연산 방식인 모듈로(Modlulo) 2를 적용하고 있다. 참고로 모듈로는 어떤 수를 n(Divisor, Modulus)으로 나누었을 때 그 나머지(Residue)를 구하는 연산으로 이때 몫(Quotient)은 관심을 두지 않고 오로지 나머지에만 관심을 두는 방식이다.

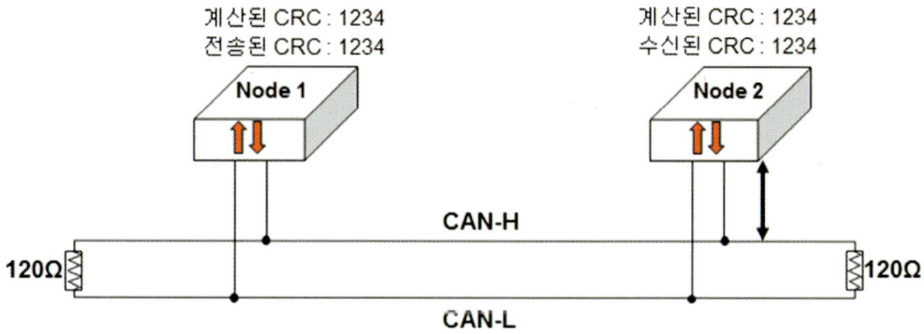

그림 34 | CRC를 이용한 메시지의 검증

그림 34와 같이 노드 1에서 송신하고 노드 2가 수신측이라 했을 때 송신하는 노드 1에서 CRC 생성 다항식을 이용하여 1234를 CRC 코드를 생성했다면, 데이터 필드 뒤에 1234라는 시퀀스 데이터를 추가하여 송신하고 수신측에서는 이 코드를 이용하여 SOF를 포함한 ID 필드에서 데이터 필드까지의 메시지에 대한 유효성을 검증한다. 만약 CRC 코드로 검증했을 때 에러가 발생한 경우 전송된 메시지는 유효하지 않은 것으로 판단하고 메시지를 무시하게 된다.

CRC 코드 생성을 위한 생성식은

$$g(X) = X^{15} + X^{14} + X^{10} + X^{8} + X^{7} + X^{4} + X^{3} + X^{1}$$

표 6 | CRC 코드의 생성과정

ID											RTR	Control						Data								이 지점부터 끝의 CRC까지 15개의 0을 추가														
0	0	0	0	0	0	0	0	0	1	1	0	0	0	0	0	0	1	0	1	0	1	1	0	1	1	0	0	0	0	0	0	0	0	0	0	0	0	0	0	0
·	·	·	·	·	·	·	·	·	31	30	29	28	27	26	25	24	23	22	21	20	19	18	17	16	15	14	13	12	11	10	9	8	7	6	5	4	3	2	1	0

으로 64bit용 32bit용 등 많은 생성 다항식이 있으나 15bit를 사용하는 CAN에서는 앞에 표시된 다항식을 표준으로 사용하고 있다. 이 생성 다항식을 2진법으로 표시하면 g(X)= 1100010110011001이 된다. 생성 다항식 g(X)를 통해 다항식 f(X)를 나눈 후 나머지가 15bit의 CRC가 되며 CRC 필드에 전송된다.

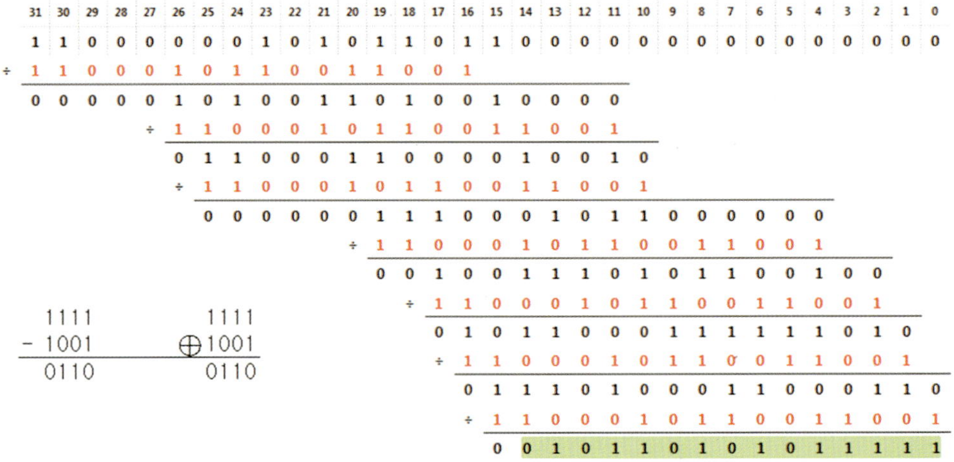

제안된 CRC 시퀀스 : 010110101011111_d = $2D5F_h$

그림 35 | 모듈로 2를 이용한 CRC 시퀀스 생성

ID가 03h인 데이터 프레임에서 컨트롤 필드는 01h, 데이터는 5Bh인 경우 표 6에서와 같이 데이터 이후 15개의 '0'을 추가한다. 이후 그림 35와 같이 생성 다항식의 이진수로 나누어 최종 나머지를 CRC 코드로 사용한다. 그림에서 생성된 코드는 2D5Fh로 이진수로는 010110101011111b이 된다.

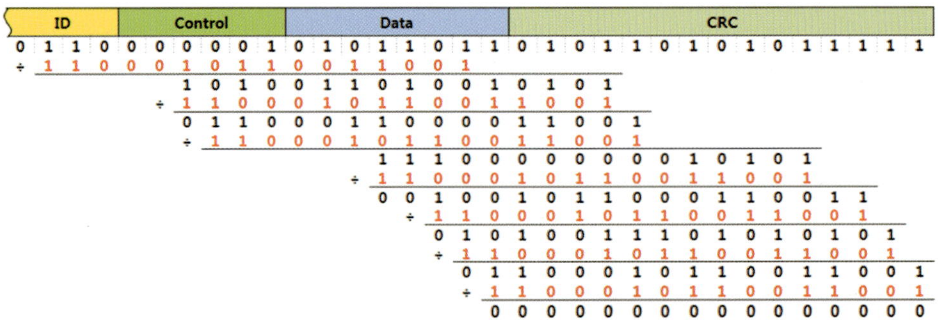

그림 36 | 생성 다항식으로 나누었을 때 0이어야 한다

생성된 CRC 코드를 데이터 필드 뒤에 적용하여 전송하면 수신측에서는 그림 36에서와 같이 유효성을 검증하기 위해 생성 다항식으로 나누었을 때 최종적으로 '0'인 경우만 정상적인 메시지로 판단한다. 만약 '0'이 아닌 경우 전송된 메시지는 무효로 하고 재전송을 요청한다. 지면관계상 단순한 예를 들었지만 실제 데이터를 수작업으로 계산할 경우 최소 40여회 정도 연산해야만 하는 번거로움이 있지만, 이 방법은 그만큼 최적 조건에 가장 가까운 방법이라고 알려져 있어 CAN에서는 표준으로 사용하고 있다.

그림 12는 실제 차량에서 전송되는 데이터를 포착한 것으로 그림 31은 CRC 영역을 확대한 것이다. CRC 필드의 15개 bit는 CRC 시퀀스가 4A3Dh임을 보여주고 있으며, 마지막 16번째는 CRC 구분자이다.

5 에러 검출과 버스 상태

CAN은 고속이면서 노이즈에 강한 데이터의 무결성 전송을 위해 차동 전압 인식 방식을 사용하고 있다. 또한 메시지 송·수신 중 오류에 대한 검출 기능을 가지고 있어 송신 노드 또는 수신 노드 중 에러를 발견한 노드는 즉시 상대에게 오류가 있음을 전송하고, 에러가 있는 메시지는 재전송하는 특성을 가지고 있다.

01 메시지 전송 프레임의 종류

메시지 프레임은 데이터를 전송하는 데이터 프레임(Data Frame), 데이터 전송을 요청하는 리모트 프레임(Remote Frame), 에러 발견 시 전송하는 에러 프레임(Error Frame), 버퍼 용량을 초과하거나 수신된 데이터 처리에 시간이 더 필요한 경우 전송하는 과부하 프레임(Overload Frame), 앞서 보낸 프레임과 데이터 프레임이나 원격 프레임을 분리하기 위한 인터 프레임(Intermission Frame) 등이 있다.

① 데이터 프레임 : 하나의 송신 노드로부터 1개 또는 2개 이상의 노드에게 데이터를 전송하는 프레임으로, 그림 37과 같이 CAN 2.0 표준 메시지 프레임은 SOF, RTR,

ACK 신호는 각각 1bit로 반드시 Dominant, CRC Delimiter와 ACK Delimiter는 반드시 Recessive로 나타나야 한다. 또한 SOF부터 CRC까지는 스터핑(Stuffing) 규칙을 만족해야 한다.

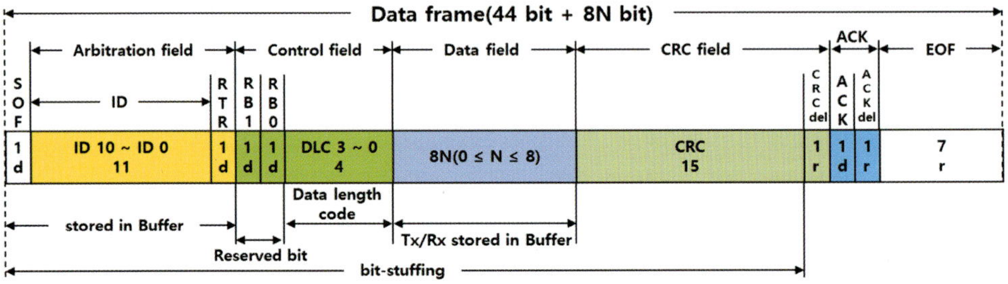

그림 37 | CAN 2.0A 표준 메시지 프레임

② 리모트 프레임 : 버스 상에서 활성화된 노드가 원격 프레임의 ID와 같은 값을 가진 데이터 프레임의 데이터 전송을 요청하기 위해 보내는 프레임으로, 요청 직후 응답 메시지 프레임이 전송된다. 이 프레임은 데이터를 요청하는 것이기 때문에 Data 필드가 없으며, 리모트 프레임인 것을 구분하기 위해 ID 필드의 맨 끝인 RTR(Remote Transmission Request) 비트를 Recessive로 전송하기 때문에 데이터 프레임과 동시에 송신될 경우 데이터 프레임의 RTR 비트가 Dominant이므로 데이터 프레임이 우선하여 전송된다.

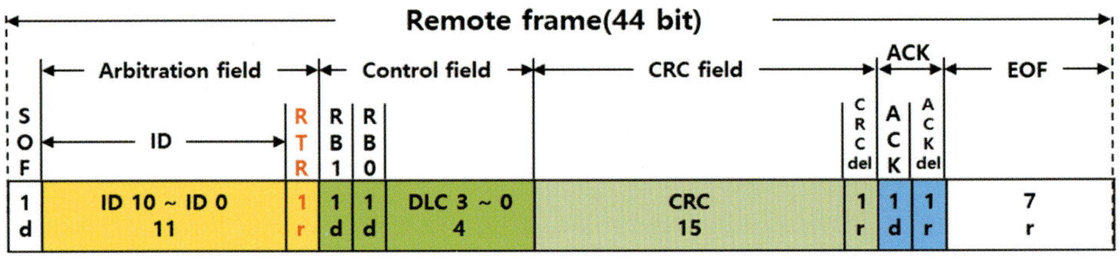

그림 38 | 리모트 프레임의 구조

③ 에러 프레임 : 버스 상에서 에러가 검출되자마자 버스 상에 있는 어떤 노드든지 에러 프레임을 전송한다. 다만 Active 에러 플래그와 Passive 에러 플래그를 보낼지

는 노드의 상태에 따라 달라질 수 있다.

④ 과부하 프레임 : 앞서 보낸 데이터 프레임과 그 후 보내는 데이터 프레임이나 원격 프레임 간에 추가 시차를 요청하기 위해 사용된다. 버퍼 용량을 초과하거나 수신된 데이터의 처리에 시간이 필요함을 알리는 프레임으로 시스템에서 잘 사용되지는 않는다.

추가 시간이 필요한 경우 전송 방법은 Overload가 예상되는 Intermission(휴식 기간)의 첫 번째 비트에서만 시작하며, Intermission(휴식 기간, 3bit) 중 Dominant 신호를 수신한 경우 Dominant 신호 감지 후 첫 번째 bit를 시작한다.

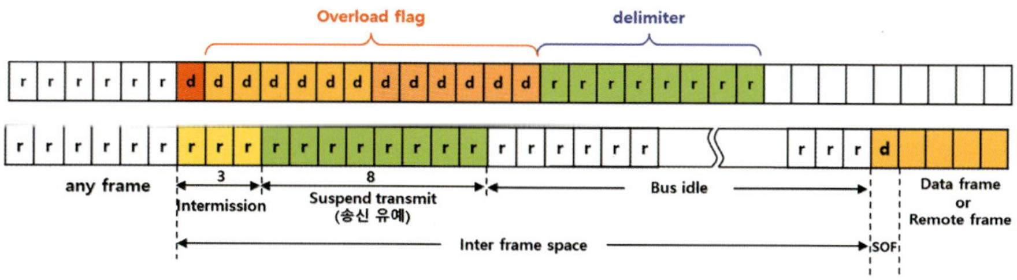

그림 39 | Overload 프레임

02 에러 유형과 감지 범위

에러의 유형에 따른 송신 노드와 수신 노드의 감지 범위는 그림 40과 같다.

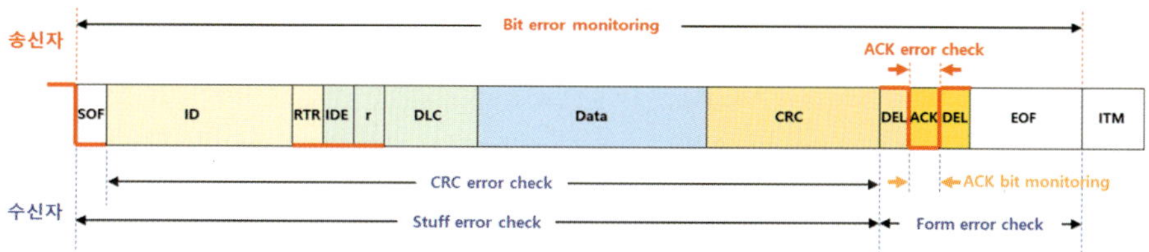

그림 40 | 송·수신 노드별 에러 감지 범위

① Bit Error[송신자] : 송신 노드 자신이 전송하는 모든 비트를 다시 읽어 자신이 전송한 것과 다른 데이터 비트 수준을 읽는 경우 송신기는 이를 비트 오류로 감지하

여 감지 직후 에러 플래그(Flag)를 전송한다. 다만 중재(ID 필드) 동안 비트 불일치가 발생하더라도 다른 노드와 송신 경쟁 상태일 수 있으므로 비트 오류로 해석하지 않으며, ACK slot의 경우는 송신 노드가 송신한 Recessive bit를 수신 노드가 Dominant로 덮어쓸 것을 요구하기 때문에, 자신이 송신한 Recessive bit와 다르더라도 에러로 판단하지 않는다.

② ACK Error[송신자] : 송신 노드가 메시지를 보낼 때 Recessive bit를 전송할 ACK 필드가 포함되며, 모든 수신 노드는 메시지 수신을 확인하기 위해 이 필드에서 Dominant bit를 송신해야 함에도 송신 노드 입장에서 ACK 슬롯에서 Dominant bit가 나타나지 않는 경우 송신기는 이를 ACK 오류로 판단한다.

③ Bit Stuffing Error[수신자] : 스터핑 규칙이 맞지 않을 때 내용으로 동일한 논리 레벨의 6bit 이상의 시퀀스(Sequence)가 CAN 메시지 내의 버스(SOF와 CRC 필드 사이)에서 관찰되는 경우 수신 노드는 bit Stuffing Error(일명 Stuff Error)로 판단한다. 6bit의 동일한 논리 레벨로 연속되는 것을 에러 플래그로 사용하는 이유이기도 하다.

④ Form Error[수신자] : CAN 메시지의 특정 필드 또는 비트가 항상 특정 논리 수준이어야 함에도 그러하지 않은 때 발생한다. 특히 SOF는 Dominant이어야 하고, EOF 필드는 모두 Recessive이어야 한다. ACK 및 CRC 구분자(Delimiter) 또한 Recessive이어야 한다. 수신 노드가 이러한 bit 중 하나라도 유효하지 않은 논리 수준임을 발견한 경우 수신 노드는 이를 형식 오류(Form Error)로 판단한다.

⑤ CRC error[수신자] : 모든 CAN 메시지는 15bit의 순환 중복 체크섬 필드가 포함되며, 송신 노드가 CRC값을 계산하여 메시지에 추가하고, 모든 수신 노드는 자체적으로 CRC를 계산하여 수신된 CRC값과 일치하지 않는 경우 수신 노드는 CRC 오류로 감지한다.

03 에러 카운트와 노드의 상태

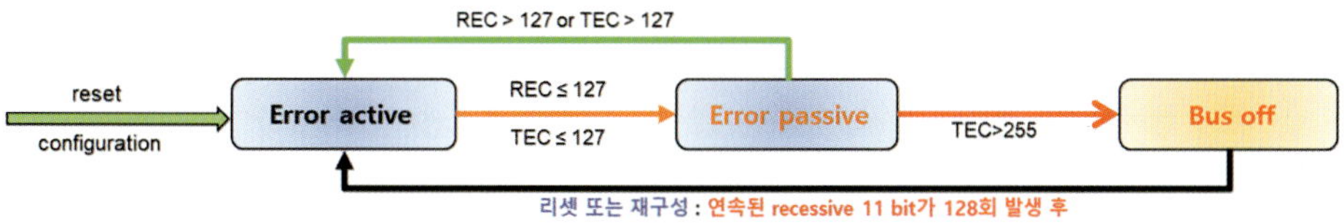

그림 41 | 에러 카운트 관리

CAN에 참여하는 노드들은 상대편 송신의 에러를 판단할 수 있을 뿐만 아니라 스스로 진단하여 자신의 상태에 따라 버스 상 에러에 대하여 적극적으로 대응하거나, 소극적으로 수신만 할 수 있다. 또한 에러가 너무 많은 경우 해당 노드가 네트워크에 영향을 주지 않도록 스스로 네트워크에서 일정 기간 단절(Bus OFF)하는 제어를 한다.

각 노드는 데이디의 송·수신이 정상적으로 이루어졌는지 판단히기 위헤 버스를 상시 감시하고 있으며, 에러의 발생 횟수에 따라 그림 41과 같이 3가지 모드로 관리된다. 각 노드는 REC(Receive Error Counter)와 TEC(Transmit Error Counter)의 8bit 레지스터를 내장하고 있어 에러가 검출되면 그 내용에 따라 카운터 값을 증감하지만, 외부에서의 확인은 곤란하다. 카운트 값은 에러가 발생한 경우 8점씩 증가하지만, 에러 없이 1회 송신 또는 수신을 완료한 경우 TEC 또는 REC를 1점씩 감소시키는 방식으로 에러 카운트를 관리한다. 일반적으로는 송신 노드의 에러가 있을 확률이 높으나, 상대편의 송신 에러를 발견하고 에러가 있음을 적극적으로 알린 노드가 모든 메시지에 대하여 에러를 전송하는 등 에러를 감지한 노드 자신이 결함을 가지고 있을 수 있기 때문에 1점의 에러 카운트를 부여한다.

Error Active 상태는 에러 카운트가 127점 이하로 정상적인 송·수신이 가능한 상태이다. 모든 노드의 기본 상태라 할 수 있으며, Dominant(0)는 Recessive(1)보다 우선하기 때문에 오류 감지 시 CAN Traffic을 무력화하고, 어떤 신호보다 우선할 수 있는 Error Active Flag(Dominant 6bit)를 전송할 수 있는 상태이다.

Error Passive 상태는 에러 카운트가 128~255점으로 여전히 데이터를 전송할 수 있지만, 오류 감지에도 불구하고 적극적인 Error Flag를 전송할 수 없는 상태로 오류 검출 시 다른 노드의 송·수신 데이터를 방해하지 않도록 Error Passive Flag(연속된 Recessive

6bit)를 전송한다. Error Active 상태의 노드는 EOF 다음 3bit의 ITM(Intermission, 막간 휴식) 직후 데이터를 전송할 수 있으나, Error Passive 상태에서는 그림 42에서 보는 바와 같이 데이터를 전송하거나 원격 프레임을 보내고자 할 때 다른 노드가 bus를 차지할 수 있도록 전송 중지 기간(Suspend Transmission)인 8bit의 시간을 추가로 기다린 후 전송할 수 있다.

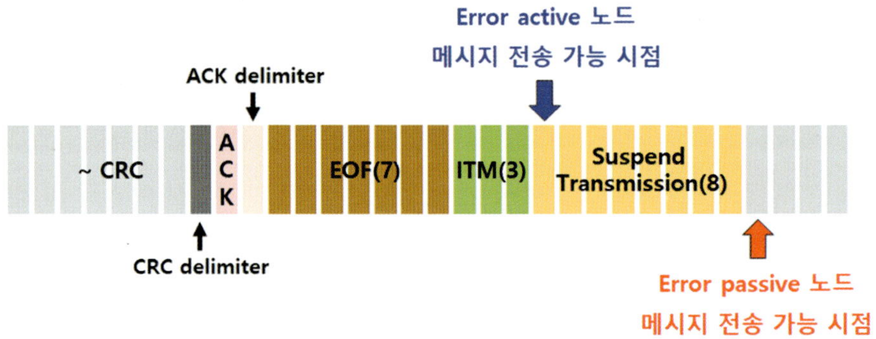

그림 42 | 노드 상태별 전송 가능 시점

CAN 컨트롤러가 고장 나거나 에러가 과도 누적되어 에러 카운트가 255점을 초과한 경우 네트워크에 영향을 주지 않도록 스스로 Bus OFF 상태(데이터 또는 에러 플래그 전송 중지됨)로 전환되며, CAN 노드는 CAN 버스에서 연결이 단절된다. 이 경우 11bit(= Error Delimiter 8bit + Intermission 3bit 값에 해당) 길이의 Recessive 신호를 128회 감지하거나, 하드웨어의 재설정을 통해 오류 활성(Error Active) 상태로 재진입이 가능하다.

일반적으로 Bus OFF 상태가 감지되면 레지스터를 리셋하여 초기화하지만, 일정 횟수 이상으로 Bus OFF가 반복되면 에러 원인을 와이어링 불량이나 하드웨어 문제 등으로 판단하여 고장 코드를 저장하고, 경우에 따라 림프 홈(Limp Home) 모드로 진입할 수 있다. 림프 홈 모드에서는 최소의 정보를 공유하는 제한적 기능을 수행하고 수신해야 할 변수들은 기본값으로 대체할 수 있다.

에러를 유발한 노드는 에러 카운트가 8점씩 증가하기 때문에 16회의 에러만으로 에러 카운트 128점에 도달하여 오류 수동(Error Passive) 상태로 진입할 수 있고, 총 32회의 에러가 발생한 경우 Bus OFF 상태로 진입할 수 있다. 오류 수동(Error Passive) 상태에서는 정상적인 송·수신이 완료된 것을 인지할 때마다 1점씩 감소하여 더 낮은 단계인 오류 활성(Error Active) 상태로 진입할 수 있다.

에러 신호는 노드의 상태에 따라 연속한 6개 이상의 Dominant 또는 Recessive 신호를 송신한다. 결국 똑같은 값을 가진 6개 이상의 비트가 전송될 경우 이 신호를 수신한 노드는 에러가 있는 것으로 판단한다. 이런 이유 때문에 일반적인 프레임에서는 한 가지 값만으로 6개 bit 이상의 신호를 전송하지 않는 규칙을 가지고 있다. 송신 노드는 전송하고자 하는 bit 흐름에 있어 Dominant 또는 Recessive 신호가 5개 연속으로 같은 값을 가질 경우 자동적으로 전송 중인 비트 흐름에 반대 값의 비트를 채워 넣는다. 이것을 스터핑(Stuffing : 채워넣기)이라 하며, 똑같은 값의 5개 비트 이후 연속적인 같은 값의 리듬을 끊어주기 위해 인위적으로 반대 값을 가진 비트를 채워 넣는다.

표 7 | 에러 카운트

Transmit/Receive Error Counter Change Conditions		Transmit Error Counter(TEC)	Receive Error Counter(REC)
1	수신 노드가 오류를 감지하였을 때	-	1
2	수신 노드가 에러 플래그를 전송한 후 수신된 첫 번째 비트에서 Dominant를 검출한 경우	-	8
3	송신 노드가 에러 플래그를 송신한 경우	8	-
4	액티브 에러 플래그 또는 과부하 플래그 전송 시 송신 노드가 에러 비트를 감지한 경우	8	-
5	액티브 에러 플래그 또는 과부하 플래그 전송 시 수신 노드가 에러 비트를 감지한 경우	-	8
6	엑티브 에러 또는 과부하 플래그 시작에서 14개의 Dominant를 감지한 경우 (각각의 경우에서 8비트의 Dominant를 감지한 경우)	For a transmit unit +8	For a receive unit +8

Transmit/Receive Error Counter Change Conditions		Transmit Error Counter(TEC)	Receive Error Counter(REC)
7	패시브 에러 플래그 후 8비트의 Dominant를 감지한 경우	For a transmit unit +8	For a receive unit +8
8	송신 노드가 정상적인 메시지를 송신한 경우(ACK 신호가 받았고 EOF가 나올 때까지 오류 없음)	−1 ±0 when TEC = 0	-
9	수신 노드가 정상적인 메시지를 수신한 경우(ACK 신호 끝날 때까지 오류 없음)	-	−1 when 1 ≤ REC ≤ 127, ±0 when REC = 0, When REC 〉127 value between 119 to 127 is set in REC
10	버스 OFF 상태에서 11개의 Recessive 비트가 128번 있는 경우	Cleared to TEC = 0	Cleared to REC = 0

4 CAN 라인의 점검

1 종단저항의 점검

CAN에서의 종단저항(Terminating Resistance)은 ISO11898의 CAN(125k~1Mbps) 사양에 명시되어 있듯 120Ω을 사용하고 있으며, 종단저항에 따라 전압 레벨에도 영향을 줄 수 있지만, 종단 처리의 주된 목적은 반사파의 억제에 있다. 따라서 종단저항은 송신부가 아닌 수신부에 장착하여야 하나 각각의 노드가 송·수신이 가능하므로 주선 라인의 맨 끝 양단에 종단저항을 설치하여 모든 노드가 공유할 수 있도록 하였다.

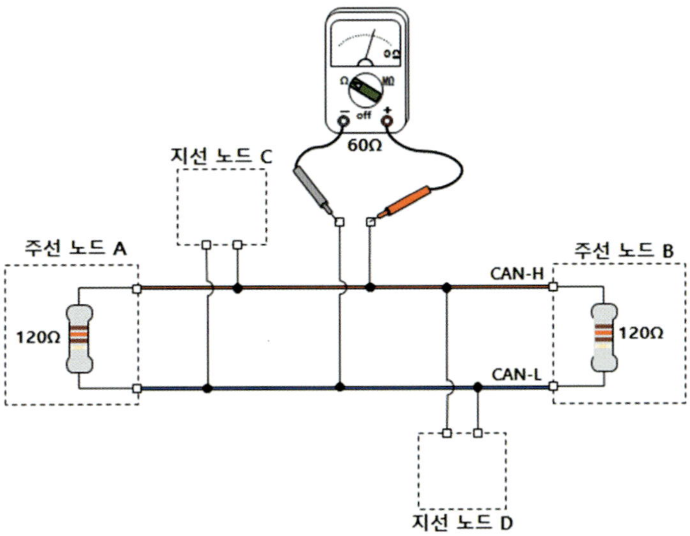

그림 43 | CAN의 Termination

종단저항을 측정하면 120Ω의 저항 2개가 병렬로 연결된 상태이므로 일반적으로 합성저항 60Ω이 측정되지만, 실제 회로에서의 저항은 42.5~65Ω의 범위가 정상적인 종단저항의 합성값이라 할 수 있다. ISO11898 고속 CAN의 사양에 의하면 종단저항은 Min 85Ω, Max 130Ω의 범위로 되어 있어 최소값과 최대값 범위에 대한 병렬회로를 계산하면 종단저항의 정상 범위는 42.5~65Ω이 된다.

그림 44에 나와 있듯이 주선에서 CAN-H 또는 CAN-L 라인에 단선이 존재하는 경우는 120Ω, CAN-H와 CAN-L 라인이 동시에 단선된 경우도 마찬가지로 120Ω이 측정된다. 따라서 종단저항의 점검 시 120Ω이 측정된다면 단선이 숨어 있다는 뜻이 된다. 다만 지선에서의 단선은 자기진단 커넥터 또는 단선이 없는 노드측에서 종단저항을 측정하는 경우 정상적인 60Ω이 측정되므로 주의가 필요하다.

단락(short)의 경우는 주선 또는 지선 어디에서 발생하든 전체 회로에 영향을 주는 특징이 있어 회로의 점검 시 주의를 요한다. 주선 또는 지선측에서 CAN-H와 CAN-L 라인이 서로 단락된 경우 종단저항은 0Ω이 측정되지만, CAN-H 또는 CAN-L 라인이 차체와 단락이 발생한 경우 자기진단 커넥터 또는 각 노드측에서 종단저항을 측정하는 방법(라인 간 저항 측정)으로 점검하면 정상적인 60Ω이 계측된다. 이 경우 그림 2의 하단부에 있는 그림과 같이 CAN-L 라인이 차체와 단락된 경우 자기진단 커넥터에서 종단저항을 측정하면 60Ω이 나타난다.

CAN-L 라인이 차체와 단락 상태에서 CAN-H와 차체 간 저항을 측정하면 거의 절연상태라 할 정도의 큰 저항이 나타나야만 하지만 60Ω이 나타날 것이며, CAN-L 라인과 차체 간 저항을 측정하면 0Ω에 가까운 저항값이 측정될 것이다. 이렇게 CAN 라인이 차체와 단락되었는지 점검하고자 하는 경우는 CAN-H 또는 CAN-L 라인과 차체 간 저항을 측정하여 0Ω에 가까운 라인이 차체와 단락된 것으로 판단하면 된다.

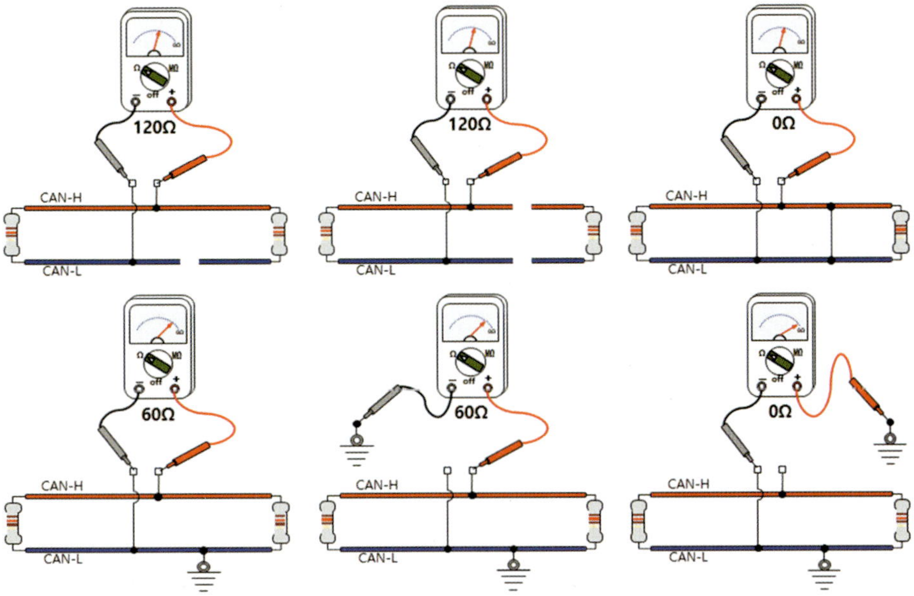

그림 44 | 고장유형별 종단저항의 측정 사례

종단저항의 측정은 대부분 자기진단 커넥터 또는 각 노드의 커넥터 부분에서 측정하고 있고, 라인의 단선, 라인 간 단락, 라인과 차체 간 단락의 3가지 경우의 수에 대한 측정 방법의 유효성을 정리하면 표 8과 같다. 실제 CAN 회로의 점검에서 종단저항의 측정은 기본 점검에 해당하나 종단저항의 변화, 주선의 단선, CAN-H와 CAN-L 라인간 단락, 라인과 차체의 단락 이외는 큰 도움이 되지 않을 가능성이 높음을 알고 있어야 한다.

표 8 | 종단저항 측정 시 유효(○)성

위 치	측 정 방 법	주 선 측			지 선 측		
		단선	라인간 단락	차체와 단락	단선	라인간 단락	차체와 단락
OBD 커넥터	라인의 종단저항	○	○			○	
	라인~차체 단락시험			○			○
지선 노드	라인의 종단저항	○	○		○	○	
	라인~차체 단락시험			○			○

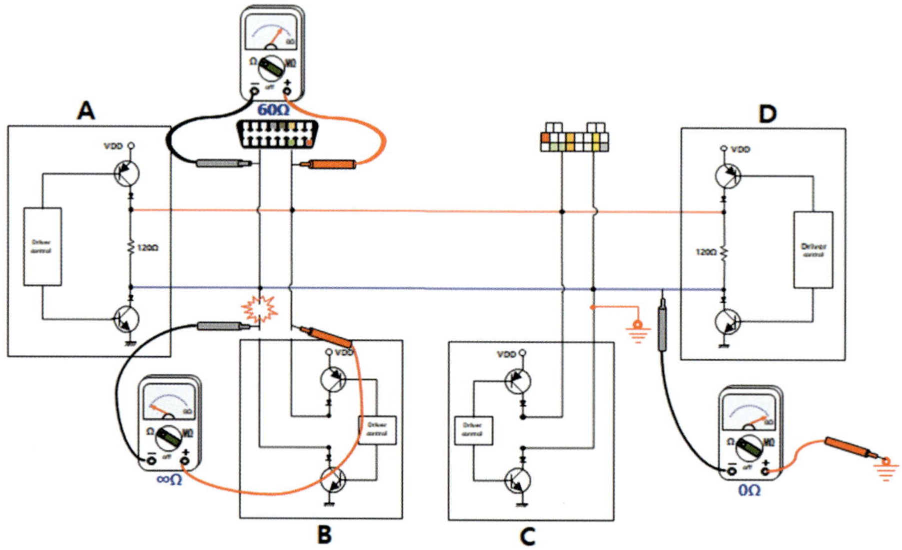

그림 45 | 종단저항의 측정 사례

2 전압과 전류파형

CAN 라인은 크게 주선과 지선으로 나눌 수 있다. 주선은 터미네이션(Termination) 처리가 된 라인으로 터미네이션된 노드에서 전류를 측정하면 송신이냐 또는 수신이냐에 따라 정상과 역상의 전류파형을 확인할 수 있다. 한편 주선에서의 전류 측정 시 지선에 있는 노드가 송신할 때와 수신할 때의 모든 전류 파형이 나타난다.

터미네이션된 주선은 어떤 노드가 통신을 하든 전압과 전류가 모두 나타나지만, 지선은 전압 신호만을 감시하는 구조이므로 주선에서의 노드가 송신 시 지선의 CAN High 또는 CAN Low 라인에서 전류를 측정할 경우 전류가 나타나지 않는다. 이 라인에서는 오직 지선에 연결된 해당 노드에서 송신하는 경우와 수신 완료 시 ACK 필드에서만 전류가 나타난다.

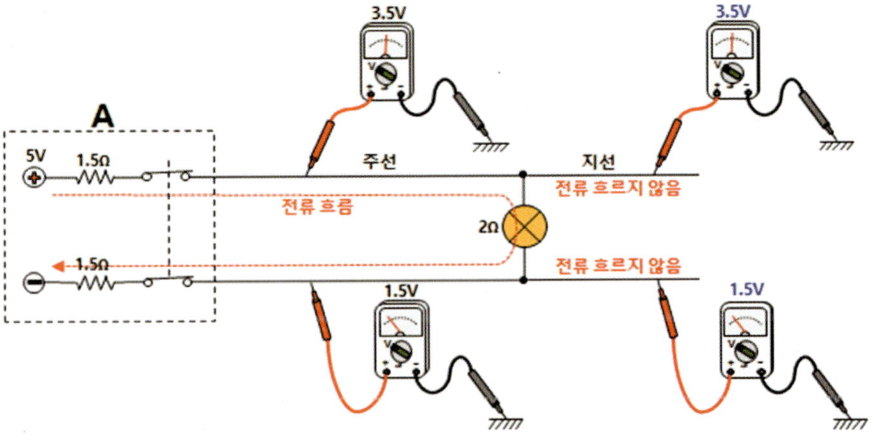

그림 46 | 주선에서 통신 시 지선에서의 전류는 흐르지 않음

터미네이션 처리된 노드끼리 통신할 경우 주선에서만 폐회로가 구성되는 관계로 그림 23에서의 단순회로와 같이 지선에서 전류는 나타나지 않으나 전압은 정상 측정이 가능하다. 한편 다른 지선에서의 통신 시에도 마찬가지로 또 다른 지선에서는 전류가 나타나지 않는다.

그림 46에서 5V를 사용하는 A 노드의 스위치가 ON 상태이면 전체 회로의 합성저항은 5Ω이므로 분압법칙에 따라 멀티미터에서 측정되는 전압은 3.5V와 1.5V가 나타나 2Ω 양단에는 스위치 ON 상태일 때 2V의 전압강하가 발생하며, 1A의 전류가 흐른다. 전구 양단 앞뒤에 연장선을 연결한 것과 같은 지선의 경우 전류가 흐르지 않아 0A가 되지만, 전압은 전구의 앞뒤에서 측정한 것과 같으므로 주선과 동일한 전압이 나타나는 원리이다.

전류 측정 시 전류센서의 선택에서 일반형보다 고주파(최소 1MHz 이상)용을 사용해야 한다. 100kHz의 일반형 전류센서로 500kHz의 CAN 라인 전류를 측정한 경우 전류파형이 에일리어싱(Aliasing) 현상에 의해 깨지기 때문이다.

01 주선의 전류

터미네이션되어 있는 노드의 CAN High 또는 Low 라인의 주선에서 전류를 측정할 경우 가장 큰 특징은 그림 47에서와 같이 정상과 역상의 전류가 나타난다는 것이다.

전류가 흐르는 우성(Dominant) 순간 라인간 전압차(차동 전압)가 약 2V이고, 병렬로 연결된 종단저항한 라인으로만 흐르는 전류를 감지할 수 있는 관계로 약 16.67mA (2V÷120Ω = 16.666...mA) 또는 -16.67mA 정도의 표준 전류가 흐르게 된다. 이 전류는 라인간 전압차가 2V 고정이고 개별 종단저항이 제원에 제시된 85~130Ω의 범위라 한다면 전류는 15.38~23.53mA 정도가 정상 범위라 할 수 있다.

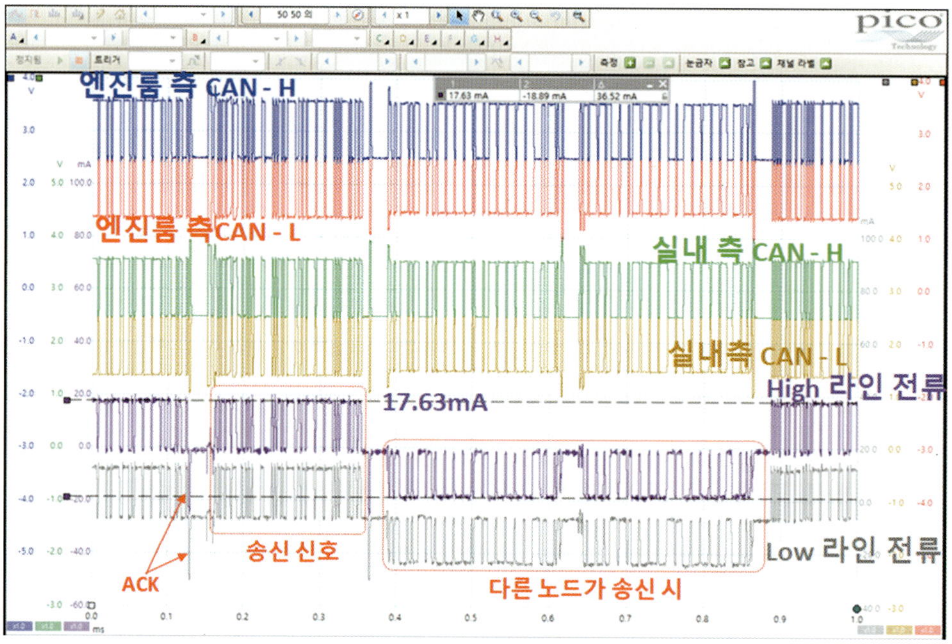

그림 47 | 주선에서의 정상적인 전압과 전류파형

주선에서의 전류파형이 정상과 역상으로 나타나는 이유는 그림 48과 같다. 그림에서 A 노드와 D 노드에서 터미네이션되어 있고 두 종단저항은 병렬로 연결된 관계로 A 노드가 송신할 경우 A 노드의 종단저항과 주선으로 연결된 D 노드의 종단저항을 통해 전류가 흐른다. 따라서 CAN High 라인에서는 A 노드에서 D 노드 방향으로 전류가 흐르고, CAN Low 라인에서는 D 노드에서 A 노드 방향으로 전류가 흐른다.

반대로 그림 48의 아래 그림과 같이 D 노드가 송신할 경우는 D 노드의 종단저항과 주선으로 연결된 A 노드의 종단저항을 통해 전류가 흐르는 관계로 CAN High 라인에서는 D 노드에서 A 노드 방향으로 전류가 흐르고, CAN Low 라인에서는 A 노드에서

D 노드 방향으로 전류가 흐르기 때문이다.

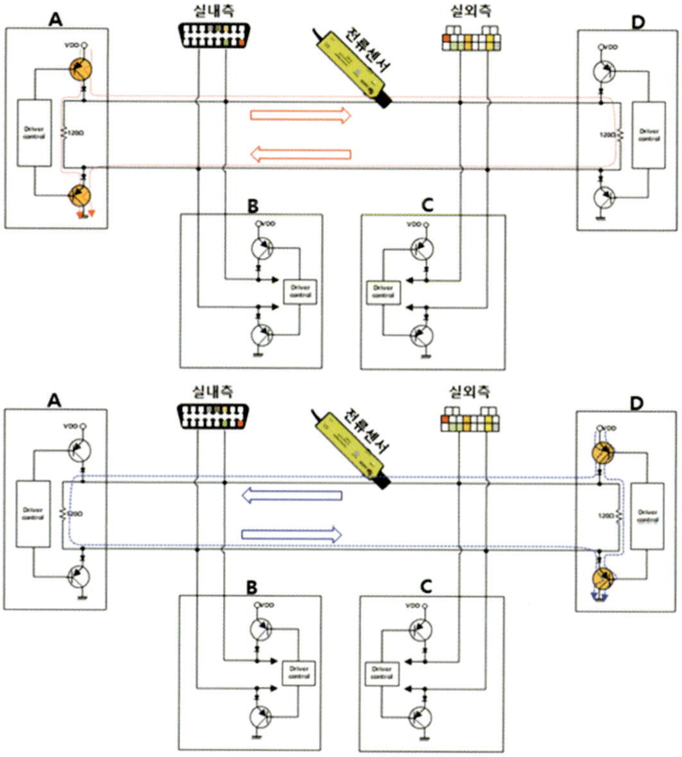

그림 48 | 주선에서 송수신 시 전류 방향

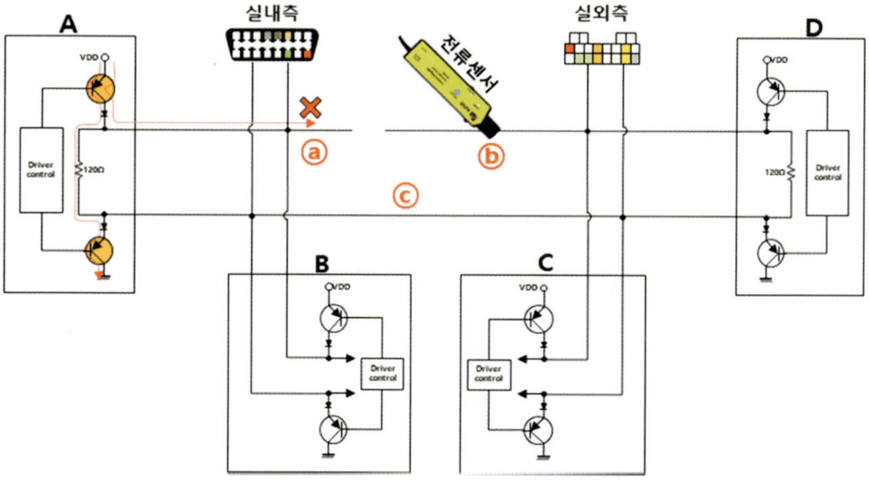

그림 49 | 주선의 단선 시 전류 흐름

터미네이션 처리된 노드 A가 송신하는 상태에서 주선의 버스 라인에서 High 또는 Low 라인 어딘가에 단선이 존재하면 내부 종단저항으로만 전류가 흐르기 때문에 컨트롤러 외부에 있는 주선에서의 전류는 흐르지 않고 전압만 검출할 수 있다. 그림 49에서와 같이 주선의 High 라인이 단선인 경우 A 노드가 출력하는 전류가 흐르지 않기 때문에 전류는 각각의 주선 라인에서 나타나지 않는다. 다만 ⓐ, ⓑ, ⓒ점에서의 전압은 검출된다.

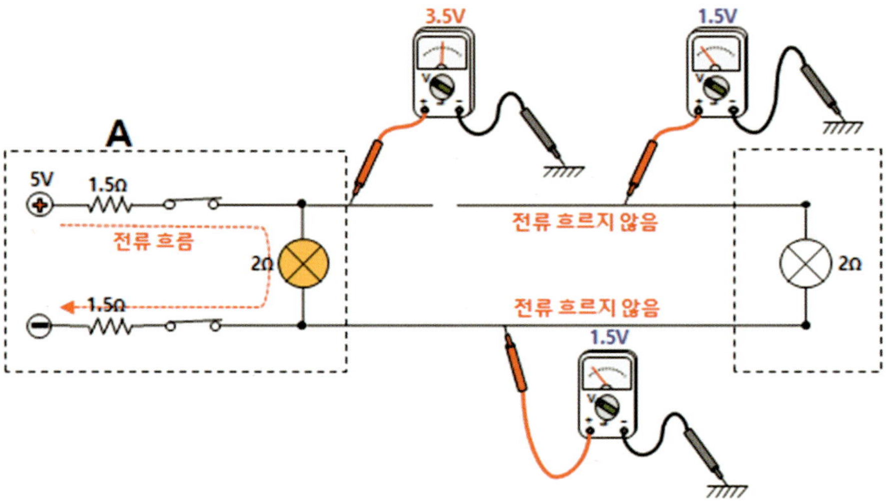

그림 50 | 주선 단선 시 전류와 전압

그림 49에서 A 노드가 우성(d) 신호를 출력할 때 ⓐ점의 경우는 주선의 단선으로 ⓐ점과 ⓒ점 사이의 저항이 병렬의 60Ω에서 직렬의 120Ω으로 증가한 관계로 노드 내부로 흐르는 전류는 낮아지고, 외부에서의 전압은 정상적인 전압보다 다소 높게 나타나는 것이 특징이다.

ⓒ점의 경우는 ⓐ점과 ⓒ점 사이의 저항이 60Ω에서 120Ω으로 증가한 관계로 드라이버에서 접지까지 사이에 삽입된 저항에 분압되는 전압의 비율이 작아진다. 따라서 분압법칙에 의해 정상적인 상태보다 더 낮은 전압으로 나타난다. 그 이유는 그림 50과 같은 단순회로에서 설명이 가능하다. 5V를 사용하는 A 노드의 스위치가 ON 상태이면 폐회로 전체의 합성저항은 5Ω이므로 분압법칙에 따라 멀티미터에서 측정되는 전압은 3.5V와 1.5V가 나타나 2Ω 양단에는 스위치 ON 상태일 때 2V의 전압강하가 발생하며 1A의

전류가 흐른다.

점등된 전구 양단 앞뒤에 연장선을 연결한 것과 같은 주선의 경우 전류가 흐르지 않아 0A가 되지만, 전압은 전구의 앞뒤에서 측정한 것과 같으므로 분압된 전압이 나타나는 원리이다. 한편 전구의 앞뒤에 연장선을 연결한 경우 전류가 흐르지 않는 관계로 연장선에 저항이 있음에도 불구하고 멀티미터는 측정 위치 안쪽에 단선인 상태이므로 전구 양단에 분압된 전압이 그대로 나타난다. 따라서 그림 49에서 ⓑ점의 전압은 ⓒ점의 전압과 동일하게 나타나 그 결과 그림 51에서와 같이 전류는 흐르지 않고 전압 신호만을 검출할 수 있다. 마치 전류가 흐르는 폐회로에서 멀티미터로 전압을 계측하는 원리와 같다. 전류는 폐회로에만 흐르고 멀티미터에는 흐르지 않기 때문이다. 이때 주의할 것은 단선의 위치로 그림 49와 같은 경우 ⓐ점에서 측정되는 A 노드가 송신하는 모든 ID가 ⓑ점에서는 동일한 High 라인임에도 불구하고 ⓒ점의 Low 라인에서 측정한 파형과 같은 파형이 출력된다는 것이다.

그림 52는 주선의 Low 라인에서 접지측으로 쇼트가 발생한 상태에서의 전압과 전류 파형이다.

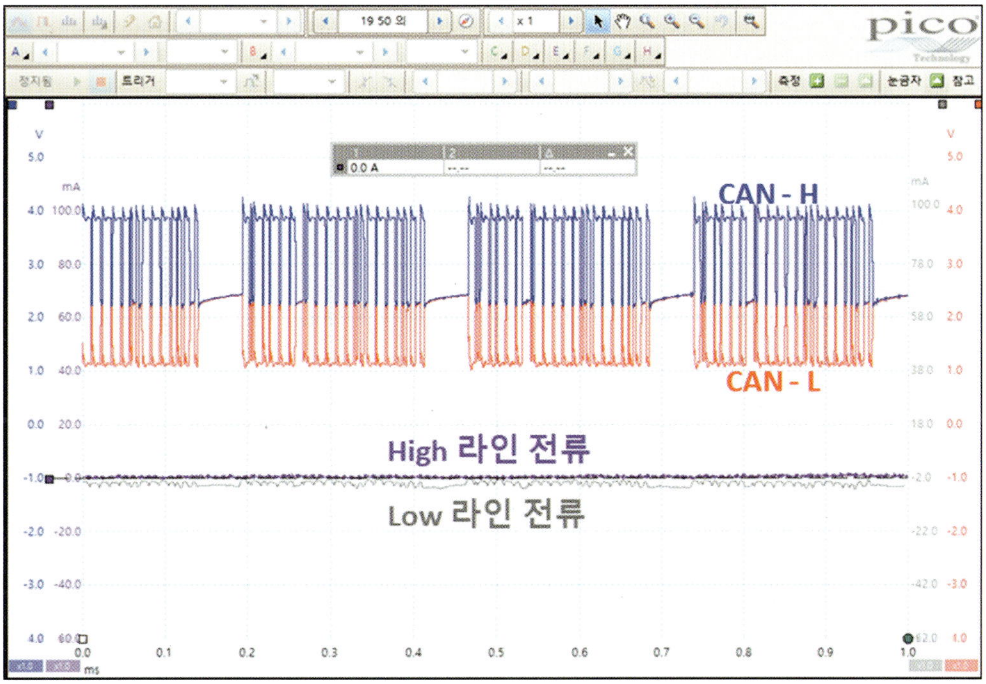

그림 51 | 주선의 High 라인 단선 시 ⓐ(High)점과 ⓒ(Low)의 전압과 전류

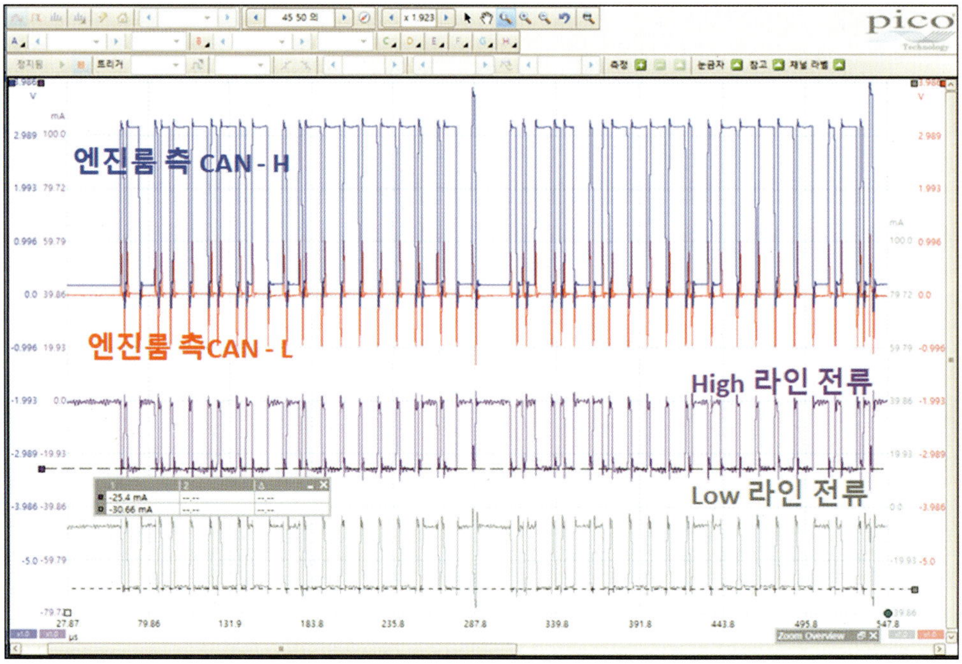

그림 52 | 주선의 Low 라인이 접지측으로 쇼트 시

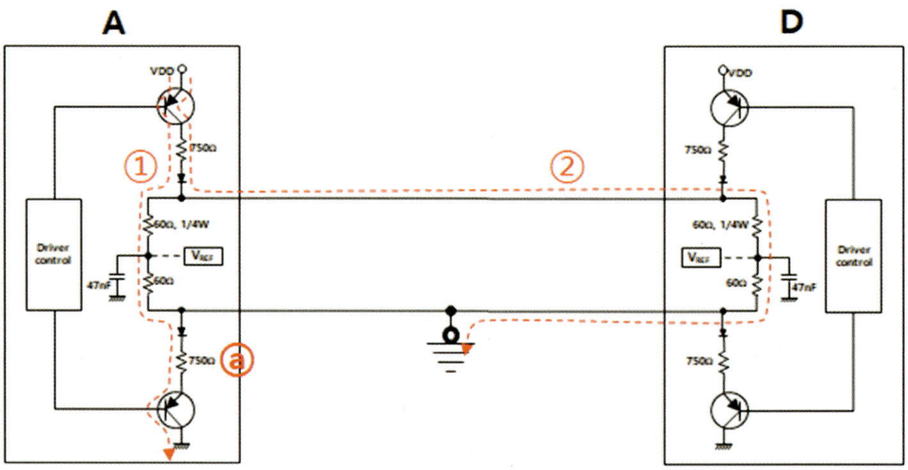

그림 53 | 주선의 로우 라인에서 쇼트 시 전류 흐름

그림 53과 같이 Low 라인에서 접지측으로 쇼트가 발생한 상태에서 A 노드가 송신할 경우 우성(d) 신호에서 ①번 전류는 A 노드의 내부로 흐르지만, ②번 전류는 ⓐ점의 저항을 거치지 않고 D 노드 이후 직접 접지측으로 흐르기 때문에 전류량이 많아진다.

송신하는 노드, 전류센서, 쇼트된 부위의 순서로 배열된 경우라면 전류가 많아지지만, 송신하는 노드, 쇼트 부위, 전류 센서의 순으로 나열된 경우 쇼트된 부위 후단으로는 전류가 흐를 수 없으므로 전류는 측정되지 않거나 거의 나타나지 않는다.

02 지선의 전류

지선에 위치한 노드가 송신할 때 주선에서의 전류는 병렬로 연결된 종단저항의 영향으로 분류되어 약 16.67mA가 나타난다. 하지만 지선에 위치한 노드측에서 전류를 측정하는 경우는 CAN High와 CAN Low 라인간 120Ω의 종단저항이 병렬로 연결되어 합성저항이 60Ω인 관계로 전류는 약 33.3mA(2V÷ 60Ω = 33.33mA)의 전류가 흐른다. 이 전류는 라인간 전압차가 2V 고정이고 합성저항이 42.5~65Ω의 범위라 한다면 전류는 30.77~47.06mA 정도가 정상 범위라 할 수 있다.

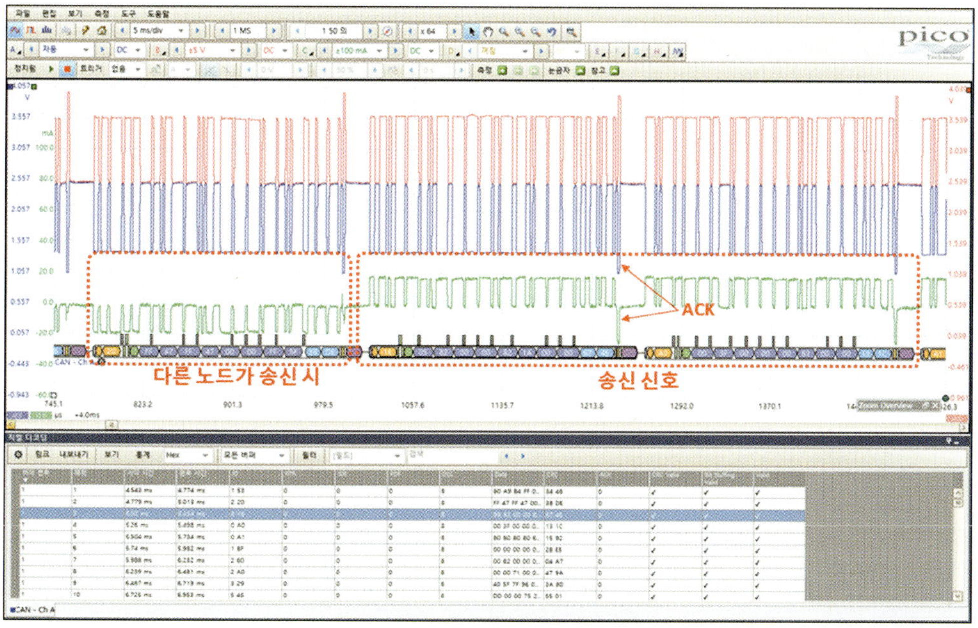

그림 54 | 전압과 전류파형

그림 47과 그림 54는 CAN 통신라인 중 주선에서 측정한 전류파형으로 전류센서는 방향성을 가지기 때문에 특정 노드 앞에서 측정했다면 해당 노드가 송신하는 것인지

아니면 수신하는 신호인지를 쉽게 구분할 수 있고, 해당 노드가 송신한 데이터를 다른 노드가 수신한 경우 ACK가 슬롯에서 전류가 송신 시와 반대의 역방향 전류가 나타나게 된다.

그림 55의 경우는 지선의 노드에서 전류를 측정한 것으로 그림 56과 같은 위치에서 측정한 결과이다. 그림 55의 전류파형에서 노드가 송신 시 주선에 병렬로 연결된 종단저항의 영향으로 주선에서의 전류보다 높은 것을 확인할 수 있다. 한편 화면에 나타난 전압과 전류파형은 해당 노드가 송신하는 경우이므로 ACK 필드에서의 전류가 나타나지 않는다. 수신 시의 전류는 그림 57에서와 같이 송신을 하지 않기 때문에 전류가 나타나지 않다가 수신한 데이터가 정상적일 때 ACK 신호를 출력하는 관계로 ACK 슬롯과 일치되는 순간에 전류가 나타남을 볼 수 있다.

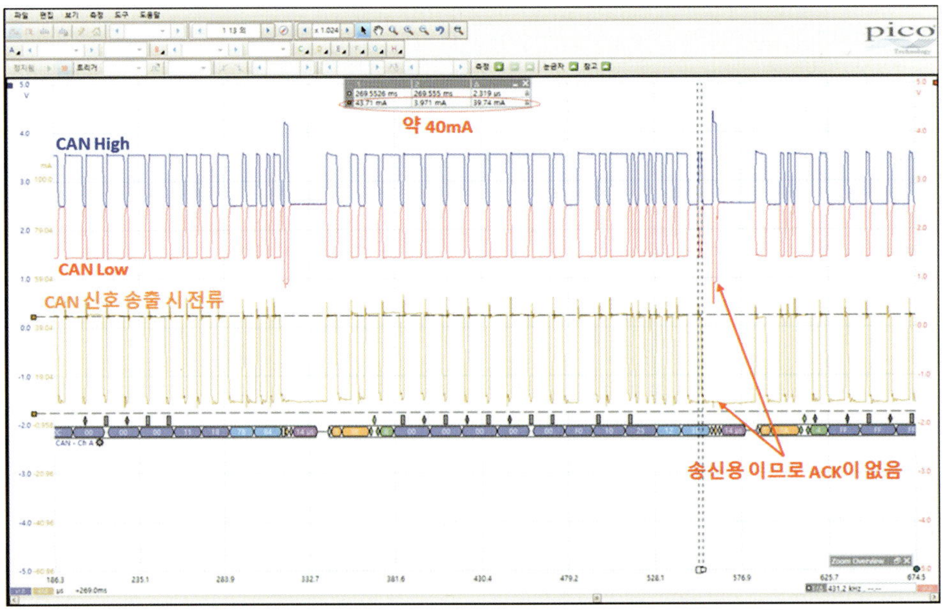

그림 55 | 지선의 노드에서 송신 시 전류

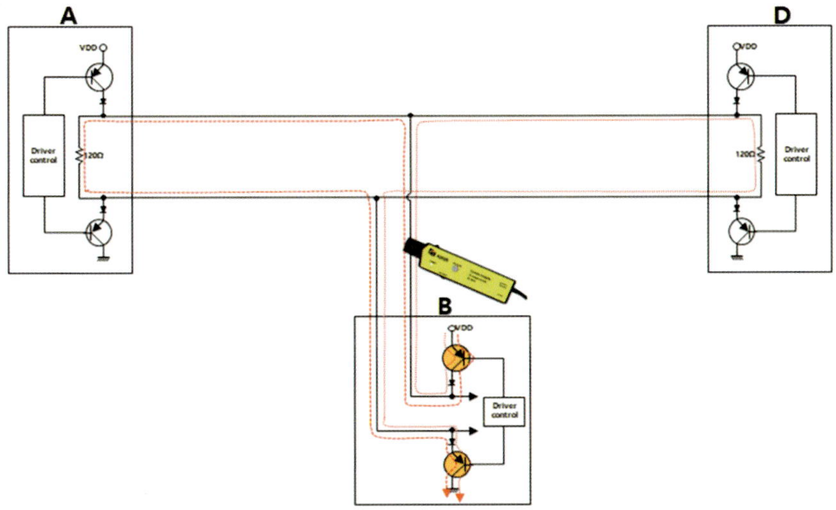

그림 56 | 지선에서의 전류 흐름

그림 58은 데이터를 송신하려다 수신하는 경우로 동시에 CAN 버스를 차지하고자 할 때 ID 필드에서 어떻게 조정하는지 보여주고 있다. 지선에서 측정된 전류파형은 해당 노드가 다른 노드와 경합에서 ID가 높은 관계로 ID가 낮은 신호에 양보하여 엑세스하지 못하고 오히려 수신한 경우이다. 따라서 데이터 수신 직후 정상적으로 수신하였다는 ACK를 내보낸 경우의 파형이다.

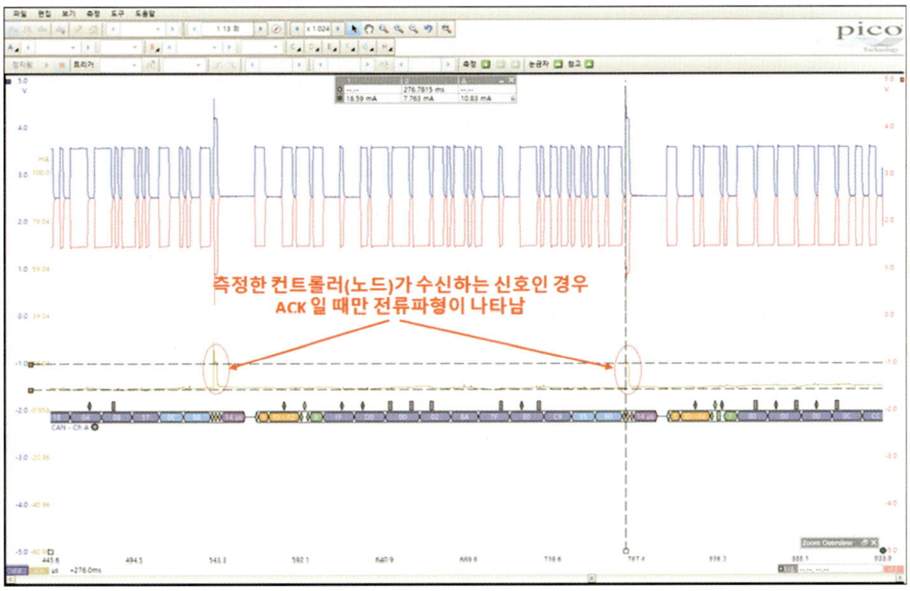

그림 57 | 지선의 노드에서 타 노드의 신호를 수신한 경우

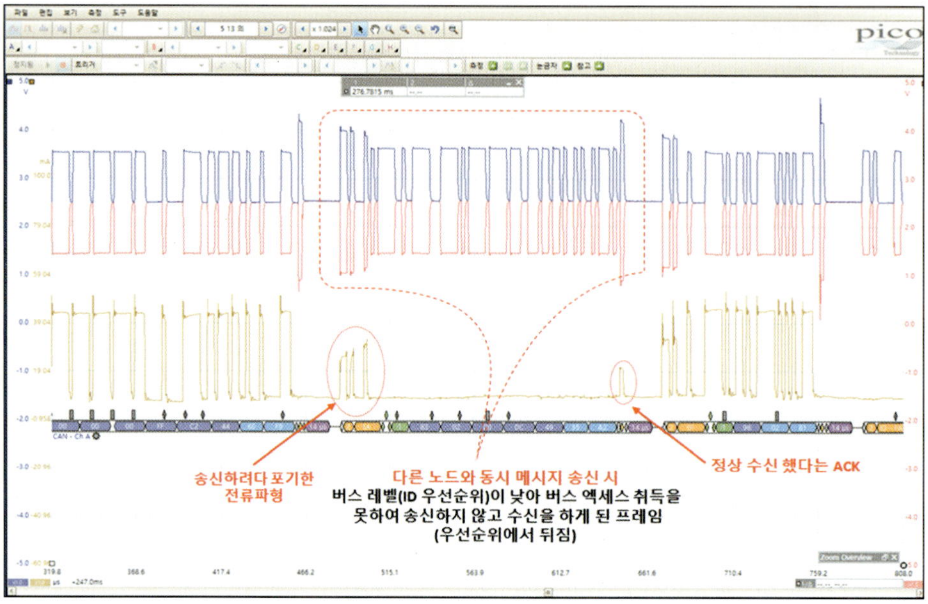

그림 58 | 조정(중재)에 의해 엑세스를 못한 경우 전류파형

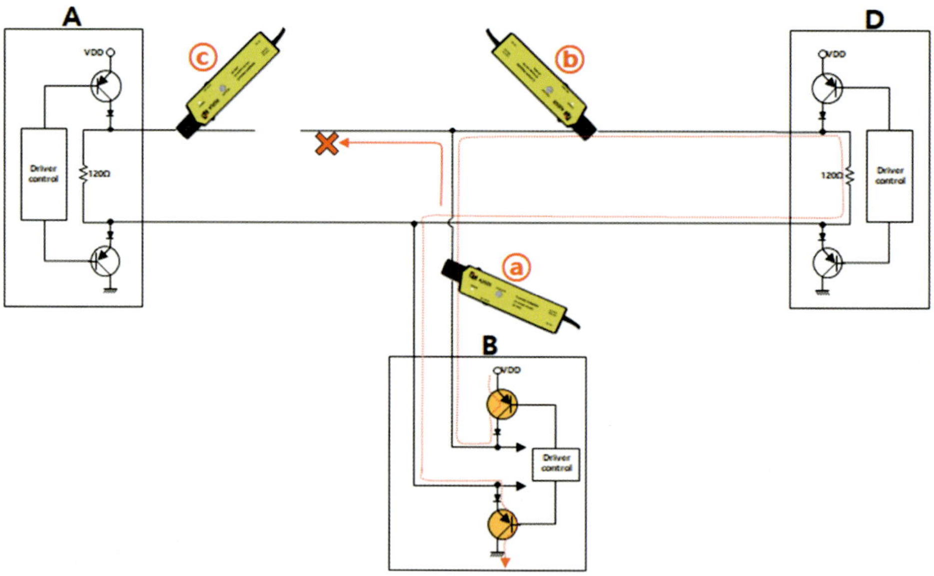

그림 59 | 주선이 단선된 상태에서 지선의 노드가 송신 시

그림 59는 주선이 단선된 상태에서 지선의 노드가 송신할 때 전류 흐름을 보이고 있다. 그림에서 ⓐ점과 ⓑ점은 동일한 라인이라 할 수 있으므로 동일한 전류가 나타나지

만, ⓒ점에서는 전류가 나타나지 않는다. 한편 ⓐ점의 전류값은 정상인 경우 종단저항의 합성 저항값 60Ω에 의해 약 33.3mA의 전류가 나타나야 하지만, A 노드 방향의 단선이 존재하는 관계로 D 노드의 종단저항 120Ω으로만 전류가 흐른다. 따라서 B 노드가 우성(d) 신호를 출력할 때 전류는 16.67mA로 낮아진다. 이런 경우 B 노드가 송신하는 ID를 알고 있다면 해당 ID에 대한 전류를 주선에서 측정 시 16.67mA에서 0A로 낮아지는 부분을 찾으면 단선 위치를 구분할 수 있다.

만약 그림 59에서 지선에 해당하는 ⓐ점에서 단선이 있다면 B 노드가 송신하는 모든 ID에서 우성(d) 신호 때 전류는 거의 0A에 가깝게 나타날 것이다. 한편 지선에서 접지측과 단락이 발생한 경우 주선의 전류도 증가하지만 지선에서의 전류도 증가한다.

그림 60에서와 같이 지선의 Low 라인이 접지측으로 쇼트가 발생한 경우 B 노드 내부 드라이버에서 접지까지 사이에 삽입된 저항을 거치지 않고 접지로 직접 전류가 흐르기 때문이다.

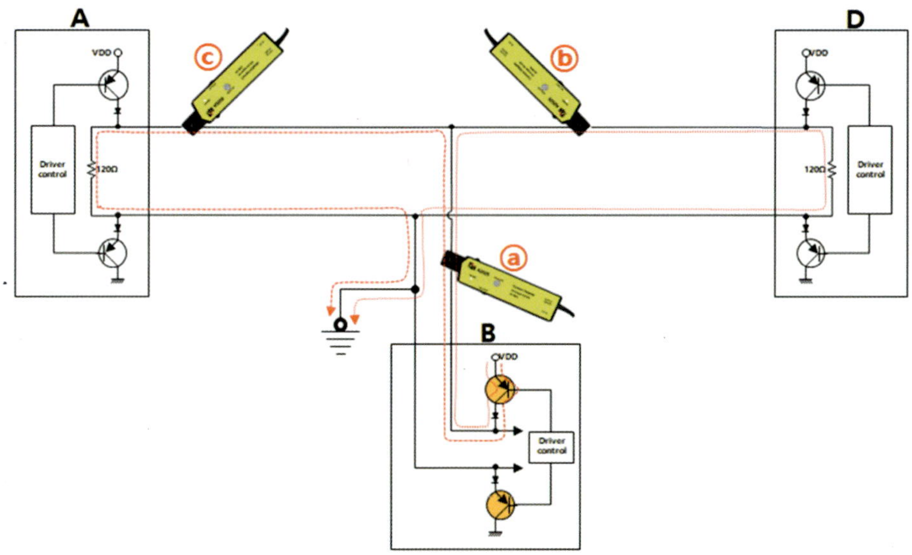

그림 60 | 지선의 Low 라인이 접지측과 단락되었을 때

CAN 통신라인의 점검에서 전압 신호를 측정하는 경우 네트워크 안의 어디에서든 동일한 신호가 나타나는 이유 때문에 어떤 ID가 수신되고, 어떤 ID가 송신하는 것인지

쉽게 파악하기 곤란하다. 특히 여러 노드가 수신하여 ID 데이터에 대한 ACK를 발송해야 하는 ID의 경우는 더욱더 곤란해진다. 가령 엔진의 TPS 값을 전송하는 ID와 데이터를 변속기 컨트롤러와 TCS 컨트롤러가 수신한다면 둘 중 하나의 컨트롤러만 반응해도 CAN 버스 전압에서는 정상적인 신호로 나타나기 때문이다. 하지만 전류를 측정하면 전류의 방향성을 이용하여 해당 컨트롤러에서 어떤 ID가 송출되고 어떤 ID가 수신되는지 어렵지 않게 파악할 수 있어 특정 ID에 대한 오류의 점검에서 어떤 노드의 잘못인지 구분할 때 매우 유용하다.

각 컨트롤러에서 송수신 ID가 수집되었음을 가정하고, 예컨대 정상적인 신호가 나타나다 특정 컨트롤러에서 나와야 할 ID만 CAN High 신호가 Low 신호와 동일하게 나타났다면, 이는 곧 해당 ID를 송출할 컨트롤러의 CAN High 라인이 단선된 경우에 해당할 것이다.

3 전기적 고장 유형별 파형분석

01 단선

그림 61과 같이 주선의 Hi측에 단선이 존재하는 상태에서 각각의 노드가 한 프레임씩 송신하였을 때 파형의 변화를 살펴본다.

터미네이션된 A 노드가 송신한다고 가정하였을 때, 즉 A 노드가 Dominant 신호를 출력할 경우 B 노드의 종단저항과 연결이 차단되어 합성 종단저항은 60Ω이 아닌 120Ω이 되고, A 노드의 내부 회로에만 전류가 흐르므로 Hi 라인과 Low 라인에 나타나는 실제 전압은 전원의 전압(VDD)이 5V인 관계로 그림 4에 풀이된 바와 같이 직렬저항 회로의 분압 법칙에 의해 각각 3.93V(CAN-H)와 1.07V(CAN-L)가 되어 정상(CAN-H:3.5V, CAN-L:1.5V)일 때보다 CAN-H는 더 높고, CAN-L는 더 낮은 전압으로 나타난다.

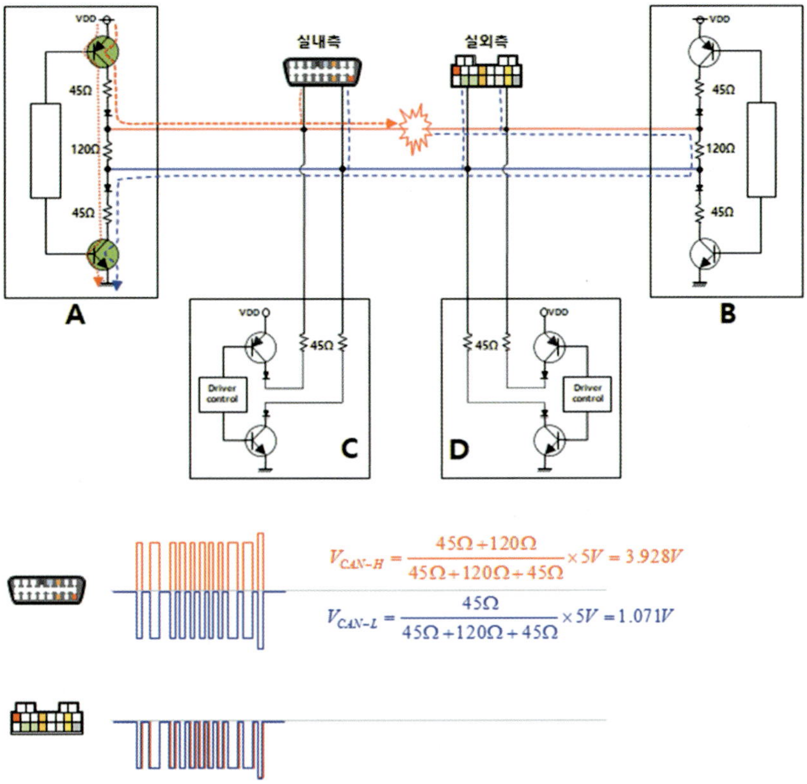

그림 61 | 주선의 Hi측 단선 상태에서 터미네이션 노드가 송신 시

실내측 자기진단 커넥터에서 신호를 측정하면 CAN-H(3.93V)와 CAN-L(1.07V)의 전압이 각각 계측된다. 한편 실외측 자기진단 커넥터에서 Low 라인은 실내측 자기진단 커넥터와 동일한 CAN-L 라인에 연결된 관계로 1.07V의 전압이 측정되지만, CAN-H 라인은 단선되었기 때문에 3.93V의 전압이 연결되지 못하고, 실외측 자기진단 커넥터의 CAN-H 라인이 B 노드의 종단저항 120Ω을 통해 CAN-L 라인과 연결된 상태이므로 CAN-H 라인임에도 불구하고 그림 4와 5에서와 같이 1.07V의 CAN-L 전압이 나타난다.

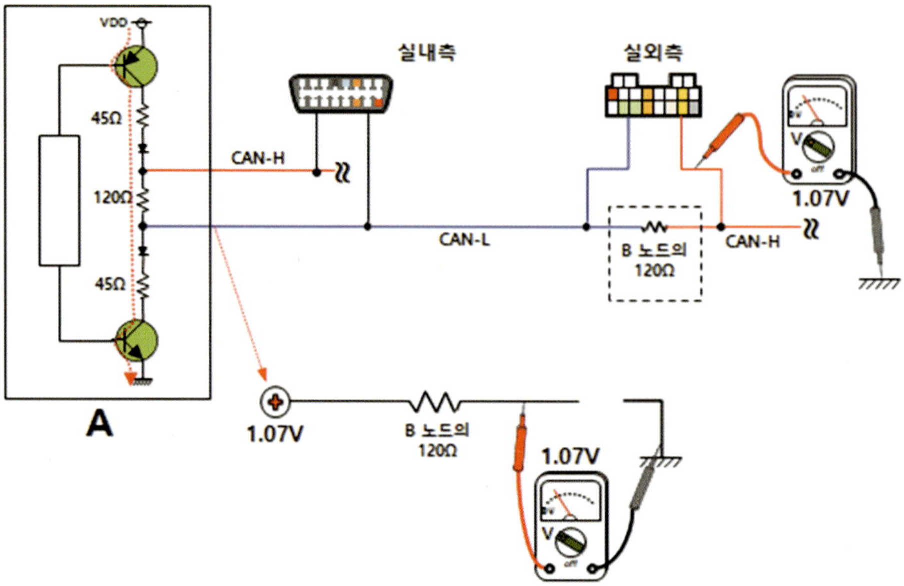

그림 62 | 실외측 자기진단에서의 전압

결과적으로 A 노드가 Dominant 신호를 출력할 경우 그림 4에 풀이한 것과 같은 전압이 분포되고, Recessive일 때는 CAN-H와 CAN-L 모두 2.5V가 나타나므로 A 노드가 한 프레임의 신호를 송신하였다면 그림 4의 파형과 같이 실내측 자기진단 커넥터에서는 CAN-H와 CAN-L 전압파형이 대칭적으로 나타나지만, 실외측 자기진단 커넥터에서는 CAN-H와 CAN-L의 신호가 Recessive일 때 2.5V, Dominant일 때 1.07V가 반복되어 두 개의 신호가 겹쳐져 마치 CAN-L의 파형과 같이 나타난다.

그림 61과 동일한 단선이 있는 상태에서 그림 63과 같이 B 노드가 Dominant 신호를 송신할 경우 A 노드의 종단저항과 연결이 차단되어 합성 종단저항은 120Ω이 되고, B 노드의 내부 회로에만 전류가 흐르므로 Hi 라인과 Low 라인에 나타나는 실제 전압은 그림 61에 풀이한 바와 같이 직렬회로의 분압법칙에 의해 각각 3.93V(CAN-H)와 1.07V(CAN-L)가 되어 정상일 때보다 CAN-H는 더 높고, CAN-L는 더 낮은 전압으로 나타난다.

실외측 자기진단 커넥터에서 신호를 측정하면 CAN-H(3.93V)와 CAN-L(1.07V)의 전압이 각각 계측된다. 실내측 자기진단 커넥터에서 Low 라인은 실외측 자기진단 커넥터와 동일한 CAN-L 라인에 연결된 관계로 1.07V의 전압이 측정되지만, CAN-H 라인은 단선되었기 때문에 3.93V의 전압이 연결되지 않고, 오히려 A 노드의 종단저항 120Ω을 통해 CAN-L 라인과 연결된 상태이므로, 그림 63에서와 같이 CAN-H 라인임에도 불구하고 1.07V의 CAN-L 전압이 나타난다.

결과적으로 B 노드가 Dominant 신호를 출력할 경우 CAN-H는 3.93V, CAN-L는 1.07V의 전압이 나타나며, Recessive일 때는 CAN-H와 CAN-L 모두 2.5V가 나타나므로 B 노드가 한 프레임의 신호를 송신하였다면 그림 63의 파형과 같이 그림 61과는 반대로 실외측 자기진단 커넥터에서 CAN-H(3.93V)와 CAN-L(1.07V)의 전압 파형이 대칭적으로 나타나지만, 실내측 자기진단 커넥터에서는 CAN-H와 CAN-L의 신호가 Recessive일 때 2.5V, Dominant일 때 1.07V가 반복되어 마치 두 개의 신호가 겹쳐진 것처럼 나타난다.

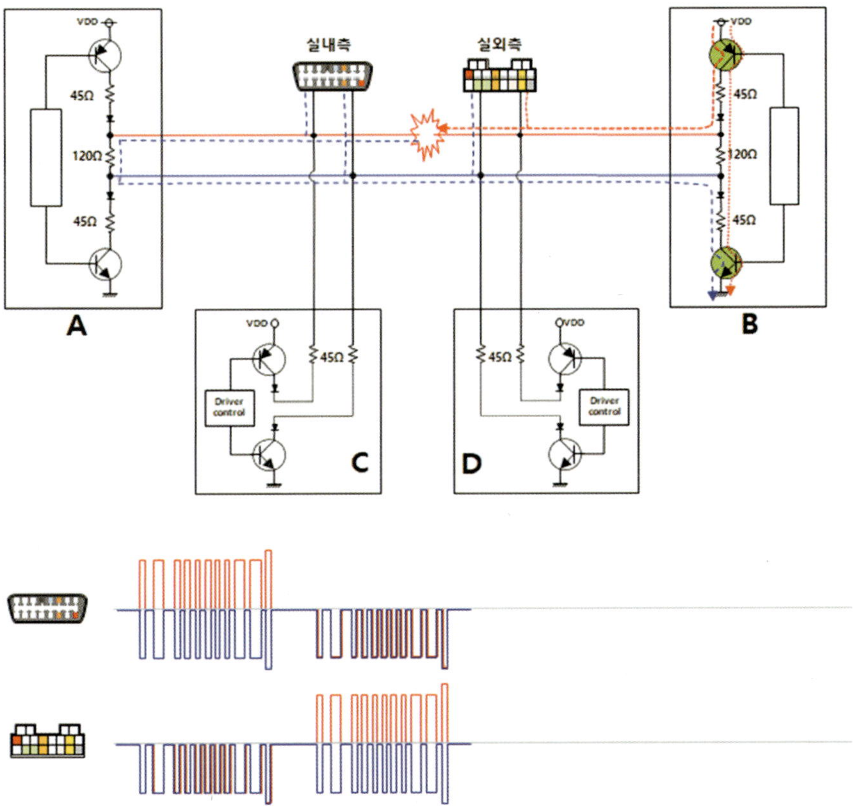

그림 63 | B 노드가 송신할 때

그림 61과 동일한 단선이 있는 상태에서 그림 64와 같이 지선 노드인 C 노드가

Dominant 신호를 송신할 경우 C 노드의 45Ω 저항을 지나 CAN-H 라인을 거쳐 A 노드의 120Ω 저항과 CAN-L 라인 그리고 C 노드의 45Ω 저항을 통해 접지까지 전류가 흐른다.

이때 CAN-H측이 단선된 관계로 B 노드의 120Ω의 저항에는 전류가 흐르지 않는다. 결국 A 노드의 종단저항 120Ω과 C 노드의 내부 45Ω 저항 2개에만 전류가 흘러 Hi 라인과 Low 라인에 나타나는 실제 전압은 그림 61에 풀이한 바와 같이 직렬회로의 분압법칙에 의해 각각 3.93V(CAN-H)와 1.07V(CAN-L)가 되어 정상일 때보다 CAN-H는 더 높고, CAN-L는 더 낮은 전압으로 나타난다.

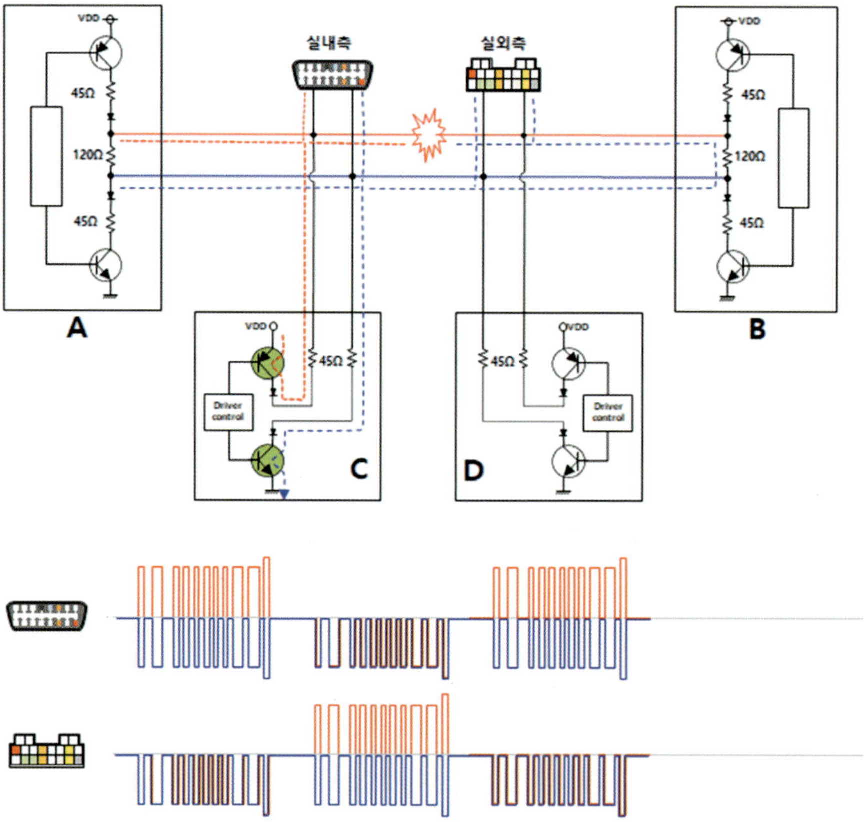

그림 64 | 지선의 C 노드가 송신할 때

따라서 지선 노드인 C 노드가 Dominant 신호를 출력할 때 실내측 자기진단 커넥터에서 신호를 측정하면 CAN-H(3.93V)와 CAN-L(1.07V)의 전압이 각각 계측된다. 한편 실외측 자기진단 커넥터에서 Low 라인은 실내측 자기진단 커넥터와 동일한 CAN-L 라인에 연결된 관계로 1.07V의 전압이 측정되지만, CAN-H 라인은 단선되었기 때문에 3.93V의 전압이 연결되지 못하고, 실외측 자기진단 커넥터의 CAN-H 라인이 B 노드의 종단저항 120Ω을 통해 CAN-L 라인과 연결된 상태이므로 CAN-H 라인임에도 불구하고 그림 7에서와 같이 1.07V의 CAN-L 전압이 나타난다.

지선 노드인 C 노드가 Dominant 신호를 출력할 경우 CAN-H는 3.93V, CAN-L는 1.07V의 전압이 나타나며, Recessive일 때는 CAN-H와 CAN-L 모두 2.5V가 나타나므로 지선의 C 노드가 한 프레임의 신호를 송신하였다면 그림 64의 파형과 같이 실내측 자기진단 커넥터에서는 CAN-H와 CAN-L 전압파형이 대칭적으로 나타나지만, 실외측 자기진단 커넥터에서는 CAN-H와 CAN-L의 신호가 Recessive일 때 2.5V, Dominant일 때 1.07V가 반복되어 마치 두 개의 신호가 겹쳐진 것처럼 나타난다.

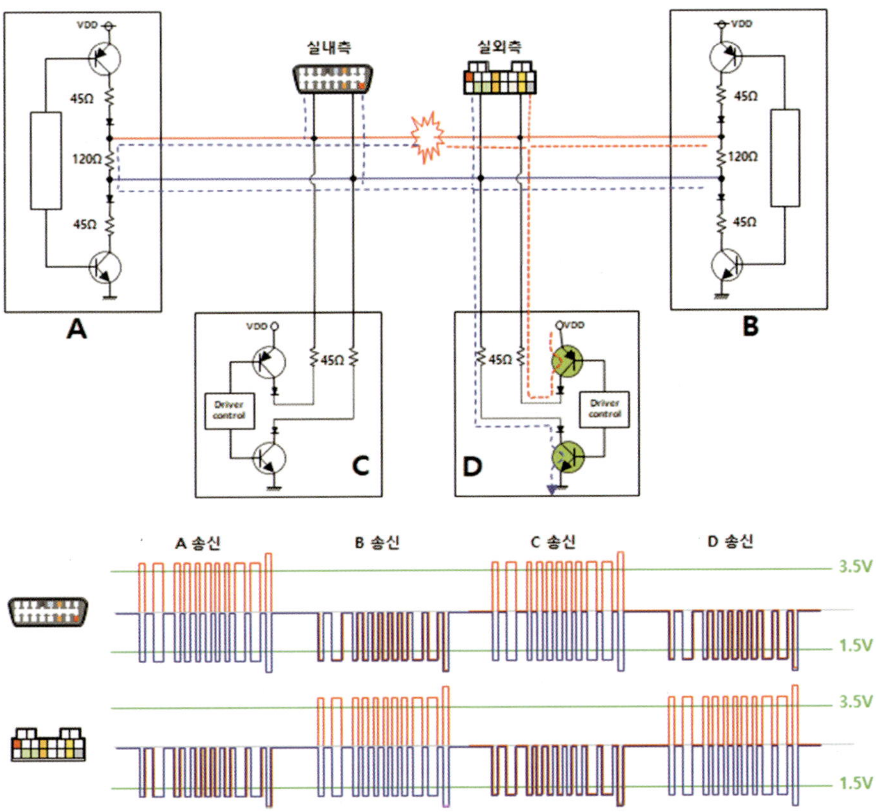

그림 65 | 지선의 D 노드가 송신할 경우

그림 61과 동일한 단선이 있는 상태에서 그림 65와 같이 지선 노드인 D 노드가 Dominant 신호를 송신할 경우 전원(5V)으로부터 D 노드의 45Ω 저항을 지나 CAN-H 라인을 거쳐 B 노드의 120Ω 종단저항과 CAN-L 라인 그리고 D 노드의 45Ω 저항을 통해 접지까지 전류가 흐른다. 이때 CAN-H측이 단선된 관계로 A 노드의 종단저항 120Ω에는 전류가 흐르지 않는다. 결국 B 노드의 종단저항 120Ω과 D 노드 내부의 45Ω 저항 2개에만 전류가 흘러 Hi 라인과 Low 라인에 나타나는 실제 전압은 그림 61에 풀이한 바와 같이 각각 3.93V(CAN-H)와 1.07V(CAN-L)가 되어 정상일 때보다 CAN-H는 더 높고, CAN-L는 더 낮은 전압으로 나타난다.

지선 노드인 D 노드가 Dominant 신호를 출력할 때 실외측 자기진단 커넥터에서 신호를 측정하면 CAN-H(3.93V)와 CAN-L(1.07V)의 전압이 각각 계측된다. 한편 실내측 자기진단 커넥터에서 Low 라인은 실외측 자기진단 커넥터와 동일한 CAN-L 라인에 연결된 관계로 1.07V의 전압이 측정되지만, CAN-H 라인은 단선되었기 때문에 3.93V의 전압이 연결되지 못하고, 실내측 자기진단 커넥터의 CAN-H 라인은 A 노드의 종단저항 120Ω을 통해 CAN-L 라인과 연결된 상태이므로 실내측 자기진단 커넥터의 CAN-H 라인에는 CAN-H 라인임에도 불구하고 그림 8에서와 같이 1.07V의 CAN-L 전압이 나타난다.

지선 노드인 D 노드가 Dominant 신호를 출력할 경우 CAN-H는 3.93V, CAN-L는 1.07V의 전압이 나타나며, Recessive일 때는 CAN-H와 CAN-L 모두 2.5V가 나타나므로 D 노드가 한 프레임의 신호를 송신하였다면 그림 65의 파형과 같이 실외측 자기진단 커넥터에서는 CAN-H와 CAN-L 전압 파형이 대칭적으로 나타나지만, 실내측 자기진단 커넥터에서는 CAN-H와 CAN-L의 신호가 Recessive일 때 2.5V, Dominant일 때 1.07V가 반복되어 마치 두 개의 신호가 겹쳐진 것처럼 나타난다.

지금까지의 내용을 종합하면 주선의 CAN-H 라인이 단선된 경우 가장 큰 특징은 CAN-H와 CAN-L의 신호가 Recessive일 때 2.5V, Dominant일 때 1.07V가 반복됨으로써 마치 CAN-L의 신호만 존재하는 것처럼 보일 때가 있다는 점이고, CAN-H와 CAN-L의 신호가 대칭적으로 정상과 같이 나타나더라도 CAN-H는 3.93V, CAN-L는 1.07V의 전압이 나타나 정상적인 신호의 진폭보다 커지는 특징을 보인다.

02 저항

CAN의 전기적 고장은 크게 단선(Circuit Open), 단락(Circuit Short), 저항(Resistance) 발생 3가지 유형으로 나눌 수 있으며, 현장에서 가장 많은 고장은 CAN 라인에서 저항이 발생한 것이라 할 수 있다.

CAN 라인에서의 저항 발생은 Dominant에 해당하는 최소 차동 전압인 0.9V를 고려하였을 때 주선의 경우 210Ω 이상, 지선의 경우 185Ω 이상일 때 송·수신상 문제를 유발한다.

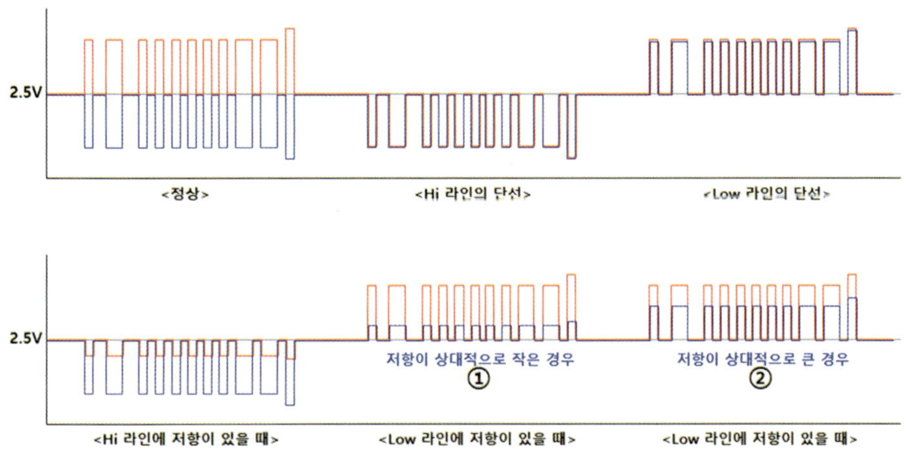

그림 66 | CAN 라인의 단선과 저항 발생 시 비교

CAN 라인에서의 단선(∞Ω)은 CAN-H 파형과 CAN-L 파형이 동일한 범위(range)일 때 완벽히 겹치는 현상이 발생하나, CAN 라인에 저항이 발생하면 일부만 겹치는 현상이 발생한다. 그림과 같이 CAN-H 라인에 저항이 발생하면 CAN-H 파형은 Dominant일 때 유휴 상태 또는 Recessive 상태의 전압보다 낮은 쪽으로 나타나 CAN-L 파형과 일부가 겹치는 것처럼 나타나고, 반대로 CAN-L 라인에 저항이 발생하면 CAN-L 파형은 Dominant일 때 유휴 상태 또는 Recessive 상태의 전압보다 높은 쪽으로 나타나 CAN-H 파형과 일부가 겹치는 것처럼 나타난다.

이때 라인에 발생한 저항이 크면 클수록 겹쳐지는 양이 많아지는 특징을 보인다. 그림에서 ①과 ②는 동일하게 CAN-L 라인에 저항이 발생한 것이지만, 상대적으로 겹침이 많은 ②가 저항이 큰 것에 해당하며, 저항이 가장 큰 단선(∞Ω)일 때 완전 겹침 현상이 발생한다.

그림 67은 주선의 CAN-H 라인에 210Ω의 저항이 발생한 상태에서 A 노드가 송신하는 경우이다.

종단저항을 측정하면 자기진단 커넥터뿐만 아니라 각 노드측에서 측정한 경우 88Ω이 계측된다. 종단저항 한쪽은 120Ω이고, 반대편은 210Ω과 120Ω이 직렬로 연결되어 330Ω이 됨에 따라 120Ω과 330Ω이 병렬로 연결된 상태이므로 합성저항은 88Ω이 되기 때문이다.

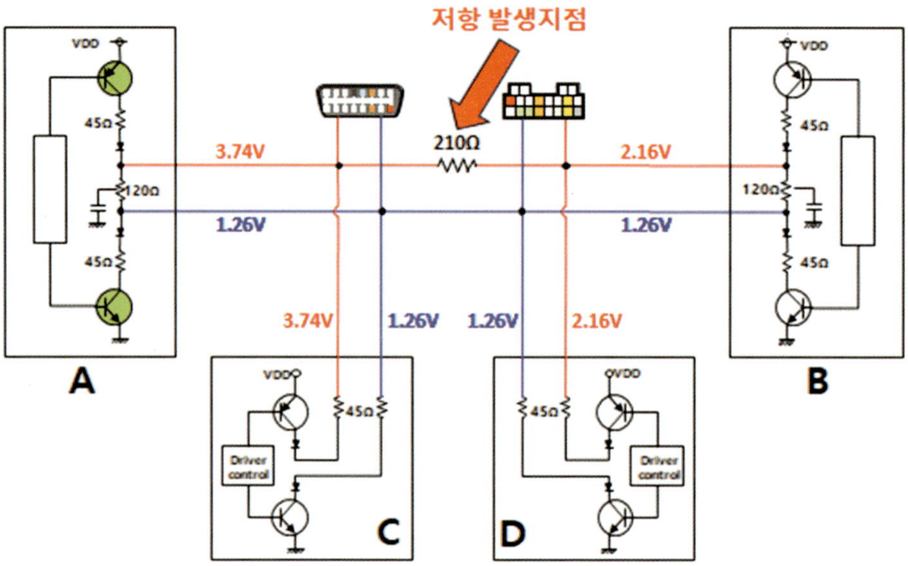

그림 67 | 주선의 High 라인에 저항이 발생하였을 때

합성저항 : $\frac{120\Omega \times (210\Omega + 120\Omega)}{120\Omega + (210\Omega + 120\Omega)} = 88\Omega$

A 노드가 송신할 때 전압 분포는 분압 법칙에 따라 그림 67과 같다. 종단저항과 210Ω의 영향으로 CAN-H 라인의 전압은 3.74V, CAN-L 라인의 전압은 1.26V가 된다.

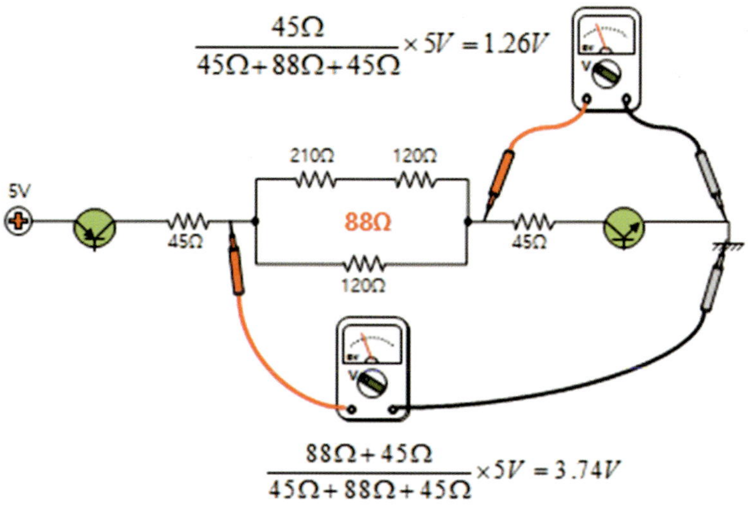

그림 68 | CAN-H 라인과 CAN-L 라인의 전압

한편 210Ω으로부터 B 노드까지의 전압은 분압 법칙을 적용하였을 때 2.16V의 전압이 나타난다. CAN-H 라인의 전압 3.74V와 CAN-L 라인의 전압 1.26V 사이에서 210Ω과 120Ω으로 분압된 상태이고, 두 지점의 전압차인 2.48V의 전원에 두 개의 저항이 접지와 연결된 등가 회로에서 전압을 측정할 때 120Ω 양단에는 0.9V가 나타난다. 따라서 210Ω으로부터 B 노드까지의 전압은 CAN-L 라인의 전압보다 0.9V가 높은 2.16V가 된다.

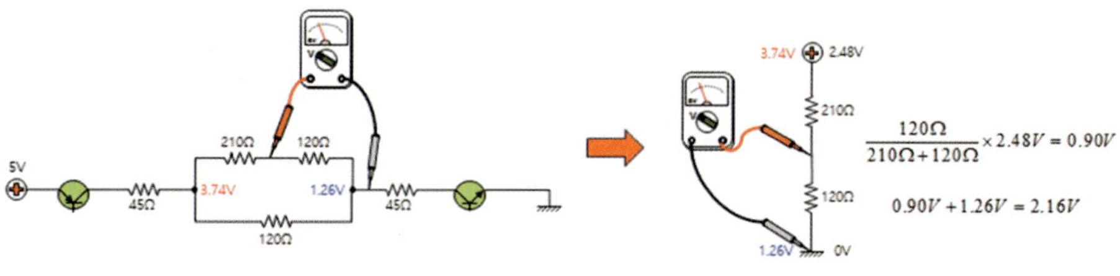

그림 69 | 210Ω으로부터 B 노드까지의 전압

A 노드가 송신할 때 실내측 자기진단 커넥터(16p OBD 커넥터)에서 전압 파형을 측정하는 경우 Recessive일 때 CAN-H와 CAN-L 모두 2.5V이나 Dominant일 때 CAN-H는 3.74V, CAN-L는 1.26V가 나타나 정상적인 파형과 비교하였을 때 진폭이 커진 것으로

나타난다. 한편 실외측 자기진단 커넥터에서 측정하는 경우 Recessive일 때 CAN-H와 CAN-L 모두 2.5V이나 Dominant일 때 CAN-H는 2.16V로 오히려 유휴 상태의 전압보다 낮아지고, CAN-L는 1.26V로 나타나 그림 70과 같이 CAN-H의 파형은 사라진 것처럼 보이며, CAN-H측 파형이 CAN-L측 파형과 일부 겹쳐진 파형으로 나타난다.

결과적으로 A 노드가 Dominant를 송신할 때 C 노드는 차동 전압이 2.48V이므로 정상적인 수신이 가능하지만, B 노드와 D 노드는 차동 전압이 0.9V이므로 전압이 조금만 낮아져도 Dominant 신호를 인식하지 못할 수 있다.

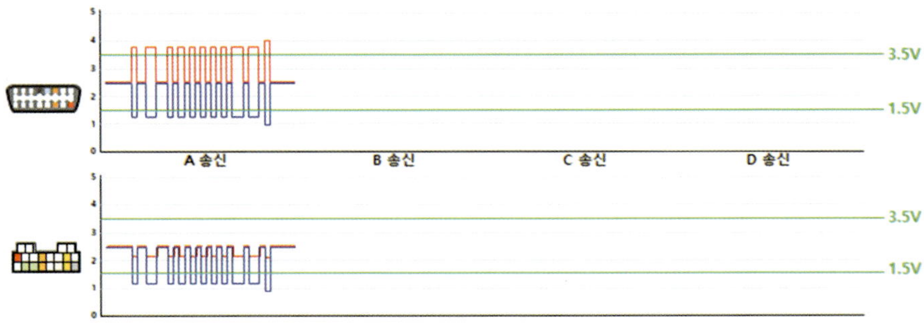

그림 70 | A 노드가 송신할 때 전압 파형

B 노드가 Dominant를 송신할 때 그림 71과 같이 A 노드가 송신할 때와 반대의 전압 분포가 나타난다. 즉, 210Ω~A 노드까지 CAN-H 라인의 전압은 2.16V, B 노드~210Ω 저항까지의 전압은 3.74V가 된다. 한편 CAN-L 라인의 전압은 1.26V의 전압이 계측된다.

실내측 자기진단 커넥터에서 전압 파형을 측정하는 경우 Recessive일 때 CAN-H와 CAN-L 모두 2.5V이나 Dominant일 때 CAN-H는 2.16V로 오히려 유휴 상태의 전압보다 낮아지고, CAN-L는 1.26V로 나타나 결과적으로 그림 71과 같이 CAN-H의 파형은 사라진 것처럼 보이며, CAN-H측 파형이 CAN-L측 파형과 일부 겹쳐진 파형으로 나타난다. 한편 실외측 자기진단 커넥터에서 측정하는 경우 Recessive일 때 CAN-H와 CAN-L 모두 2.5V이나, 그림 71과 같이 Dominant일 때 CAN-H는 3.74V, CAN-L는 1.26V가 나타나 정상적인 파형과 비교하였을 때 진폭이 커진 것으로 나타난다.

결과적으로 B 노드가 Dominant를 송신할 때 D 노드는 차동 전압이 2.48V이므로 정상적인 수신이 가능하지만, A 노드와 C 노드는 차동 전압이 0.9V이므로 전압이 조금만 낮아져도 Dominant 신호를 인식하지 못할 수 있다.

C 노드가 Dominant를 송신할 때 그림 72와 같이 A 노드가 송신할 때와 같은 전압분포가 나타난다. 즉, 210Ω~A 노드 또는 C 노드까지 CAN-H의 전압은 3.74V, B 노드~210Ω 저항까지의 전압은 2.16V가 된다. 한편 CAN-L 라인의 전압은 1.26V의 전압이 계측된다.

실내측 자기진단 커넥터에서 전압파형을 측정하는 경우 Recessive일 때 CAN-H와 CAN-L 모두 2.5V이나, Dominant일 때 CAN-H는 3.74V, CAN-L는 1.26V가 나타나 정상적인 파형과 비교하였을 때 진폭이 커진 것으로 나타난다. 한편 실외측 자기진단 커넥터에서 측정하는 경우 Recessive일 때 CAN-H와 CAN-L 모두 2.5V이나 Dominant일 때 CAN-H는 2.16V로 오히려 유휴 상태의 전압보다 낮아지고, CAN-L는 1.26V로 나타나 그림 72와 같이 CAN-H의 파형은 사라진 것처럼 보이며, CAN-H측 파형이 CAN-L측 파형과 일부 겹쳐진 파형으로 나타난다.

결과적으로 C 노드가 Dominant를 송신할 때 A 노드는 차동 전압이 2.48V이므로 정상적인 수신이 가능하지만, B 노드와 D 노드는 차동 전압이 0.9V이므로 전압이 조금만 낮아져도 Dominant 신호를 인식하지 못할 수 있다.

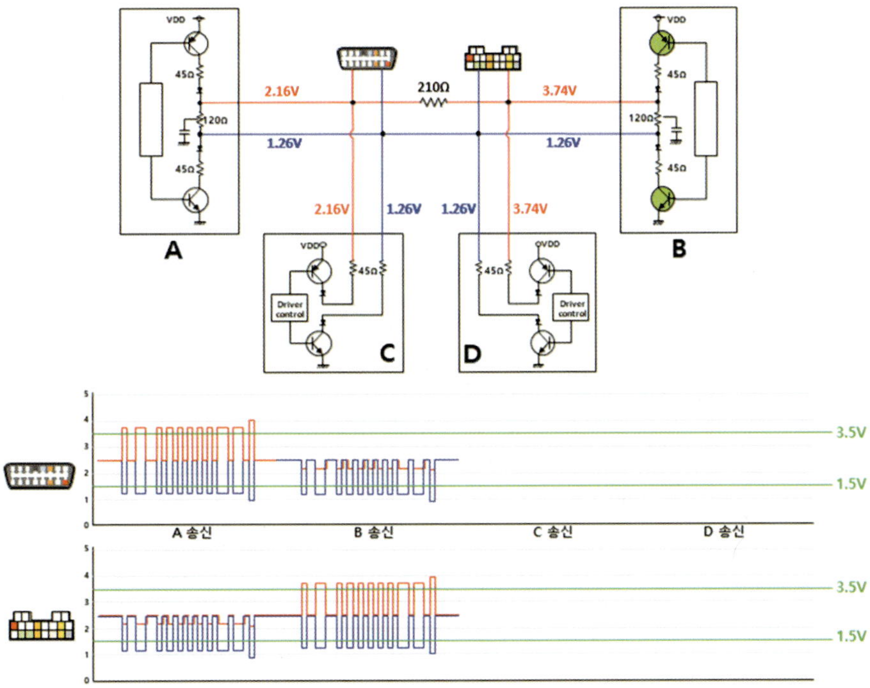

그림 71 | B 노드가 송신할 때

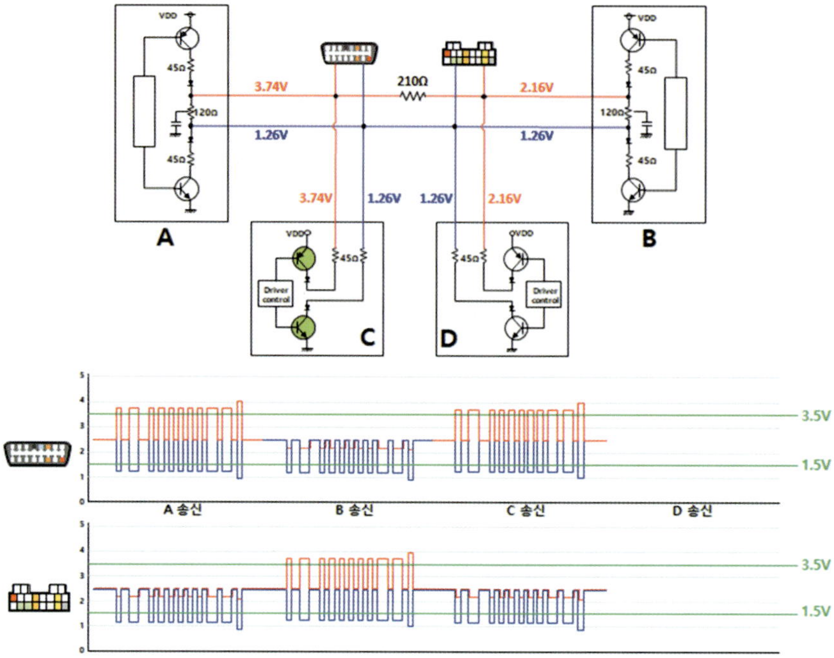

그림 72 | C 노드가 송신할 때

D 노드가 Dominant를 송신할 때 그림 73과 같이 B 노드가 송신할 때와 같은 전압분포가 나타난다. 즉, 210Ω~B 노드 또는 D 노드까지 CAN-H의 전압은 3.74V, A 노드~210Ω 저항까지의 전압은 2.16V가 된다. 한편 CAN-L 라인의 전압은 1.26V의 전압이 계측된다.

실내측 자기진단 커넥터에서 전압파형을 측정하는 경우 Recessive일 때 CAN-H와 CAN-L 모두 2.5V이나 Dominant일 때 CAN-H는 2.16V로 오히려 유휴 상태의 전압보다 낮아지고, CAN-L는 1.26V로 나타나 결과적으로 그림 73과 같이 CAN-H의 파형은 사라진 것처럼 보이며, CAN-H측 파형이 CAN-L측 파형과 일부 겹쳐진 파형으로 나타난다. 한편 실외측 자기진단 커넥터에서 측정하는 경우 Recessive일 때 CAN-H와 CAN-L 모두 2.5V이나, 그림 73과 같이 Dominant일 때 CAN-H는 3.74V, CAN-L는 1.26V가 나타나 정상적인 파형과 비교하였을 때 진폭이 커진 것으로 나타난다.

결과적으로 D 노드가 Dominant를 송신할 때 B 노드는 차동 전압이 2.48V이므로 정상적인 수신이 가능하지만, A 노드와 C 노드는 차동 전압이 0.9V이므로 전압이 조금만 낮아져도 Dominant 신호를 인식하지 못할 수 있다.

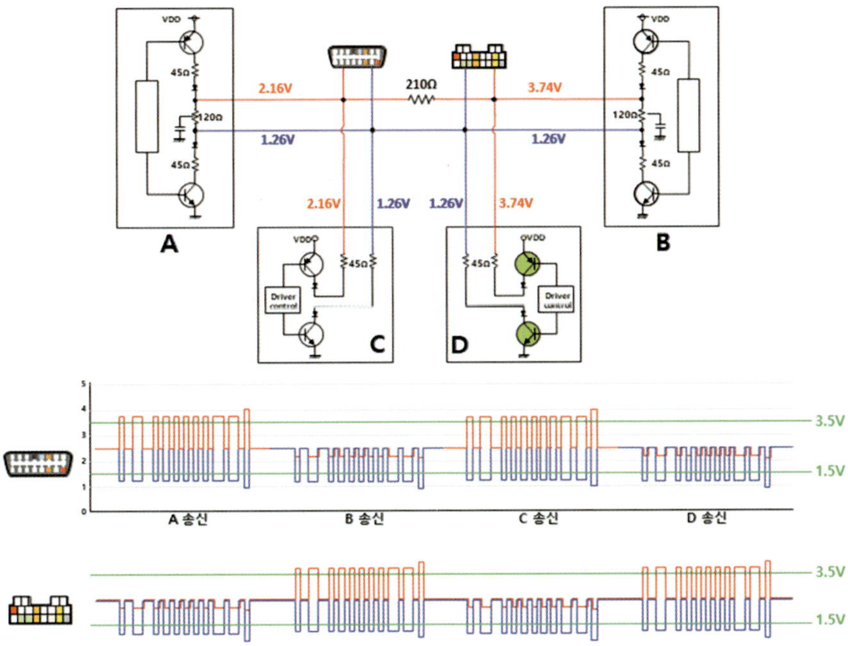

그림 73 | D 노드가 송신할 때

03 단락

CAN 라인에서의 단선이나 저항의 경우는 문제가 발생한 위치에 따라 송·수신이 가능한 노드가 존재하지만, 라인의 단락은 주선에서의 단락 또는 지선에서의 단락 등 그 위치와 형태에 무관하게 해당 네트워크 전체 신호에 영향을 미쳐 모든 노드의 신호가 비정상적인 상태가 된다.

자기진단 커넥터 또는 라인에서 측정하는 종단저항은 CAN-L~CAN-H 라인끼리 단락된 상태에서 완벽한 단락에 가까울수록 0Ω으로 나타날 것이나, CAN-L 또는 CAN-H 라인이 차체와 단락된 상태의 종단저항은 단락의 정도와 무관하게 정상과 같은 60Ω이 측정되니 주의가 필요하다. CAN 라인이 차체와 단락되었을 것으로 의심되는 경우 종단저항의 측정과 별개로 CAN 라인과 차체 사이의 저항을 점검해야 한다.

표 9 | 단락이 있을 때 진단기와의 통신 가능 여부와 종단저항

구 분	진단기와 통신	종단저항
CAN-L~차체	정상 송 · 수신 가능	60Ω
CAN-H~차체	통신 불가	60Ω
CAN-L~CAN-H	통신 불가	0Ω

CAN-L 라인이 차체와 단락된 상태에서 Idle 상태일 때 차체와 단락된 CAN-L 라인은 0V이지만, CAN-H 라인의 전압은 CAN-L 라인의 전압보다 약 0.1~0.2V의 전압이 높게 나타난다.

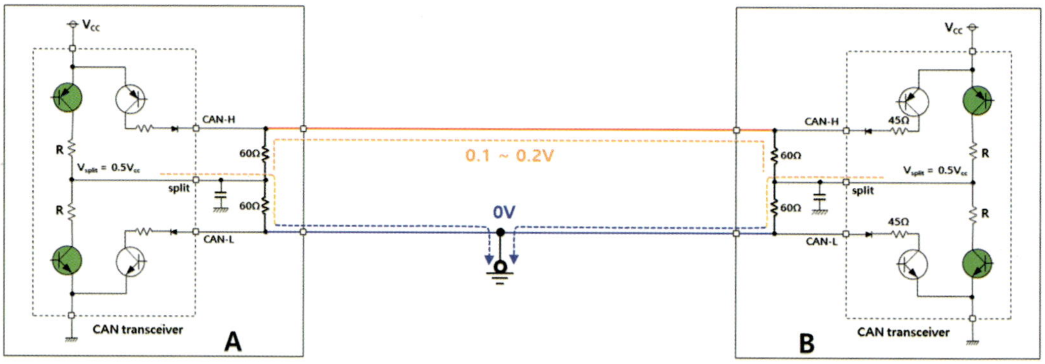

그림 74 | CAN-L 라인이 차체와 단락된 상태에서 Idle 상태일 때

단락이 없다면 CAN 송·수신 IC(Transceiver) 내부 회로에서 분압된 2.5V 전압이 나타나겠으나, CAN-L 라인의 차체와 단락된 영향으로 트랜시버 내부 전원 전압이 내부 분할 저항을 2kΩ이라 할 때 그림 74에서 R = 2kΩ과 종단저항 60Ω을 지나 CAN-L 라인을 통해 접지로 전류가 흐르는 형태이므로, CAN-L 라인의 전압을 측정하면 0V(그림 75의 전압계 ②)가 나타나고, CAN-H 라인은 그림 75에서와 같이 0V보다 0.14V 정도 높은 전압(그림 75의 하단부 전압계 ①)이 되기 때문이다.

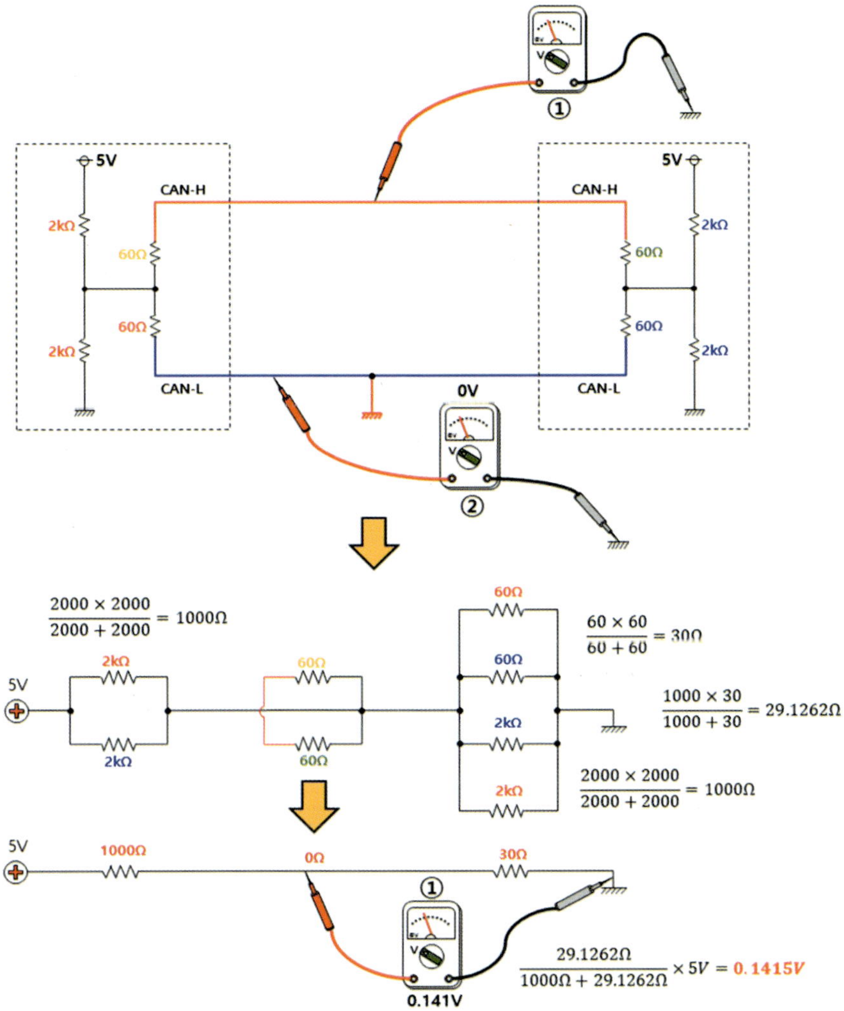

그림 75 | CAN-L 라인이 차체와 단락된 경우 라인의 전압

그림 75에 대해 좀 더 설명하면 상부의 그림은 CAN-L 라인이 차체와 단락된 상태를 보이고 있다. 이 회로가 하나의 전원(5V)을 공통으로 사용한다고 가정했을 때 등가회로를 그림 2의 중간에 도시하였다. 전원 5V에 좌·우측 컨트롤러 전원측 저항 2kΩ이 서로 병렬 연결이고, 접지와 연결된 좌·우측 컨트롤러 내부 저항 2kΩ 2개와 종단저항 가 병렬로 연결되어 접지와 연결된 셈이 된다. 각 병렬회로의 합성저항을 구하면 2kΩ 2개의 합성저항은 1kΩ, 60Ω 2개의 합성저항은 30Ω이 되고, 1kΩ과 30Ω의 병렬 연결의 합성저항을 약 29.13Ω이라 하면 그림 75의 맨 아래 저항의 직렬회로와 같고, CAN-H 라인의

전압을 측정한 그림 75에서 ①의 전압계는 약 0.14V의 전압을 지시하게 된다.

결과적으로 단락된 CAN-L 라인은 0V, 반대편 CAN-H 라인의 전압은 0V보다 높지만 거의 0V의 전압이 나타난다. 즉, 단락되지 않은 라인의 전압이 적으나마 높게 나타난다.

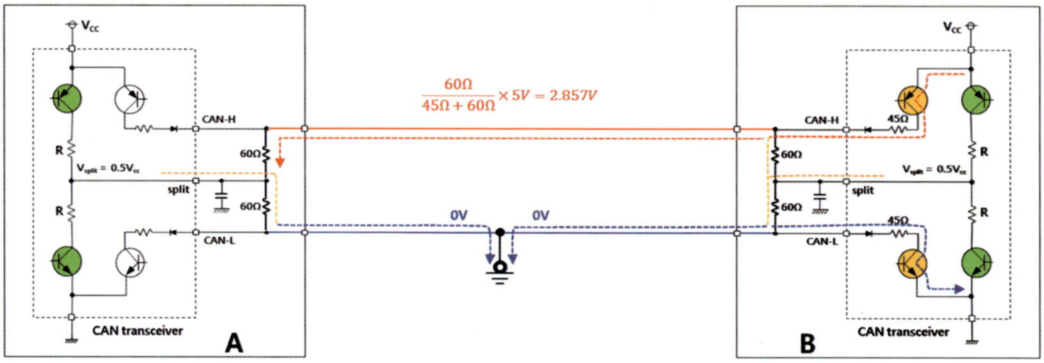

그림 76 | CAN-L 라인이 차체와 단락된 상태에서 B 노드가 송신 시

CAN-L 라인이 차체와 단락된 상태에서 B 노드가 송신하는 경우 그림 76과 같이 CAN-L 라인은 0V의 전압이 계측되지만, CAN-H의 경우는 5V의 전압이 B 노드의 내부 저항을 지나 종단저항 60Ω을 통해 차체로 전류가 흐르는 형태이므로, CAN-H 라인의 전압은 그림 76에서와 같이 약 2.9V의 전압이 계측된다.

B 노드가 송신하는 경우에 대한 파형은 그림 77과 같다. 가장 큰 특징은 CAN-H의 신호가 2.5V ↔ 3.5V의 변화가 아닌 약 0V에서 2.9V를 왕복한다는 것과 CAN-L 신호는 2.5V ↔ 1.5V의 변화가 아닌 0V를 유지하고 있다는 것이다.

조금 더 구체적으로 살펴보면 CAN-L 신호는 Idle 상태이거나 Recessive일 때 0V이지만, B 노드가 송신할 때 Dominant ↔ Recessive로 변화하는 순간 반사파와 반사파의 링잉(Ringing) 현상으로 노이즈처럼 보인다. 한편 CAN-H 신호는 동시에 여러 노드가 송신을 하는 중재 완료 직전까지의 ID 부분과 ACK 부분에서 전압이 높게 나타난다. Dominant의 단일 비트 신호보다 Dominant 신호가 연속되는 경우 콘덴서에 충전되는 전압이 높아지기 때문에 상대적으로 전압이 높게 나타나며, 콘덴서 충전의 영향으로 전압이 사선으로 상승하는 것을 볼 수 있다.

CAN-L 라인이 차체와 단락된 결과로 그림 77과 같은 비정상적인 신호파형이 나타나지만, Recessive일 때 CAN-L는 0V, CAN-H는 0.1~0.2V이므로 0.1~0.2V, Dominant일 때 CAN-L는 0V, CAN-H는 2.9V이므로 두 신호라인의 차동 전압은 2.9V가 되어 그림 77의 맨 아래 파형과 같은 차동 전압이 나타난다. 결과적으로 단락의 고장에도 불구하고 차동 전압 기준 Recessive(0.5~-1V)와 Dominant(0.9~5V)를 만족하므로 CAN 송·수신기(Transceiver)는 정상적인 신호로 인식하므로 노드 간 또는 컨트롤러와 진단기 사이의 정상적인 송·수신이 가능한 상태가 된다.

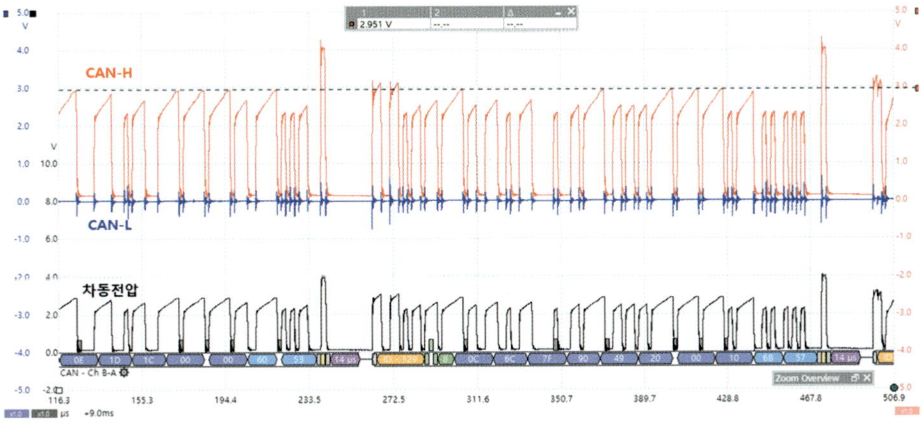

그림 77 | CAN-L 라인이 차체와 단락된 경우의 파형

CAN-H 라인이 차체와 단락된 상태에서 Idle 상태일 때 차체와 단락된 CAN-H 라인은 0V이지만, CAN-L 라인의 전압은 CAN-H 라인의 전압보다 약 0.1~0.2V의 전압이 높게 나타난다.

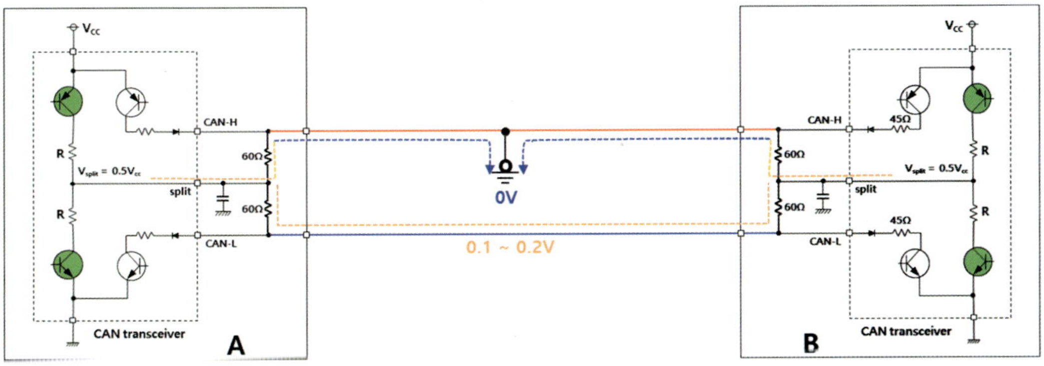

그림 78 | CAN-H 라인이 차체와 단락된 상태에서 Idle 상태일 때

단락이 없다면 CAN 송·수신 IC(Transceiver) 내부 회로에서 분압된 2.5V 전압이 나타나겠으나, CAN-H 라인의 차체와 단락된 영향으로 그림 78에서와 같이 트랜시버 내부 전원 전압이 내부 분할 저항과 종단저항 60Ω을 지나 CAN-H 라인을 통해 접지로 전류가 흐르는 형태이므로, CAN-H 라인의 전압을 측정하면 0V(그림 79의 전압계 ①)가 나타나고, CAN-L 라인은 그림 79에서와 같이 0V보다 0.14V 정도 높은 전압(그림 79의 전압계 ②)이 되기 때문이다.

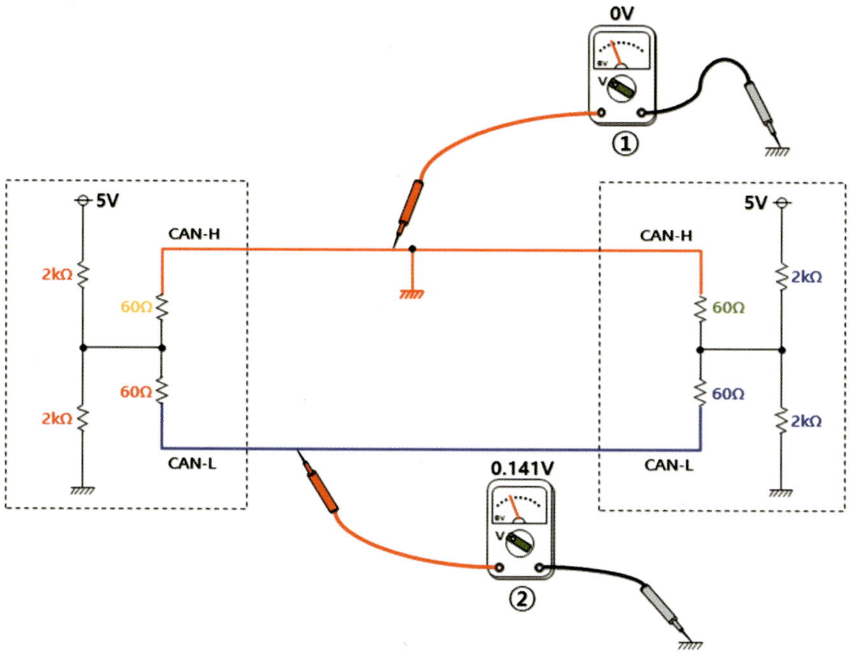

그림 79 | CAN-H 라인이 차체와 단락된 경우 라인의 전압

결과적으로 단락된 CAN-H 라인은 0V, 반대편 CAN-L 라인의 전압은 0V보다 높지만 거의 0V의 전압이 나타난다. 즉, 단락되지 않은 라인의 전압이 적으나마 높게 나타난다.

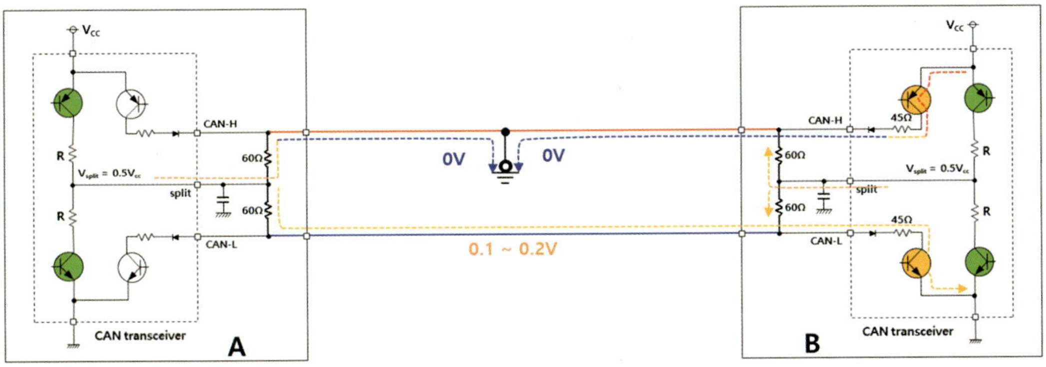

그림 80 | CAN-H 라인이 차체와 단락된 상태에서 B 노드가 송신 시

CAN-H 라인이 차체와 단락된 상태에서 B 노드가 송신하는 경우 그림 80과 같이 CAN-H 라인과 CAN-L 라인 모두 거의 0V의 전압이 계측된다. CAN-H 라인은 차체와 단락된 관계로 0V가 당연하며, CAN-H 라인의 전압이 0V인 관계로 CAN-L 라인에 공급될 전압이 없고, CAN-L의 전압인 0.1~0.2V의 전압은 B 노드 내부의 TR이 ON 상태임에도 B 노드 내부의 다이오드를 통과할 수 있는 전압(0.2~0.65V 이상)보다 낮은 관계로 CAN-L 라인은 Idle 상태의 전압이 유지되기 때문이다.

CAN-H 라인이 차체와 단락된 결과로 그림 81과 같은 비정상적인 신호파형이 출력된다. 가장 큰 특징은 CAN-L 라인과 CAN-H 라인의 신호 모두 거의 0V가 나타난다는 것이다. 다만 송신 구간에서 특정 노드가 송신할 때 Dominant ↔ Recessive로 변화하는 순간 반사파와 반사파의 링잉(Ringing) 현상으로 노이즈처럼 보인다.

그림 81의 파형과 같이 Dominant와 Recessive 상태에서 두 라인의 신호가 거의 0V로 나타나는 관계로 차동 전압이 거의 없다. 이 경우 각 컨트롤러에서 데이터 전송의 노력에도 불구하고 상호 송·수신할 수 없어 진단기를 연결 후 각 컨트롤러와 통신을 시도하면 통신 불가 상태가 된다.

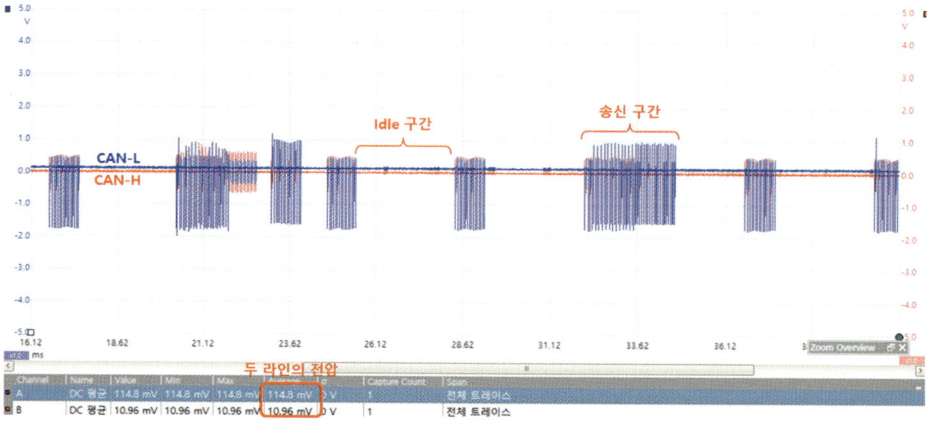

그림 81 | CAN-H 라인이 차체와 단락된 경우의 파형

CAN-H 라인과 CAN-L 라인이 그림 82와 같이 단락된 상태임에도 Idle 상태일 때 플로팅 상태를 예방하고, DC 환경에서 원활한 차동 전압을 얻을 수 있는 등의 이유로 CAN Transceiver측에서 출력하는 2.5V의 전압이 계측된다.

CAN-H 라인과 CAN-L 라인이 단락된 상태에서 그림 83과 같이 B 컨트롤러가 데이터를 송신하여도 두 라인이 단락된 상태에서 전원측 저항과 접지측 저항이 서로 같은 값이고, 그 중간에 두 라인이 있는 상태이므로 전원 전압 5V의 1/2인 2.5V가 CAN-H 라인과 CAN-L 라인에서 계측된다.

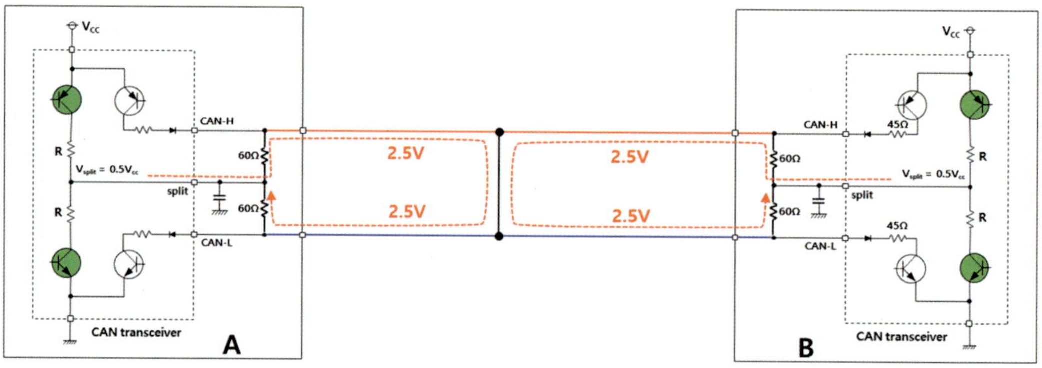

그림 82 | CAN-H ~ CAN-L 라인이 단락된 상태에서 Idle 상태일 때

두 라인이 단락된 상태에서 파형을 측정했다면 그림 84에 보이는 파형이 계측된다. 가장 큰 특징은 CAN-H 라인과 CAN-L 라인 모두 Idle 상태와 같은 2.5V의 전압이 나타난다는 것이나, 어떤 컨트롤러가 송신을 시도하는 경우 Dominant ↔ Recessive로 변화하는 순간 2.5V를 기준으로 반사파와 반사파의 링잉(Ringing) 파형이 관측된다.

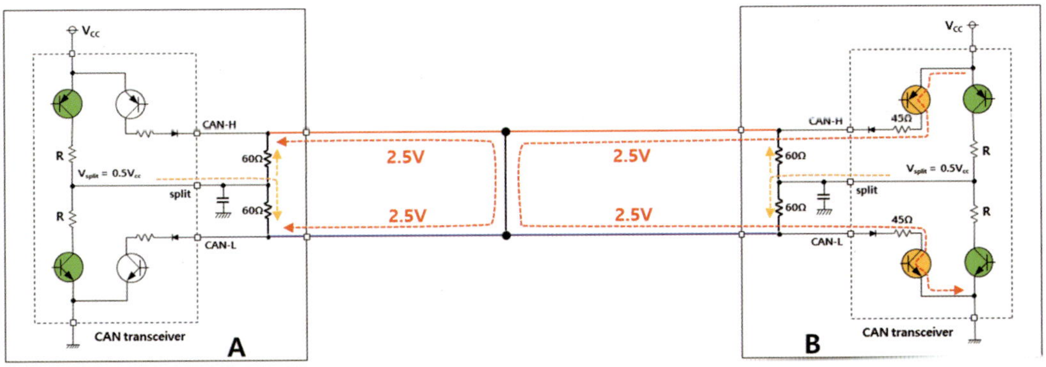

그림 83 CAN-H~CAN-L 라인이 단락된 상태에서 B 노드가 송신할 때

CAN-H 라인과 CAN-L 라인이 차체와 단락된 경우 단락되지 않은 라인은 약 0.1~0.2V가 나타나지만, 거의 0V로 볼 수 있어 Idle 상태와 Recessive일 때 0V라 할 수 있다. 반면 CAN-H 라인과 CAN-L 라인이 단락된 경우는 Idle 상태일 때 2.5V가 나타난다.

Dominant일 때의 라인에서 계측되는 전압은 CAN-L 라인이 차체와 단락된 경우 약 2.9V의 전압이 CAN-H 라인에서 계측되고, CAN-H 라인이 차체와 단락된 경우는 CAN-L 라인의 전압이 약 0V로 나타난다. 반면 CAN-H 라인과 CAN-L 라인이 단락된 경우는 Dominant 상태에서도 2.5V가 나타난다.

표 10 | 단락 위치별 라인의 전압과 데이터 송·수신 가능 여부

단락 위치	라인	Recessive	Dominant	비고
CAN-L~차체	CAN-H	약 0V(0.1~0.2V)	약 2.9V	송·수신 가능
	CAN-L	0V	0V	
CAN-H~차체	CAN-H	0V	0V	송·수신 불가
	CAN-L	약 0V(0.1~0.2V)	약 0V(0.1~0.2V)	
CAN-L~CAN-H	CAN-H	2.5V	2.5V	송·수신 불가
	CAN-L	2.5V	2.5V	

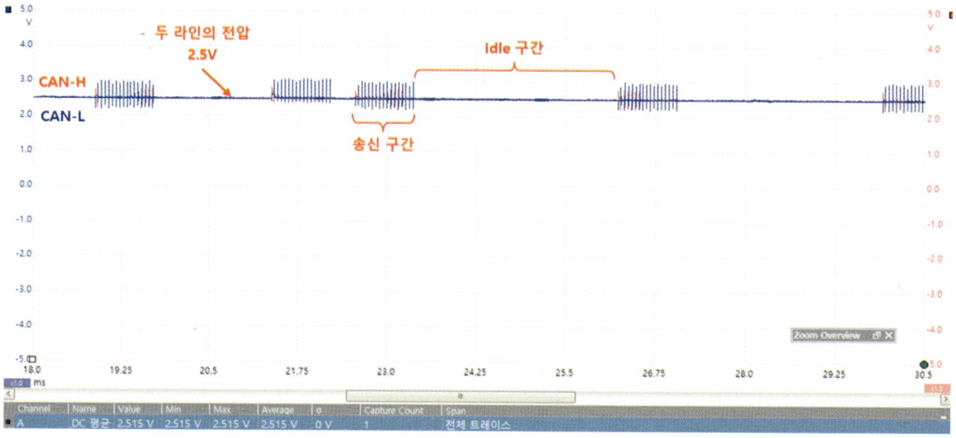

그림 84 | CAN-H~CAN-L 라인이 단락된 상태의 파형